人类的第一步

（Jeremy DeSilva）

[美]杰里米·德席尔瓦——著

胡小锐　钟毅——译　栗静舒——审校

F
I
R
S
T
S
T
E
P
S

中信出版集团 | 北京

图书在版编目（CIP）数据

人类的第一步/（美）杰里米·德席尔瓦著；胡小锐，钟毅译. —北京：中信出版社，2022.11
书名原文：First Steps: How Upright Walking Made Us Human
ISBN 978–7–5217–4809–3

I.①人… II.①杰… ②胡… ③钟… III.①人类进化－普及读物 IV.① Q981.1–49

中国版本图书馆 CIP 数据核字（2022）第 183628 号

人类的第一步
著者： [美] 杰里米·德席尔瓦
译者： 胡小锐　钟毅
出版发行：中信出版集团股份有限公司
（北京市朝阳区惠新东街甲 4 号富盛大厦 2 座　邮编　100029）
承印者： 北京协力旁普包装制品有限公司

开本：880mm×1230mm　1/32　　印张：11.25
插页：4　　　　　　　　　　　　字数：190 千字
版次：2022 年 11 月第 1 版　　　印次：2022 年 11 月第 1 次印刷
京权图字：01–2022–5225　　　　书号：ISBN 978–7–5217–4809–3
定价：69.00 元

献给埃琳，
以及未来要走的每一步路

目录

一个直立行走如何塑造人类的故事

当我在佛蒙特州诺维奇市的家中写这本书时，社交媒体上正在流传一项对比人们当前职业与他们6岁、10岁、14岁、16岁和18岁时的职业梦想的调查。我的调查结果是：

6岁：科学家

10岁：红袜队中外野手

14岁：凯尔特人队组织后卫

16岁：兽医

18岁：天文学家

现在：古人类学家

古人类学（paleoanthropology）研究的当然是古人类。这是一门科学，它提出了一些人类之前不敢想的关于人类和世界的最重要、最大胆的问题：我们为什么能生存下来？我们为什么是现在这个样子？我们是怎么来的？但我并不是从一开始就踏入这个领域。在2000年之前，我甚至不知道有这门科学。

那一年，我在波士顿科学博物馆从事科教工作，时薪是11美元。同一年，小布什当选为下一任美国总统，红袜队连续第82次冲击世界冠军未果。我在博物馆的合作伙伴是一位优秀的科教人员，她的笑声是我听过的最动听、最有感染力的。4年后，她接受了我的求婚。

但是在2000年下半年，我心里想的不是爱情，而是博物馆大厅里的一个严重失误。恐龙展览馆里展出了360万年前古人类在坦桑尼亚莱托里留下的脚印的玻璃纤维复制品，它的旁边是实际尺寸的雷克斯暴龙（*Tyrannosaurus rex*）。

就像把恐龙、长毛象（真猛犸象）和史前穴居人放到一起做成史前动物玩具套装一样，把这些脚印放在年龄比它们大20倍的恐龙化石旁边，可能会让人在不知不觉中产生古人类和恐龙共存的误解。我觉得必须做点儿什么。

于是，我找到了我的上司，也就是杰出的科教工作者露西·科什纳，提出应该把古人类脚印模型放进新近重建的人类生物学展馆中。她同意了我的提议，但要求我先去博物馆的图书馆，尽可能多地了解莱托里脚印和人类进化的相关知识。我如饥似渴地阅读这方面的书，很快我就着迷了。用他们的话说，我染上了古人类病毒——"古人类"（hominin）就是指已经灭绝的人类近亲和祖先。无巧不成书，在随后的两年时间里，人们发现了人类谱系中最古老的成员——神秘的类猿祖先，包括地猿属、原人属和沙赫人属。

2002年7月，我和劳拉·麦克拉奇博士（当时是波士顿大学的古人类学家）一起站在博物馆的展示台上，和一群着迷的公众讨论在非洲乍得新发现的700万年前的古人类头骨有什么重要意义。和一位真正的古人类学家谈论到那时为止发现的最古老的人类化石，这让我异常激动。

对我来说，古人类化石不仅是人类进化史的物证，还承载了逝去生命个体的异乎寻常的故事。例如，莱托里脚印是喜怒哀乐、生老病死的一生的快照，属于直立行走、会呼吸、会思考的生命。我想了解科学家是如何从这些古老的骨头中挖掘信息的，我想讲述关于我们祖先的有真凭实据的故事，我想成为一名古人类学家。在博物馆舞台上与劳拉·麦克拉奇合作后一年多，我进入了她的古人类实验室（当时在波士顿大学，但随后不久就搬到了密歇根大学），攻读研究生学位。

现在，我在新罕布什尔州丛林中的达特茅斯学院人类学系任教，经常远赴非洲从事研究。近20年来，我一直在南非的洞穴和乌干达、肯尼亚古老的不毛之地寻找化石，在坦桑尼亚莱托里的古老火山灰中寻找数百万年前直立行走的人类祖先留下的更多足迹，跟在野生黑猩猩身后探索它们在丛林中的栖息地。我还前往非洲的博物馆，仔细研究已经灭绝的人类近亲和祖先的足部化石。我想找到一些问题的答案。

我想了解我们硕大的大脑、复杂的文化和先进的技术；我想了解我们为什么要说话；我想了解为什么养育一个孩子需要全村人一起努力，是否一直如此；我想了解为什么分娩如此困难，有时甚至危及女性的生命；我想了解人类的本性为什么时而善良、时而暴力；但最重要的是，我想了解为什么人类用两条腿而不是四条腿走路。

在这个过程中，我发现我想了解的许多事情都是相互关联的，而归根结底都与我们不寻常的行走方式有关。两足行走是通向人类许多独特特征的大门，是人类的标志。要理解这些联系，就需要在问题的驱策下，在立足证据的基础上看待自然界，这是我从6岁起就开始接受的方法——科学。

这是一个关于直立行走如何使我们成为人类的故事。

我们为什么会走路?

有这样一个古老的故事。[1]当被问到爬行时先迈哪几条腿时，蜈蚣感到非常吃惊。爬行对它来说是再平常不过的运动方式，这个问题却让它为难了。它变得几乎不会爬行了。当我试图解释我为什么会走路而不是如何走路这一问题时，我也面临着同样的困难。

——约翰·希拉比，探险家

2016年，由于在新泽西州农村和城郊游荡的黑熊越来越多，黑熊猎杀数量创下了历史新高。在被猎杀的636头黑熊中[2]，有635头黑熊的死亡只是引起了为数不多的几名动物爱好者的抗议，但是剩下那一头黑熊被杀死的消息引起了轩然大波[3]。

这次猎杀被称为"暗杀"，被认为是凶手的猎人收到了死亡威胁。一些人主张他也应该被猎杀，还有人呼吁阉割他。为什么一头熊被猎杀会让人们如此愤怒呢？

因为这头黑熊是用两条腿走路的。

自2014年以来，新泽西州的居民偶尔会看到这头年轻的雄性黑熊用两条腿站立，在郊区街道上漫步，从人们的后院穿过——这种运动方式被称为两足行走。它本来是用四条腿走路的，但一次受伤后，它的前肢不能承重，所以为了能走动，它站了起来，开始直立行走。

人们给它取名为佩多斯。

我从没见过佩多斯生前走路的样子。对于一个对人类直立行走特别感兴趣的科研者来说，这确实是一大憾事。值得庆幸的是，优兔（YouTube）上有视频，其中两个视频的浏览量分别超过了100万[4]和400万次[5]。

乍一看，佩多斯就像一个穿着熊装的人，但只要它一迈步，就能清楚地看出它的步态和人类不同。佩多斯的后肢比我的双腿短得多。它拖着脚行走时，步频很快，步幅很小，从臀部到肩膀都很僵硬，长有尖爪的双脚贴着地面掠过。这让我想起慌里慌张、拼命寻找厕所的人。佩多斯不能长时间直立行走，走了一会儿后就会把前肢放下来。

当动物的举止神态像人类时，我们就会被它们吸引。如果山羊发出像人一样的叫声，西伯利亚哈士奇发出酷似"I love you"（我爱你）的叫声，我们就会把它拍成视频，发布到网上。乌鸦站在雪橇上从屋顶滑下来，黑猩猩拥抱我们，都会让我们感到惊奇。[6]它们让我们意识到，我们与自然界其他成员的关系并非那么遥远。但比起其他行为，两足行走更会让我们惊叹不已。许多动物会用两条腿站立起来扫视地平线或摆出吓人的姿势，但人类是唯一的一直用两条腿走路的哺乳动物。如果其他动物也这样做，我们就会关注它们。

2011年，有消息称，英国肯特郡林姆尼港野生动物园的类人猿馆有一只名叫阿姆巴姆的雄性银背低地大猩猩，它偶尔会用两条腿在它的领地上行走。[7]很快，它就上了哥伦比亚广播公司（CBS）、美国全国广播公司（NBC）和英国广播公司（BBC）的节目。2018年年初，体型巨大的雄性大猩猩路易斯开始用两条腿在费城动物园的围栏里行走，这引发了另一波热潮。很多人认为，这是因为它不想把手弄脏。[8]

一只名叫费丝的狗出生时就少了一条前肢，7个月大的时候又被切除了另一条前肢。[9]幸好有一家人尽心尽力地用食物引诱它跳跃，让它学会了直立行走。它去探视过数千名受伤的士兵，还上了奥普拉的节目。

2018年，一段用两条腿行走的章鱼的视频在社交媒体上四处流传。[10]这只章鱼只用两条腿就能在海底的沙地上前进。

从我们对熊、狗、大猩猩甚至章鱼直立行走的惊讶反应可以看出，我们认为这种行为是人类特有的。如果直立行走的是人，那就是正常不过的现象。你可能会说，这不足为奇，因为我们是地球上唯一可以二足行走的哺乳动物，而且这是有原因的。

接下来的章节将阐明这些原因。我将按照下面这条路线，带领大家完成这趟非凡的旅程。

本书第一篇讨论人类谱系直立行走起源的化石记录。第二篇解释两个问题：其一，为什么说它是使我们区别于其他物种的那些变化（包括有大脑袋和养育后代的方式）的先决条件；其二，这些变化如何使人类走出我们祖先的非洲家园并在全球范围安家落户。第三篇探讨高效直立行走所需的生理结构变化对当今人类生活的影响，包括我们在婴儿时期迈出的第一步和随着年龄增长而经历的病痛。结语部分讨论的是，在直立行走与用四条腿行走相比有许多缺点的情况下，人类是如何生存并繁荣发展的。

　　现在，请大家跟我一起出发吧。

第一篇

无毛的两足动物：直立行走的起源

为什么我们熟悉的从大猩猩到人的两足行走进化论是错误的？

所有其他动物都俯首看地，
只有直立的人仰面向天。

——奥维德，《变形记》，公元8年[1]

有信念地向前倒：
人类的怪异行走方式

行走就是向前倒。[1]我们迈出的每一步都意味着我们没有坠入水中，没有轰然倒下，避免了一场灾难。从这个意义上说，行走就是一种信仰行为。

——保罗·萨洛佩科，记者，2013年12月。（写下这段话时，他刚刚开始沿着人类早期祖先的足迹，踏上了从他们的非洲家园走向天边、历时10年的2万英里[①]旅程。）

让我们面对现实吧：人类是一种怪异的动物。我们是哺乳动物，但体毛比较少。其他动物可以交流，而我们能说话。其他动物喘气，而我们出汗。我们的大脑相对于体型来说非常大，我们发展出了复杂的文化。但最奇怪的，也许是人类可以靠伸直的后肢在地球上行走。

化石记录表明，我们的祖先早在进化出其他独特的人类特

---

① 1英里≈1.6千米。——编者注

征（包括体积硕大的脑和语言）之前，就已经开始用两条腿走路了。在我们的类人猿祖先从黑猩猩谱系中分离出来后不久，人类就开始踏上用两条腿行走的独特之路。

就连柏拉图也认识到直立行走的独特性和重要意义，将人类定义为"无羽毛的两足直立动物"。[2]传说犬儒学派的第欧根尼对柏拉图的描述很不满意，他拿着一只拔了毛的鸡，轻蔑地说这就是"柏拉图说的人"。因此，柏拉图修改了对人类的定义，添加了"有宽大指甲"这个修饰语，但仍然坚持直立行走是人类的一个重要特征。

自那以后，直立行走就进入了我们的语言、表达和娱乐。[3]想想我们描述行走的那些词语：漫步、徜徉、踱步、徘徊、蹒跚、健步如飞、昂首阔步、步履沉重、迤逦而行、拖着脚走、踮着脚走。看到有人欺负别人，我们会要求他"穿上对方的鞋走一英里路"，意思是设身处地想一想。英雄是能常人所不能、可以"在水面上行走"的人，天才是"行走的百科全书"。为了让电视动画片中的动物具有人的特征，漫画家让它们用两条腿站立、行走。米老鼠、兔八哥、高飞、史努比、小熊维尼、海绵宝宝，还有《恶搞之家》里的小狗布赖恩都用两条腿行走。

非残疾人一生平均要走1.5亿步，足以绕地球三圈。[4]

但是什么是直立行走呢？我们是怎么做的呢？

研究人员经常将直立行走描述为"受控倾倒"。当我们抬起一条腿时，重力就会起作用，把我们向前、向下拉。当然，我们不想摔得鼻青脸肿，所以我们把腿向前伸，把脚踩在地上。此时，我们的身体比开始行走时低，所以我们需要再次挺直身体。我们小腿的肌肉收缩，抬高我们身体的重心。然后我们抬起另一条腿，向前摆动，再次倾倒。正如灵长类动物学家约翰·内皮尔在1967年所写的那样："人类行走是一种独特的活动，每迈出一步，都会将我们的身体置于灾难的边缘。"[5]

下次从侧面看一个人走路的时候，注意观察他（她）的头是如何随着每一步的行走而上下起伏的。这种波浪模式是我们受控倾倒行走方式的一个特征。

当然，行走不是这么笨拙的，也不会这么简单。从专业角度讲，当我们收缩腿部肌肉提高重心时，我们储存了势能。当重力的作用让我们前倾时，储存的势能转化为动能，或者说运动。利用重力，我们可以节省65%的能量。[6]把势能转化为动能，这就是钟摆的作用原理。人类的行走可以被看作一个倒置的钟摆，就像节拍器一样。

这和其他动物用两条腿行走有什么不同吗？事实证明，确实有所不同。

攻读博士学位期间，我曾在乌干达西部的基巴莱国家森林公园与野生黑猩猩相处了一个月。在那里，我遇到了伯格。它是努迦地区黑猩猩群落中的一头体型高大的雄性黑猩猩。这是一个非常大的类人猿群落，大约有150头黑猩猩。伯格年纪比较大，额头的毛发有些稀落，后腰下方和小腿上的皮毛有几块灰色的斑点。伯格在群落中的地位不是很高，但是在睾酮激素偶尔激增时，它的毛发会鼓胀起来，它还会发出响亮的叫声，在森林中回荡。这个时候，我们最好不要挡在它的前面。

伯格经常从森林的地面上抓起一根树枝，或者从附近的树上扯下一根树枝，然后站起来，迈开双腿穿过林下层。但它的动作不像我，它的膝盖和臀部是弯曲的——格劳乔·马克斯在《赌马风波》和马克斯兄弟的其他电影中以喜剧方式表演过这种蜷曲身体的行走姿势。伯格用一条腿站立不稳，因此在跌跌撞撞地穿过森林时，它的身体会左右摇摆。这种行走方式非常耗费精力，它很快就累了，走了十几步后就会恢复成四肢着地。

相比之下，人类不需要蜷曲身体。我们站立时膝盖和臀部都会伸直，行走时股四头肌做的功也没有黑猩猩弯腰屈膝的行走方式多。臀部两侧的肌肉使我们可以单腿保持平衡而不会摔倒。我们的步态很优雅，比伯格更有活力，也更有效率。

但是，为什么我们的身体结构会发生这些变化呢？为什么会进化出这种不寻常的运动形式呢？

让我们从地球上速度最快的人类开始对直立行走的考察旅程。2009年，牙买加短跑运动员博尔特以9秒58的成绩创造了男子100米世界纪录。[7]他在60~80米间的速度最快，接近每小时28英里，持续了大约1.5秒。但是，以动物界其他哺乳动物的标准来衡量，这位人类短跑名将的速度实在是慢得可怜。

猎豹是陆地上速度最快的哺乳动物，时速超过60英里。[8]猎豹通常不猎食人类，但狮子和豹子会偶尔为之，它们的最高时速为55英里。即使是它们的猎物，包括斑马和羚羊，逃跑时的速度也能达到每小时50~55英里。换句话说，目前非洲捕食–

被捕食军备竞赛的速度不低于每小时50英里。这是大多数掠食者奔跑的速度，也是大多数猎物逃跑的速度。人类并不能跻身其中。

尤塞恩·博尔特不仅跑不过豹子，也抓不到兔子。这个跑得最快的人的速度只有羚羊速度的1/2。用两条腿而不是四条腿行走，导致我们失去了驰骋的能力，也让我们变得异常缓慢和脆弱。

两足直立行走也使我们的步态有些不稳定。有时，我们优雅的"受控倾倒"根本不可控。根据美国疾病控制与预防中心的数据，每年有超过3.5万美国人摔死——几乎与死于车祸的人数相同。[9]但是，回想一下，你上一次看到四条腿行走的动物（无论是松鼠、狗还是猫）被绊倒是什么时候的事？

缓慢加上不稳定，似乎必然会导致灭绝，特别是考虑到与人类祖先共享这片土地的是像今天的狮子、豹子和鬣狗这样体型庞大、行动敏捷、饥饿的祖先。然而，既然我们没有灭绝，就说明直立行走的好处肯定更大。大导演斯坦利·库布里克认为他知道直立行走有哪些好处。

库布里克于1968年拍摄的电影《2001太空漫游》中，一群全身是毛的类人猿聚集在干旱的非洲大草原上的一个水坑周围，其中一头类人猿好奇地看着地上的一根大骨头。他把骨头捡起来，轻轻地拍打着周围散落的骨头，仿佛他手里拿着的是一根棍棒。这时，影片开始演奏施特劳斯1896年创作的《查拉图斯特拉如是说（30号作品）》，"哒，哒，哒哒"的号声和"咚咚，咚咚"的低音鼓声响了起来。那头类人猿肯定是把那根骨头想象成了夺命的工具。只见这个全身是毛的家伙用两条腿站立起来，挥舞手中的武器，把那些骨头打得粉碎，这代表着打下了一顿盛宴，或者是击毙了一个敌人。在"人类的黎明"这个部分，导演库布里克也进行了同样的想象。他和合作者阿瑟·C.克拉克一起，将那个时代人们普遍接受的人类起源和直立行走开始过程的模型搬上了银幕。

这种模型现在仍然存在，而且我们几乎可以肯定它是错误的。该模型假设，在稀树草原环境中进化出两足直立行走的方式，是为了解放双手来携带武器。它认为暴力是（而且始终是）人类的一个特征。这些想法可以一直追溯到达尔文。

查尔斯·达尔文的《物种起源》（1859）是有史以来最有影响力的著作之一。进化论并不是达尔文第一个提出来的，早在几十年前，博物学家就已经在讨论物种的可变性了。达尔文的伟大贡献是为研究自然种群如何随着时间推移而变化提出了一种可测量的机制。他把这个机制称作"自然选择"，不过我们大多数人都称之为"适者生存"。150多年后，有充分的证据表明自然选择是物种进化的强大驱动力。

《物种起源》暗示人类是由猿进化而来的，这几乎从一开始就引起了怀疑论者的强烈反对。[10]但达尔文在书中几乎没有写过任何与人类进化有关的东西，他只是在书的倒数第二页写道："人类的起源和历史终将大白于天下。"[11]

不过，达尔文的确在思考关于人类的问题。12年后，达尔文在《人类的由来》（1871）一书中提出了人类有几个相关联特征的假设。首先，他认为人是唯一会使用工具的猿类。我们现在知道这个假设是不正确的，但是直到90年后，珍·古道尔才观察到坦桑尼亚贡贝国家公园的黑猩猩会制造和使用工具。此外，达尔文假设人类是全时直立行走的唯一猿类，有异常小的犬齿，这两个假设都是正确的。

在达尔文看来，人类的这三种属性（使用工具、直立行走和犬齿小）是相互关联的。他认为，用两条腿走路可以腾出手来使用工具；有了工具后，就不再需要巨大的犬齿来与对手竞争。他还认为，这一系列的变化最终导致大脑变大了。

但是，达尔文在研究时遇到了一个不利因素。他无法获取野生猿类行为的第一手资料，直到一个世纪后人们才逐渐收集到这方面的资料。此外，在1871年，非洲大陆还没有发现早期人类化石。我们现在知道，正如一个半世纪前达尔文所预测的那样，非洲大陆是人类谱系的起源地。[12]达尔文唯一知道的前现代人类化石是在德国发现的几块尼安德特人的骨头，当时一些学者将其错误地认定为患病的智人留下来的。[13]

在没有化石记录，也没有对与我们血缘关系最近的现代猿类进行准确的行为观察的情况下，达尔文尽其所能，提出了一个可验证的科学假说，来解释人类为什么用两条腿走路。

测试他的假说所需的资料在1924年开始出现。这一年，年轻的澳大利亚教授、南非金山大学脑科专家雷蒙德·达特，收到了一箱从约翰内斯堡西南300英里的汤恩镇附近挖掘出来的石头。[14]他打开板条箱，发现其中一块石头里有一只幼年灵长类动物的头骨化石，于是用他妻子的编织针从石灰岩中取出了头骨。他发现这个头骨属于一种奇怪的灵长类动物。首先，后来被称作汤恩幼儿的这块化石犬齿很小，与狒狒和猿的犬齿完全不同。但真正的线索隐藏在汤恩幼儿石化的大脑中。

我的主要研究兴趣是我们祖先的足骨和腿骨，但从历史和美学角度来看，没有其他化石能与汤恩幼儿的头骨相媲美。2007年，我去南非的约翰内斯堡考察它。保管人是我的朋友伯恩哈德·齐普费尔，他曾是一名足科医生，在"厌倦了治疗拇趾滑囊炎"后，他转型成为一名古人类学家。一天上午，他从地下室里取出一个小木盒。[15]差不多一个世纪前，达特就是用这个盒子来装他珍贵的汤恩幼儿头骨的。齐普费尔小心翼翼地取出了那块大脑化石，将它放到我手里。

这个幼年古人类死后，大脑腐烂，头骨里填满了泥土。随着时间的推移，沉积物硬化成了一个颅腔模型。它忠实地复制了大脑原先的大小和形状，甚至详细地保存了皱褶、裂纹和颅外动脉。大脑的结构特点被表现得淋漓尽致。我小心翼翼地把这块大脑化石翻过来，它的背面是厚厚一层闪闪发光的方解石。光从它上面反射回来，就好像它是一个晶洞，而不是一块远古人类的化石。我没想到汤恩幼儿化石这么漂亮。

大脑的褶皱和裂纹能保存下来真是意想不到的好运，因为达特对脑解剖结构了如指掌。毕竟，他是一位神经解剖学家。他的研究表明，汤恩幼儿的大脑与成年猿猴的脑差不多大小，但脑叶的组织方式更像现代人类。

这个颅腔模型就像一块拼图，完美地嵌进汤恩幼儿头骨的后面。我慢慢地转动头骨，朝这个250万岁的幼儿的眼窝里看去。[16]这是我第一次如此近距离地直接观察古人类的眼睛。当我旋转头骨查看其底部时，我看到了达特在1924年观察到的情况。与人类一样，枕骨大孔（脊髓从中穿过的孔）位于头骨的正下方。汤恩幼儿活着的时候，它的头位于竖直的脊椎骨正上方。

换句话说，汤恩幼儿是两足行走动物。1925年，达特宣布这块头骨化石来自一个全新的物种，并将其命名为南方古猿非洲种，意思是"非洲的南方人猿"。[17]这个命名遵循了科学家按属和种对动物进行分类和命名的传统方法。例如，家犬都是同一种（species）的成员，但它们同时还属于一个更大的群体——"属"（genus），与之相关的动物包括狼、郊狼和豺。该属的所有成员都属于一个更大、关系更疏远的群体——科（family），其中包括野狗、狐狸和许多已灭绝的类狼食肉动物。

我们和我们的祖先也可以用同样的方式进行分类。现代人类都是同一种的成员，但我们也是某一个属的唯一幸存者，这个属曾包括其他类人群体，如尼安德特人。我们所在的人属（Homo）第一次出现在250万年前，是由另一个属的一个物种进化而来的，这个属叫作南方古猿（Australopithecus）。人属和南方古猿属的所有成员都属于人科，该科成员包括许多现存和已灭绝的类人猿，如黑猩猩、倭黑猩猩和大猩猩。

我们用属名加种名来指代动物。例如，人类是"*Homo sapiens*"（智人），狗是"*Canis familiaris*"（家犬），汤恩幼儿是"*Australopithecus africanus*"（南方古猿非洲种）。

然而，比这个名字更重要的是达特对这块化石的解释。他假设这块化石所属的个体不是黑猩猩或大猩猩的祖先，而是人类已经灭绝的近亲。

当科学界还在争论汤恩幼儿这个发现的重要性时，另一位南非古生物学家罗伯特·布鲁姆正在约翰内斯堡西北部的洞穴中寻找更多的南方古猿化石。现在，这个地区被称作"人类摇篮"（Cradle of Humankind）。在整个20世纪30年代直至40年代末，布鲁姆用炸药炸开了坚硬的岩壁，然后在碎石中搜寻人类祖先的遗骸。今天，在这些洞穴的洞口仍然有大量的岩屑，其中很多都含有化石，它们被称为布鲁姆岩堆。

布鲁姆使用的方法简单粗暴，令今天的古人类学家厌恶，但他凭借这个方法发现了几十块来自两种不同古人类的化石。其中一种被他称为傍人粗壮种，牙齿以及与发达咀嚼肌相连的骨结构都很大。另一种体型纤细，牙齿和咀嚼肌较小，似乎与达特的南方古猿非洲种比较匹配。

在一个叫作斯托克方丹（Sterkfontein）的洞穴里，布鲁姆发现了一块脊椎化石、一块骨盆化石和两块膝盖骨化石，它们可以证明南方古猿非洲种是用两条腿走路的。通过对洞穴石灰石中的铀进行放射性鉴年，我们现在知道这些化石的年龄在200万—260万年间。[18]

与此同时，正在"人类摇篮"东北方向的马卡潘斯盖特（Makapansgat）洞穴发掘化石的达特发现了少量的古人类化石，他认为这些化石与他的宝贝汤恩幼儿完全不同，应该被视为一个新的物种。因为在这些人类化石附近发现的许多动物骨骼化石都是烧焦的，而且似乎是被故意烧掉的，所以他借用为人类盗来火种的希腊巨人的名字，把马卡潘斯盖特古人类称作南方古猿普罗米修斯种。[19]

此外，达特发现这些动物化石的破损处呈现出一种特殊的模式。它们被砸碎了，但大型羚羊腿骨的断口像匕首一样锋利。从下颌骨破裂的样子看，它们似乎是被当作切割工具来使用的。达特发现羚羊的角可以抓起来当武器使。马卡潘斯盖特洞穴里散落着几十块破碎的羚羊和狒狒头骨，看起来它们好像是与南方古猿暴力冲突的受害者。

1949年，达特发表了他的发现，并提出南方古猿已经发展出了一种文化。[20]后来，他将希腊语中表示骨头、牙齿和角的单词糅合到一起，称之为骨齿角文化（Osteodontokeratic）。他进一步扩展了达尔文的观点，认为这种文化的创立者们会使用这些武器攻击其他动物和同类。

在加入金山大学之前，达特曾是澳大利亚军队的一名军医。1918年，他在英国和法国度过了大半年时间，见证了第一次世界大战的最后一年。[21]他可能治疗过受枪伤的士兵，以及因接触芥子气而灼伤肺部的士兵。20年后，达特只能眼睁睁地看着战火再次在他的身边燃起。正是因为亲身经历了两次世界大战，所以达特推断人类的起源肯定充斥着暴力，并坚信他在马卡潘斯盖特洞穴发现了这方面的证据。

达特关于人类暴力特性和直立行走起源的观点，因为作家罗伯特·阿德里于1961年出版的全球畅销书《非洲的起源》（African Genesis）而广为人知。[22] 仅仅7年后，库布里克电影中的猿人就伴随着施特劳斯《查拉图斯特拉如是说（30号作品）》的旋律敲打骨头。达特以前的学生菲利普·托拜厄斯甚至在《2001太空漫游》的片场，指导穿着类人猿服装的人扮演暴力的南方古猿。[23]

但是，在南非比勒陀利亚先民纪念馆的一个实验室里，颠覆达特这些观点的活动正悄无声息地进行着。

被人们昵称"鲍勃"的查尔斯·金伯林·布雷恩是一位年轻的科学家，对细节有着敏锐的观察力。20世纪60年代，他重新检查了达特所说的"工具"，发现它们与自然损坏以及被豹子、鬣狗强有力的颚咬碎的骨头非常相似。看来达特对这些化石的解读出了问题，它们并不是被早期人类有意识地砸碎的。

此外，这些焚烧过的动物骨头被证明是野火烧焦的，然后它们被暴风雨冲进马卡潘斯盖特洞穴变成了化石。达特的南方古猿普罗米修斯种并不是盗火者，科学家也无法找到足够的生理结构差异，来证明南方古猿普罗米修斯种和非洲种是两个不同的物种。[24] 因此，南方古猿普罗米修斯种被并入非洲种。[25]

与此同时，布雷恩恢复了布鲁姆多年前在"人类摇篮"的一个叫作斯瓦特克朗的洞穴中的挖掘工作。在那里，他发现了一个幼年南方古猿的头骨碎片——分类名为SK 54。[26]

在看过汤恩幼儿几天后，我前往比勒陀利亚的先民纪念馆，去查看在斯瓦特克朗洞穴发现的化石。[27]管理员斯蒂芬妮·波兹[28]带我走进布鲁姆展室[29]。房间很小，地上铺着红地毯，玻璃陈列柜里陈列着一些迄今为止发现的最重要的人类化石。整个展室给人一种古色古香的古董店感觉。

波兹把SK 54放到了我的手中。这块化石很薄，不是很结实，颜色呈浅棕色，有零星的黑色斑点。头骨后部两个间隔约一英寸①的圆洞立刻引起了我的兴趣。圆洞里面的骨头是扭曲的，就像被开罐器刺破了一样。

波兹递给我一只古代豹子的下颌骨[30]，也是在斯瓦特克朗发现的。

"试试看。"她说。

就像之前很多人做过的那样，我轻轻地把豹子的尖牙贴在SK 54头骨后面的洞上。非常吻合。

我们的这些祖先不是猎人，而是被猎杀的对象。[31]

几十年来，人们发现了大量留有古代豹子、剑齿虎、鬣狗和鳄鱼咬痕的早期人类化石。对汤恩幼儿的重新分析发现，达特发现的这块著名化石的眼窝上有爪印。一定是一只猛禽（可能是一只冠鹰雕）把汤恩幼儿从地上抓了起来，然后叼走吃掉了。

就像科学中经常发生的那样，即使是最巧妙、接受程度最

---

① 1英寸＝2.54厘米。——编者注

高的观点，在新的证据面前也会土崩瓦解。尽管需要腾出双手使用工具和武器的"狩猎之人"（Man the Hunter）理论在流行文化中一直存在，但它已经不能解释我们两足行走的起源。

那么，为什么会出现这种奇怪的运动方式呢？

有的学者认为我们可能永远找不到答案。[32]事实证明，人类是唯一直立行走的哺乳动物，这个事实使这个谜变得特别难解，同时也让它变得更加令人神往。

这是为什么呢？

很多动物，例如鲨鱼、鳟鱼、枪乌贼、海豚，都会游泳，就连鱼龙这种已经灭绝的爬行动物也会游泳。但这些动物并不是近亲。海豚和你我的关系比它和其他那些动物的关系更近，而鱼龙和猎鹰的关系比它和鱼的关系更近。然而，它们的体形都惊人地相似。

为什么呢？事实证明，这是因为游泳有"最佳方式"。那些体形最适合在水中移动的鲨鱼、鱼龙和海豚的祖先游得更快，能吃到更多的鱼，繁殖的后代更多。亲缘关系较远的水生动物怎么会有如此相似的体形呢？这是因为通过自然选择，流线型的身体——在水中快速移动的最佳体形——完成了多次进化。

这种情况在自然界中经常出现。例如，蝙蝠、鸟类和蝴蝶都"发明"了翅膀。蛇、蝎子和海葵分别进化出了可以让猎物中毒的神经毒素。科学家把这个现象称作"趋同进化"。

趋同进化能帮助我们解释直立行走吗？如果我们只依赖现有的哺乳动物，那么答案是否定的，因为人类是唯一用两足直立行走的哺乳动物。如果其他哺乳动物经常用两条腿走路，我们就可以研究它们，弄清楚直立行走是如何帮助它们生存的。直立行走会让它们更容易采集食物吗？是否让它们在很久以前的栖息环境中占得先机？会不会是某种交配策略？假设除人类以外还有直立行走的哺乳动物，然后思考上面这些问题，可以为我们研究古人类如何进化出这种运动方式提供一些重要线索。但是，由于没有其他直立行走的哺乳动物可供研究，甄别并剔除不合理假设的难度极大。

或许，我们应该把探索的时间段进一步前移，研究恐龙时代。一旦这样做，我们就会发现直立行走并非那么罕见。

两足动物的黄金时代：
从蜥蜴、主龙、鳄鱼到霸王龙

> 四条腿的好，两条腿的更好！四条腿的好，两条腿的
> 更好！四条腿的好，两条腿的更好！
>
> ——乔治·奥威尔，《动物庄园》，1945 年[1]

小时候，我经常和哥哥姐姐们一起看重播的《失落的大陆》。我总是害怕"蜥蜴人"，这些爬行动物用一种嘶嘶的声音说话，还总是试图绑架马歇尔家的人。他们个子很高，长着一双大得吓人的眼睛，用两条腿走路。我觉得年轻的比尔·兰比尔就是一个蜥蜴人，这样就能解释他为什么那么高，也许还能解释我为什么讨厌他们球队。（底特律活塞队的职业篮球运动员兰比尔身高 6 英尺[①]11 英寸，而我是波士顿凯尔特人队的狂热球迷。）

《失落的大陆》当然是虚构的，但双足爬行动物是真实存在的。

---

① 1 英尺 ≈ 0.3 米。——编者注

在2018年平昌冬奥会即将闭幕之际，韩国科学家宣布发现了一条蜥蜴在1.2亿年前直立行走时留下来的大脚印。[2]这只蜥蜴也许是为了躲避捕食者，用两条腿站立起来，在泥滩上狂奔，留下了两足行走的痕迹。在强烈的阳光照射下，泥滩硬化了，随后被多年的沉积物掩埋。地质隆升和侵蚀最终把一只古代蜥蜴生命中的这一时刻展现了出来。幸运的是，科学家在脚印碎裂之前发现了它。

虽然古代脚印非常罕见，但发现两足蜥蜴并不足为奇。即使在今天，南美的蛇怪蜥蜴还能用两只脚站起来逃命。这种小蜥蜴的奔跑速度非常快，它们甚至能以两足行走的方式在水面上奔跑一小段距离。这也是蛇怪蜥蜴的另一个名字"基督蜥蜴"的由来。

更多的发现表明，快速爬行动物用两条腿行走已经有一段时间了。20年前，多伦多大学的古生物学家在德国中部的古老沼泽化石中发现了一具小型两足爬行动物的骨骼。他们称之为真双足蜥（*Eudibamus cursoris*），字面意思是"最早的两足动物"。它们的长腿和铰链关节表明，这种已灭绝动物是两足动物。

令人惊讶的是，真双足蜥的年代非常久远。它生活在大约2.9亿年前，比爬行动物的起源晚不了多久，比第一批恐龙进化出来早了数千万年。凭借这个年龄，真双足蜥成为地球历史上已知最早用两条腿而不是四条腿行走的动物之一。[3]尽管这种体型小、速度快的爬行动物可以像今天的蛇怪蜥蜴那样用后腿疾跑来躲避捕食者，但是它们在进化道路上踏进了一条死胡同。

换句话说，这个已知最早的陆地两足动物谱系是失败的。它灭绝了，没有留下任何现代后代。但是，两足动物的黄金时代即将到来。

在我的窗户外面，一只小小的两足动物正在春天的绿油油的草坪上蹦蹦跳跳，寻找着虫子。它很可爱。不，我说的不是我女儿，而是一只美国知更鸟。它在草坪上跳来跳去，偶尔把喙扎进土里捉虫子。最终，有什么东西吓到了它，它张开长有羽毛的前肢，飞到了附近的一棵树上。

所有的鸟类，包括知更鸟、鹰、鸵鸟和企鹅，都是两足动物。鸟类是什么时候、因为什么原因进化成两足动物的呢？也许了解鸟类进化成两足动物的过程，可以帮助我们了解人类的直立行走。

科学家有时会研究近亲物种的生理结构，寻找异同点，以了解某一特定特征的进化起源。我们经常采用这种方法，把人类和猿类近亲放到一起进行比较。那么，谁是现存鸟类的近亲呢？这个问题的答案很清楚，同时也令人震惊。

通过研究鸟类的生理结构和DNA（脱氧核糖核酸），科学家已经证实，我们这些长着羽毛的朋友与鳄类（鳄鱼、短吻鳄和凯门鳄）关系非常密切。[4] DNA和化石不仅能揭示哪些动物关系密切，还能揭示它们最后一次拥有共同祖先的时间。例如，人类和黑猩猩的共同祖先生活在仅仅600万年前。但所有鸟类和鳄类的最后一个共同祖先生活在更久远的时代，超过2.5亿年前。

20世纪80年代出演喜剧《成长的烦恼》的少年明星柯克·卡梅隆出现在一个在线视频中，通过鸟类与鳄鱼的亲缘关系来证明进化论是一个虚构的童话："这就是进化论者一直在寻找的……鳄鱼鸭吗？"[5]

但是，进化并不是卡梅隆想象的那样。任何两种动物最后的共同祖先都不是电影《拦截人魔岛》所描述的两个现存物种的杂交物种。相反，它通常是一种更普遍的生命形式，现存动物的特异性是它们在适应特定环境的过程中通过长期独立的改变和进化过程形成的。

鸟类和鳄类最后的共同祖先不是鳄鱼鸭，而是一些叫作主龙的动物。我们知道这些，是因为它们留下了化石。早期主龙化石可以在2.45亿—2.7亿年前的岩石中找到，这段时间被称为三叠纪。有的主龙吃植物，有的以小型爬行动物和从外表看像长毛蜥蜴的原始哺乳动物为食。有的主龙很小，有的体型庞大，其中一类被称为波斯特鳄属（*Postosuchus*）的主龙，在博物馆里很容易被误认为小型霸王龙，它偶尔会两足行走。

这个时期的主龙不是恐龙，至少暂时还不是。大约在2.45亿年前，出于某些尚不清楚的原因，主龙谱系发生了分裂，进化出了两种主要形式：一种最终导致了现代鳄鱼和短吻鳄的出现；另一种变成了恐龙，最后变成了鸟类。

这两个谱系都是在两足动物的基础上发展形成的。

2015年，北卡罗来纳州自然科学博物馆的林赛·赞诺在罗利市西边2.3亿年前的沉积物中发现了三叠纪鳄鱼的遗骸。她称之为 *Carnufex carolinensis*，意思是"卡罗来纳屠夫"。[6]它有9英尺（2.7米）高，满嘴锋利的牙齿，偶尔两足行走。我们经常认为鳄鱼是活化石，仿佛它们从恐龙时代起就没变过。但与今天缓慢爬行的鳄鱼相比，最早的鳄鱼祖先体格轻盈，动作敏捷，经常保持直立姿态，有时甚至会两足行走。[7]

赞诺的古生物实验室位于罗利市中心自然研究所的二楼。这栋楼建于2012年，是一个旨在吸引公众参与科学过程的现代设施。在玻璃板后面向游客全方位展示的不仅仅是化石，还有发现和研究这些化石的古生物学家。实验室的中央有一个三角龙头骨，等待着被从石膏护壳上分割下来清洗。气动刻磨笔正在慢慢清除这些早已灭绝的动物的矿化骨头上附着的古老土壤，房间里充斥着机器的嗡嗡声。

赞诺说："我一直想成为一名古生物学家。"上小学的时候，她会认真地把她的恐龙橡皮摆放到课桌上。她对科学很有热情，但她认为研究恐龙并不是一个很现实的职业选择，所以一开始她在一所社区大学选报了医学预科专业。

就在那时，她读到了唐·约翰森的《从露西到语言》（*From Lucy to Language*）。唐·约翰森是著名的早期人类化石"露西"的发现者。赞诺又一次迷上了化石，但还是没有信心踏入人类古生物学领域。

"当时，这个领域的研究人员显然比化石还多。"她说。

赞诺转而研究脊椎动物古生物学，从此踏进了恐龙及其近亲的世界，再也没有回头。

她为我从橱柜里取出了"卡罗来纳屠夫"化石，小心翼翼地放到保护垫上。这些2.3亿年前的化石呈浅橙色，头骨碎片很薄，很脆弱。赞诺把它们组装成一个和成年鳄鱼头差不多大的头，然后拿出了在头骨旁边发现的肱骨。这根骨头很小。赞诺认为，前肢这么细，说明"卡罗来纳屠夫"很可能偶尔会用两条腿行走，也许它们可以灵活地在四足行走和两足行走之间来回转换。但是，正如她所指出的，目前还没有发现腿骨。处理信息缺失的一种方法是将"卡罗来纳屠夫"与生活在同一时期的其他类似鳄鱼的主龙进行比较。人们在得克萨斯州和新墨西哥州发现鳄鱼的一些古代近亲，例如波波龙（*Poposaurus*）、苏牟龙（*Shuvosaurus*）、灵鳄（*Effigia*）。这些古代野兽也有大脑袋和细胳膊，最完整的化石表明它们的腿长而有力。根据保存下来的铰链状脚踝和巨大脚跟，研究人员可以确定，它们都是用两条腿行走的。[8]

"卡罗来纳屠夫"是在北卡罗来纳州查塔姆县蒙丘镇以南的一个采石场发现的，三叠纪时期暴露在含氧量非常高的空气中的泥岩腐蚀岩石，将它们变成了红色和橙色。现在，这些岩石被挖掘出来制成砖块，导致泥岩沉积物中保存的化石遭到了破坏。这些化石在地球上历经风雨，保存了2.3亿年，现在再也不能保存下去了。采石场工人有时会在骨头被重型机械粉碎前几天给科学家提供信息。对于古生物学家来说，这就是一次搜救行动。

在三月的一个阳光明媚的下午，我沿着1号老路，驱车穿过深河大桥，进入查塔姆县。其中有一段路有7英里长，沿路修了6所教堂，其中4所是浸礼会教堂。水仙花开花正盛。街道两旁是独栋小房子，路边是正在开花的山茱萸。这是北卡罗来纳州的州花。许多房屋都是用三叠纪泥岩砖砌成的，有的砖块里面肯定有化石。

但是在有巨兽出没的2.3亿年前，这里的地貌与现在大不相同。没有山茱萸，开花植物还没有进化出来，路边的草同样没有进化出来。那时候的植物主要是蕨类和苔藓。长叶松的古老祖先旁边是现在的低矮北美短叶松的近亲，树干粗壮，高度可达50英尺。路边没有垃圾、汽车，也没有人。如果你碰巧遇到"卡罗来纳屠夫"，就绝无逃生的可能。

两足鳄鱼似乎是一次成功的进化，但在鳄鱼谱系中，两足行走最终并不是一种受欢迎的运动方式。相反，这些爬行动物逐渐进化出了四足行走。偶尔的两足行走可能对"卡罗来纳屠夫"有帮助，更依赖于四足行走的鳄鱼近亲们却经受住了时间的考验，也许是因为它们更适合在浅水地带伏击猎物吧。

两足行走再一次失败了。

在进化路上主龙分岔口沿着另一条路径往下，最终就会看到现代鸟类。这一谱系的起点是最早的类恐龙主龙，以及最早的恐龙。最早的恐龙并不像剑龙（*Stegosaurus*）那样用四条腿行走，而是用后腿站立，像后来的另一种恐龙——伶盗龙（*Velociraptor*）那样疾步如飞。它们是两足动物。

和鳄鱼的情况一样，对于许多恐龙谱系来说，两足行走并不是一种成功的运动方式。相反，它们一个接一个地进化出了四足行走。举个例子，长颈的雷龙（*Brontosaurus*）和长角的三角龙（*Triceratops*）就属于这种情况。但有一个恐龙谱系保留了两脚站立姿态和两足行走的运动方式。可怕的异特龙（*Allosaurus*）在侏罗纪用两条腿四处巡视，霸王龙在白垩纪建立了霸主地位，它们都是两足行走的猎杀机器。

赞诺发现的不仅仅是古代鳄鱼的化石。每到夏天，她都会在美国西部的白垩纪沉积物中挖掘，寻找霸王龙的祖先和它的两足近亲——镰刀龙（*Therizinosaurus*）。两足行走将恐龙的前肢从运动的责任中解放出来，随后恐龙的身上发生了一些异乎寻常的变异。

我儿子非常喜欢恐龙，他的门上贴了一张霸王龙的照片，上面写着："如果你感到幸福，就拍拍你的……哦。"霸王龙的细胳膊是许多恐龙笑话的笑点，研究人员一直在争论它们到底有没有什么功能。[9]但是与可怜的食肉牛龙（*Carnotaurus*）相比，霸王龙的前肢就像阿诺德·施瓦辛格的胳膊那样粗壮，而食肉牛龙看起来就像一个扮演恐龙版蛋头先生的人把霸王龙的头放在了直立行走的两条腿上，加上了角，却完全忘记了手臂一样。这样看来，萎缩似乎是进化过程为两足恐龙的前肢准备的一个可选方案。

赞诺打开了电脑屏幕："看看两足恐龙的前肢会发生什么样的神奇变化。"屏幕上显示的是阿瓦拉慈龙（*Alvarezsaurus*）

的复原图，这是一种专门以昆虫和白蚁为食的恐龙，它的手骨融合在一起，形成了一对巨大的善于挖掘的爪子。还有恐手龙（*Deinocheirus*）。这种两足恐龙进化出了巨大的8英尺长的前肢，末端有3只长长的爪子。尽管这种恐龙因为可怕的前肢而得名（在希腊语中意思是"可怕的手"），但它可能是食草动物。它大概是要利用那些爪子把树枝扒拉到它没有牙齿的嘴里。赞诺还给我看了镰刀龙的图片。和恐手龙一样，镰刀龙也有巨大的前肢，但末端的爪子又长又宽。它的肚子也非常大，可能是坐在那里大吃导致的。"这是我见过的最糟糕的两足动物。"她说。

镰刀龙很可能拥有伶盗龙、窃蛋龙（*Oviraptor*）等其他许多两足兽脚亚目食肉恐龙都拥有的东西，那就是羽毛。因为无须参与行走，前肢可以用来做很多事情，比如采集食物，或者作为装饰来吸引配偶。窃蛋龙很可能是用它有羽毛的前肢把蛋藏在巢里的。其他恐龙可能会利用羽毛保暖。随着时间的推移，羽毛被用于滑翔，然后用于动力飞行。6 600万年前，大多数恐龙灭绝了，但一些有羽毛的两足恐龙幸存了下来。

恐龙至少告诉了我们一件关于人类的事实——两足行走使手臂摆脱了负重，在这种情况下，进化会带来新的变化。当然，鸟类前肢的主要功能还是运动——用于飞行。但有些鸟类（如鸸鹋、鸵鸟、美洲鸵和鹤鸵）的前肢并不用于运动。这些鸟不会飞，而是依靠腿运动。和人类一样，它们也是两足动物。但与人类不同的是，它们跑得很快。

鸵鸟每小时能跑40多英里，而跑得最快的人类能达到它一半的速度就很幸运了。这些大型鸟类的脚和脚踝上没有肌肉，只有长长的肌腱，可以伸展，储存弹性势能，通过回弹推动身体前进。它们的肌肉位于臀部，就像节拍器一样，重心位于远离摆动端的位置。因为这种身体结构，这些鸟可以像走鹃那样快速摆动双腿。虽然人类的脚和腿上的肌腱比猿类长，但我们的脚和腿上的肌肉比鸸鹋和鸵鸟更发达，这就是我们不能快速摆动双腿的原因。

人类和鸵鸟的脚还有一个重要的不同之处：人类的脚跟接触地面。我们运动时脚跟着地，但是这些不会飞的大鸟用脚趾走路，脚后跟抬高，这种运动方式把鸟脚变得像弹簧一样。有的人认为鸟的膝盖向后弯曲，其实并非如此。我们在人类膝盖所在的位置看到的关节实际上是鸟的脚踝，它的弯曲方式和我们人类一样。

既然鸟类和人类都用两条腿走路，为什么结构会如此不同呢？这是因为进化只能对已经存在的结构起作用。我们并不是被凭空创造出来的，而是由类人猿进化而来的。与鸟类相比，人类两足行走的时间很短。

距今仅仅几百万年前，我们的祖先还在用灵活自如、长满肌肉、适合抓握树干和树枝的脚到处攀爬。鸟类是直立行走动物链条上的仍然存活的环节（这根链条至少可以追溯到2.45亿年前）。从进化的角度来看，它们是直立行走的大师，而人类是笨拙的新手。

包括古代蜥蜴、鳄鱼、霸王龙和鸟类在内的多个谱系都进化出了直立行走，它们有什么共同点可以帮助我们解开谜团，找到人类用两条腿走路的原因吗？

对所有的动物而言，无论是基督蜥蜴还是伶盗龙，两足行走似乎都是为了提升速度。蟑螂受到惊吓时也会站立起来，用两条腿奔跑。早期人类进化成两足行走是为了提升速度吗？答案显然是否定的。四足奔跑的黑猩猩可以轻松地达到接受过多年训练的奥运会短跑选手的速度。跑得最快的猴子是非洲赤猴，如果参加奥运会百米短跑，可以轻轻松松地赢得金牌，但它不是两足动物。我们进化成两足动物后速度变慢了，由此可见，速度并不是我们追求的目标。

为什么两足行走使人类的速度变慢，却使伶盗龙的速度变快了呢？答案在尾巴上。

阿尔伯塔大学的研究人员发现，恐龙的速度得益于它们的大尾巴。[10] 两足恐龙强有力的尾部肌肉与后肢相连，增加了后肢的推动力。回想一下《侏罗纪公园》中聪明的伶盗龙的姿势，或者《博物馆奇妙夜》中奔跑的霸王龙骨架。[11] 它们尾巴收紧，脑袋向前一倾，就飞奔了起来。

哺乳动物的尾巴和两足行走之间的关系更为复杂。很明显，人类没有尾巴，猿类也没有。没有尾巴是人猿总科的特征之一，其成员都是彼此有亲缘关系的灵长类动物，包括长臂猿、猩猩、大猩猩、黑猩猩、倭黑猩猩和人。下次去动物园时，在把黑猩猩、大猩猩或猩猩称为"猴子"之前，先停下来想一想。猴子通常有尾巴，但猿没有。

所有的猿类都能以直立的姿势移动，还能用手臂悬吊——猴子通常做不到。[12]因此，游乐场的儿童秋千更应该叫作"猿架"，而不是"猴架"。长臂猿可以挂在树枝上摆动，猩猩可以在树丛中直立行走，非洲猿可以在树干上爬上爬下，就像玩滑竿一样。人类的直立姿态表现在我们的行走方式上——直立行走。

显然，没有尾巴也可以直立行走。大多数哺乳动物都有尾巴，但不是用两足直立行走的动物。一些哺乳动物的祖先失去了强有力的尾巴，原因似乎有两个：要么是进化出了像老鼠一样的小尾巴，要么是因为早期哺乳动物生活在恐龙的阴影下，根本没进化出尾巴。

事实上，强有力的尾巴可能会阻止哺乳动物用两足直立行走。要知道为什么，我们必须去澳大利亚和新西兰看一看。

在5万—7万年前，成群结队的智人将他们的领地扩展到非洲大陆以外的欧亚大陆。他们向东推进，最终到达印度尼西亚群岛。那是一个冰河时代，赤道附近的印度尼西亚尽管感受不到寒冷，也受到了一些影响。海水被困在巨大的极地冰冠中。当时的海平面很低，印度尼西亚的岛屿彼此相连，形成了一块陆地，现在的科学家称之为巽他古陆。但是，无论海平面有多低，人类都仍然需要制造简单的船只，还要有好奇心和冒险精神，才能继续向东南前进，从一个岛到另一个岛，直到进入最近的大片陆地——澳大利亚。[13]

登陆后，他们发现自己身处一个到处都是两足动物的世界中。那里有数千万只鸸鹋，它们体型庞大，不会飞，用两足行走。袋鼠的数量可能更多。但作为两足动物，袋鼠的运动方式和我们，甚至和鸸鹋都不一样，它们会跳。[14]这种运动方式利用了储存在大腿肌腱中的弹性势能，对它们来说是一种非常有效的运动方式。它们可以达到每小时40英里以上的速度。

但是当人类第一次来到澳大利亚时，他们不仅发现了跳跃的袋鼠，还看到了会走路的袋鼠。这些动物的骨头跨越千山万水，从澳大利亚被运到了纽约。

位于纽约的美国自然历史博物馆是科学爱好者的乐园。大厅里有一个令人兴奋的场景——面对饥饿的异特龙，为了保护孩子，重龙（*Barosaurus*）妈妈用两条腿直立了起来；海登天文馆在某种程度上解释了星系红移的原因；而我可以在1∶1的蓝鲸模型下躺上一整天。但是，当参观者们在每层楼的环形展厅中浏览时，很少有人会意识到，在博物馆不对公众开放的巨大的中心区域，还存放着一些研究馆藏，一些人正在那里进行科学研究。

2018年4月，我在那里研究了巨大的更新世袋鼠的骨骼化石。研究馆藏离展品如此之近，我甚至能听到墙壁那一侧的学童们激动的叫声。房间里的柜子堆到天花板那么高，里面装着早已灭绝的动物的遗骸。还有数百个未打开的板条箱，装着19世纪和20世纪初古生物探险发掘的未经处理的化石。这让我想起了电影《夺宝奇兵》最后那一幕。

那些大得无法放进橱柜的化石被放置在木制托盘上。其中一面墙的旁边放着雕齿兽的巨大甲壳——雕齿兽是犰狳的近亲，已经灭绝。在它们旁边是一副舌懒兽的骨架，这是一种已灭绝的巨型地懒，体重超过一吨。另一面墙旁边放着安氏兽（Andrewsarchus）的头骨，这是一种生活在4 000万年前始新世的巨型食肉哺乳动物。我觉得电影《大魔域》中幸运龙的头骨可能就是这个样子的。[15]参观者几乎都不知道这些珍宝与那些展品仅仅是一墙之隔。

房间另一个角落的抽屉里装满了南澳大利亚更新世哺乳动物化石。博物馆里有两个橱柜，装满了两次卡拉伯纳湖探险（一次是1893年，另一次是1970年）发掘的骨头——博物馆的科研人员在那里发现了已经灭绝的巨型袋鼠的化石。

这些骨头质地紧密，颜色也很奇特。在化石上常见的棕色和灰色紧挨着深浅不一的橙色、白色甚至粉色。有的骨头破损严重，有的保存得非常好，仍然像它们活着时一样接合在一起。

我小心翼翼地从抽屉里取出一只巨型短面袋鼠（Sthenurus stirlingi）的脚、腿和骨盆化石。这只袋鼠重达300多磅①，从尾巴到鼻子有10英尺长，仅股骨就有一把管钳那么大。如果这种体型的动物试图跳跃，它的肌腱就会断裂。因此，跳跃会导致它迅速灭绝。那么，这种袋鼠是如何四处活动的呢？美国布朗大学古生物学家克里斯丁·贾尼斯解开了这个谜团：这只袋鼠不会跳，但是会行走。[16]

---

① 1磅≈0.45千克。——编者注

贾尼斯注意到巨型短面袋鼠的尾骨比较小，这表明它不具备现代袋鼠在跳跃时用尾巴平衡身体的能力。此外，与今天的人类一样，巨型短面袋鼠的臀部和膝盖异常大，因此它们完全可以用一条腿支撑自己的体重。最近在澳大利亚中部发现的400万年前的脚印证实了贾尼斯对这些古老骨头的解释：巨型短面袋鼠会行走。[17]

我一边研究这些化石，一边努力想象巨型袋鼠行走的样子。我希望它还活着，还能看到它在澳大利亚内陆游荡。不幸的是，在更新世，巨型短面袋鼠就消失了，也许是因为遭到后来的两足动物捕猎而灭绝了。

巨型短面袋鼠不能像今天的袋鼠那样跳跃，是因为体型太大。在人们的描述中，其他已灭绝的大型哺乳动物即使不用两足直立行走，通常也会保持直立姿态。博物馆展示的已经灭绝的更新世巨型洞穴熊通常会摆出一种威胁性的直立姿势，体型庞大的大地獭（Megatherium）的骨架也经常被恢复成在低矮的树枝上觅食的直立姿势。虽然大部分时候是用四足行走的，但有足迹证据表明，大地獭偶尔也会用两足行走。[18]即使没有找到颈以下部位的化石，也仍然有人假设已经灭绝的亚洲更新世巨猿（Gigantopithecus）是两足直立行走的动物，这不由得让人想起一些像素不高的视频中和臆想的目击者口中的大脚野人和雪人。

庞大体型似乎可以解释为什么一些哺乳动物会变成两足直

立行走的动物，但这是否有助于揭示人类行走的神秘起源呢？答案似乎是否定的。化石显示，我们最早的两足直立行走的祖先体型并不比黑猩猩大。[19]

体型并不是迫使我们站起来的原因，速度也不是。我们的祖先开始用两条腿而不是四条腿走路，肯定有别的原因，而且肯定与其他动物直立行走的原因不同。这个原因肯定是人类独有的动力。

到底是什么呢？

人类是如何站起来的：
关于直立行走的 N 个假设

> 关于直立行走起源的很多推测都别出心裁，令人神往。
> 最重要的是，这是一个鼓励大胆推测的学术领域。
>
> ——乔纳森·金登，博物学家，
> 《卑微的起源》，2003 年[1]

古希腊政治家亚西比德称，人类曾经有四条腿、四只胳膊和两张脸。他们傲慢而危险，这明显是对众神的威胁。因此宙斯非常担心，他想用闪电毁灭人类，他和奥林匹斯诸神就曾用这个办法对付泰坦。[2]但他想出了一个更加巧妙的计划。他把人类分成两半，使他们只有两条腿、两只胳膊和一张脸，威胁就没有那么大了。阿波罗把这些分成两半的人包扎起来，在他们的肚脐上打了个结。从那以后，他们就一直在地球上流浪，寻找他们的另一半，也就是灵魂伴侣。

人类是一个奇怪的物种。我们一直在寻求一些重大问题的答案。我们从哪里来？我们为什么会是现在这个样子？为了寻求有证据支持的答案，我们求助于科学。但科学家必须非常小心，因为在缺乏证据的情况下，关于直立行走起源的假设可能就像宙斯将四条腿的人类一分为二的神话一样虚无缥缈。关于人类两足行走的许多解释使用的可能是科学的语言，但它们都与"豹是如何长出斑点的"、"骆驼是如何长出驼峰的"以及鲁德亚德·吉卜林假想的其他故事有着相同的叙事轨迹。

芝加哥大学的人类学家拉塞尔·塔特尔曾将两足起源假说称为"有科学依据的故事"。[3]在过去的75年里，人类学家提出了越来越多的人类用两条腿行走的可能原因，发表了100多篇科学论文，解释我们的祖先用两条腿走路为什么得到了自然选择的青睐。

但这些解释几乎都没有引起重视。

与其直接探究为什么人类是两足动物，不如先从更广泛的角度来考虑这个问题。其他哺乳动物很少用两足行走，最经常用两条腿行走的（尽管还是偶尔为之）是灵长类动物：狐猴、猴和猿。马达加斯加狐猴从树上下到地面后，就会用两条腿跳跃，四处活动。卷尾猴用胳膊收集坚果和石头，用两条腿短距离行走。狒狒在齐腰深的水中行走时会采用直立姿态。所有的类人猿，包括黑猩猩和倭黑猩猩，都会不时地用两条腿行走。

因此，问题不在于两足行走如何从无到有，而在于是什么条件使两足行走的频率增加，从其他灵长类动物的偶尔为之变成人类的全时直立行走。[4]

虽然在哺乳动物中，两足行走非常罕见，但两足直立的姿势比较常见。当然，我们的祖先在开始用两条腿走路之前，也必须先站起来。研究为什么一些现存的哺乳动物能站着，可能会对我们了解为什么早期人类祖先会进化出直立姿势有所启示，因为直立姿势是两足行走的先决条件。

许多哺乳动物用两条腿站立来观察周围的环境。例如，这种行为在非洲狐獴和北美草原犬鼠身上很常见。英国肯特郡类人猿馆里那头名叫安班的雄性大猩猩经常直立，看着饲养员菲尔·里奇斯为它准备食物。安班听到远处有声音时，也会直立起来，眼睛盯着那个方向。这些例子支持"躲猫猫"假说。[5]该假说认为，直立姿势是我们的祖先进化出来的一种在大草原上搜寻捕食者的方法。

在查尔斯·达尔文出生的那一年（1809年），法国博物学家让-巴蒂斯特·拉马克在他的《动物哲学》一书中提出了类似的观点（拉马克最出名的成就是他提出了一个很大程度上不正确的进化机制假说）。他认为，两足行走满足了"对一览无余的视野的渴求"[6]。

如果这个说法是正确的，那么古人类祖先在因避免被发现而下蹲之前，会站在草地上观察危险的情况。我想，这可能是正确的，但为什么我们的祖先要开始用两条腿行走呢？如果你发现狮子，狮子也看到了你，用两条腿跑比四足飞奔要慢得多。

还有一些人认为黑猩猩和熊直立起来是为了警告其他动物

远离它们的领地，或者只是为了嗅嗅空气，以探测周围环境。也许我们的古人类祖先站起来是为了让自己看起来高大威猛。[7]也许这个姿势有助于他们生存下来，繁衍出更多后代。有一位学者更进一步，认为早期古人类站起来，是为了使用荆棘防御狮子。[8]

也有可能直立姿势不是为了警戒，而是有助于觅食。

长颈羚是一种可爱的东非羚羊，它会用后肢站立去吃营养丰富的金合欢嫩叶。山羊偶尔也会这样做。在野外，一些黑猩猩用两条腿站立，去吃低垂的果实。[9]有时它们在地面上这样做，有时是在树上。一些科学家假设，我们的古人类祖先也会站起来抓取采摘不到的食物。那些直立的人可以填饱肚子，并且足够健康，能生育更多的后代。

还有一些人认为，我们的祖先不是生活在草原上，也不是生活在果树下面，而是生活在类似于今天博茨瓦纳的奥卡万戈三角洲那样潮湿、有大量莎草的栖息地。[10]果真如此的话，我们就曾经是沼泽猿。现在生活在奥卡万戈附近的狒狒偶尔会用两条腿站立，以避免脸上沾到水。

这一假说是在水猿假说的基础上做了合理的改进。[11]水猿假说是阿利斯特·哈代爵士在20世纪60年代，以及伊莱恩·摩根在之后不久先后提出的。最近，大卫·爱登堡在英国广播公司的一个广播节目中进一步宣扬了这一观点，猜测古人类是在水中进化出两足行走的。他声称这个理论可以解释人类无毛、具有相对浮力、婴儿有潜水反射，以及人类其他的解剖及生理特性。

2012年，动物星球频道播出的特别不科学的节目《真实美人鱼：科学的假设》中介绍了这个观点，有190万美国人观看了该节目。节目中充斥着捏造的证据，还安排演员杰森·柯普和海伦·约翰斯扮演"科学家"罗德尼·韦伯斯特和丽贝卡·戴维斯接受采访。

如果你没有意识到水生栖息地会有很多危险的鳄鱼和河马，而人类又不是很擅长游泳，那么你可能会认为水猿假说是有道理的。[12]迈克尔·菲尔普斯可以说是世界上速度最快的游泳运动员之一。在2008年北京夏季奥运会上，他用不到1分43秒的时间游完了200米自由泳。在同一届奥运会上，尤塞恩·博尔特在陆地上以19秒的时间跑完了同样的距离。如果你认为我们在陆地上走得慢，没错儿，那就到水里试试吧。但是，如果附近有鳄鱼和河马，还是不试为好。

那么，为什么我们的祖先会站起来并开始用两条腿走路呢？老实说，我们不知道，但看到一些人对自己喜欢的假设如此自信，我感到难以理解。

2019年3月，进化生物学家理查德·道金斯在推特上说：

> 为什么我们会进化成两足动物呢？请看我的模因理论。灵长类动物偶尔会短暂地两足行走，是一种非常容易模仿的把戏，是在肆意展示一种令人钦羡的技能。我认为，两足行走的时尚模因随文化传播，激发了模因—基因（包括性选择）的协同进化。

换句话说，刚开始的时候就是有样学样的行为。

我希望道金斯当时用的是"hypothesis"（假设）一词，而不是"theory"（理论），因为在科学中，"theory"一词指的是具有预测和解释能力的宽泛全面的想法。科学家对这个词的使用与日常生活中不同，在日常生活中，"theory"有时只是胡乱猜测。但道金斯认为，两足行走一开始只是一种趋势，是一种很酷的文化现象，然后像病毒一样传播开来，最终导致了解剖结构逐渐发生变化。

2004年，道金斯与黄可仁合著的《祖先的故事》一书中首次提出了他的两足行走文化模因概念。但在15年后，道金斯可以从推特上的433条回复中看出他的粉丝们的想法。一些回复坚持认为是上帝让人类两足行走的。还有一些回复非常简单："是吗？"但是大多数的回答都来自100%相信自己知道为什么人类是两足动物的读者。被反复提起的有4种观点：人类变成两足动物是为了腾出手来使用工具或武器；是为了看得远以躲避捕食者；是为了能在水中直立；是为了获得耐力，以长距离追踪猎物。但水猿假说的支持者尤其坚定，认为自己最了解真相。科研不是民众投票。这些想法一遍又一遍地出现，并不意味着它们就是正确的。

但每个人都喜欢有趣的谜题，所以我们简单了解一下道金斯在推特上没有提到的那些假设[13]：

• 潜行跟踪说：两足行走使早期古人类能够悄悄地接近猎

物，并用石头攻击它们。

- **坐姿挪动说**：地面觅食的类人猿在从一个觅食地挪到另一个觅食地的过程中，逐渐进化出了直立的姿势。

- **古人类性吸引**：女性会被站着展示生殖器的男性所吸引。是的，这真的是一个假设。

- **洛奇·巴尔博亚说**：我们的祖先需要腾出手来互殴。

- **绊倒说**：四足行走逐渐退出历史舞台，是因为前肢和后肢可能搅到一起，导致摔倒。当然，这对其他四足动物来说似乎不是问题。

- **抱孩子说**：为了吃死去的动物，早期古人类跟随大型非洲兽群迁徙，需要腾出手抱孩子。

- **躲避捕食者说**：两足行走有利于古人类躲避豹子和狮子。当然，事实并非如此。

- **攀援说**：古人类是在跋山涉水的过程中进化出两足行走的。

- **中新世迷你人类说**：早期古人类的体型很小，可以用双足在水平的树枝上行走或奔跑。

- **性交易说**：男性需要腾出手来把肉递给女性，进行性交易。

- **火灾说**：地球附近的一颗超新星增加了森林火灾的频率，烧毁了类人猿的栖息地，从而促进了两足行走。

- **模仿鸵鸟说**[14]：古人类模仿鸵鸟两足行走，以偷偷接近它们的巢穴并盗取鸵鸟蛋。这个说法是我杜撰的，但不比其他那些说法更疯狂吧？

还有很多假说[15]。关于两足行走起源的假说数不胜数，这本身并不是问题，问题在于其中很多都无法用我们目前掌握的信息进行科学检验。

要让一个想法具有科学性，它必须产生可以与真实数据进行比较的预测。例如，在测试中新世迷你人类说时，科学家可能会预测最早的两足古人类体型较小，生活在森林而不是草原环境中，已经适应在树上活动和觅食。如果实际的化石表明，最早的直立行走的古人类拥有巨大的身体，生活在草原环境中，并在地面觅食，中新世迷你人类说就会被推翻。如果数据与预测不符，证明假设是错误的，我们就可以继续研究下一个假设，推动科学继续发展。如果我们构建的假设不是可验证的预测，它们就只是故事，就科学有效性而言与宙斯将人类劈成两半的说法并无区别。好的假设都是容易受到质疑、可以验证的，好的科学家都灵活机动，会随时放弃与数据不符的想法。

那么，我们要找什么样的数据呢？

首先，陆地动物的两足行走从哪里开始是一个有用的信息，当然，知道什么时候开始也是很有帮助的。

查尔斯·达尔文在《人类的由来》中假设人类与非洲猿类有亲属关系。倭黑猩猩直到1933年才为科学所知，所以达尔文只写了黑猩猩和大猩猩，但是亚洲猿、猩猩和长臂猿呢？我们与它们也有很多相似点。我们如何确定这些类人猿中哪一个与人类的关系最密切呢？

这些关系引发的争论持续了近一个世纪。20世纪60年代末，科学家开始比较这些物种的蛋白质，最终瞄准了它们的DNA。比较的结果是我们重新绘制了谱系图。正如达尔文所预言的那样，与人类亲缘关系最接近的现存动物确实是非洲猿类。我们的近亲是黑猩猩和倭黑猩猩，大猩猩是我们的第二代表亲，而猩猩是第三代表亲。

与黑猩猩和倭黑猩猩的这种亲密关系并不意味着人类是从它们进化而来的。它们是我们的近亲，不是我们的祖先。我们不是它们的后代，它们也不是我们的后代。进化论预测，我们和它们有共同的祖先。别犯柯克·卡梅隆口中鳄鱼鸭那样的错误。这个共同的祖先既不是人类，不是倭黑猩猩，也不是我们和倭黑猩猩的混合体，而是一种更广义的类人猿，我们都是从它进化而来的。

这种古猿长什么样？它生存在哪个年代？这些都是棘手的问题，但科学家已经有一些眉目了。

当我走出位于格林尼治村的纽约大学校园韦弗利广场25号四楼的狭小电梯时，分子人类学家托德·迪索特尔正在等着我。[16]他已经55岁，身材不高，很健康，看上去比实际年龄年轻得多。那是一个阴冷的4月的一天，迪索特尔穿着色彩鲜艳的短裤、帆布休闲鞋和一件金刚T恤。短袖下露出了文身：右前臂上是达尔文著名的"I think"（我认为）谱系线条图，左肱二头肌上是大脚野人。他没有保留莫霍克人的经典发型，取而代之的是短寸头、山羊胡和橙色框眼镜。迪索特尔是全世界知名的人类遗传学专家。

我们参观他的实验室时，6名正在进行移液操作的研究生和博士后抬起头。相对于纽约大学狭小的人类学系来说，这个实验室已经很大了。迪索特尔自豪地说，拍摄《远古外星人》的乔治·索卡洛斯在这里见证了从头骨中提取DNA的过程。他以为那是外星人的头骨，其实不是。如今，美国联邦政府的拨款越来越难申请，因此迪索特尔采取了一个聪明但颇具争议的策略：让电视工作室为他购买昂贵的设备，作为回报，在历史频道制作有关古代外星人和大脚野人奇幻传说的节目时，他会提供专业指导。

参观完后，我们沿着街道前往白橡树酒馆吃午饭。迪索特尔点了一份没有苹果的苹果沙拉，我问道："人类和黑猩猩最后一次拥有共同祖先是什么时候？"我这次前来曼哈顿，就是为了这个问题。

我本以为他会深深地叹一口气，若有所思地啜一口饮料，然后说些模棱两可的话。没想到他毫不犹豫地说："600万年前，上下不超过50万年。"

"是吗？"我说，"我看到的估测最高有1 200万年，最低也有500万年。"

迪索特尔回答说："那些说法都不对，都是在有问题的假设基础上做出的推测。"

他解释说，人们曾经通过计算少量目的基因的分子差异来估计谱系分化的时间，但现在更先进的技术可以快速比对不同物种的数以万计的基因，包括人类和非洲猿的基因。可以肯定的是，并不是所有人都同意他对数据的解释，但在迪索特尔看来，结果是清楚的。

他认为我们的谱系在600万年前就与黑猩猩和倭黑猩猩的谱系完全分离，这个结论得到了很多化石证据的支持。[17] 假设大约25年就是一代，我和黑猩猩最后的共同祖先就是我的曾……曾祖母，在"祖母"前有大约24万个"曾"字。如果每秒钟说一次"曾"，要花整整三天时间才能不间断地说到我的血统与黑猩猩的血统分离的地方。

非洲自古以来就地域辽阔，有各种各样的生境。知道最早的古人类生活在哪里是很有用的。他们是生活在原始森林的树冠下，还是冒险进入草原？环境的变化常常导致行为和解剖结构的渐进式变化。

非洲环境急剧变化的线索隐藏在古老的土壤和牙齿化石中，其中保存有碳和氧的稳定同位素。为了理解这一点，我们必须暂停一下，来上一堂简短的化学课。

碳和氧都以多种同位素的形式存在于自然界。有些同位素不稳定且具有放射性。这对于确定化石的绝对年代非常有用，我们将在下一章继续讨论这个问题。在重建古代环境时，我们感兴趣的是那些稳定的同位素。

碳被记作碳12（^{12}C），因为它通常有6个质子和6个中子。它的同位素碳13比它多一个中子。研究表明，一些植物在呼吸时会排斥含有较重同位素碳13的二氧化碳，它们更愿意将碳12

吸收到它们的组织中。这些植物通常生长在潮湿、繁茂的森林环境中。草和更开阔、更干燥的热带稀树草原上的其他植物并不介意摄入碳13，而且会吸收更多的碳13。

动物吃植物时，会将碳融入骨骼和牙齿中。碳13这种碳同位素的美妙之处在于它非常稳定，即使经过数百万年的石化，也不会消失或改变。科学家可以将古代羚羊的牙齿磨成粉末，利用质谱仪测量碳12和碳13的比例，从而确定该动物是在森林、草原还是两者的混合环境中长大的。

氧16（^{16}O）也有一个稳定的同位素氧18（^{18}O），它比氧16多2个中子。这两种同位素都可以充当水（H_2O）中的那个"O"。因为氧16较轻，所以含有这种同位素的水更容易蒸发，向上飘浮，形成雨云。气候寒冷时，较轻的氧就会以雪的形式下降，并被困在极地冰中。因此，大量的氧18聚集在海洋中，形成了我们目前拥有的最重要的全球温度记录。此外，随着气候变得干燥、蒸发量增加，非洲的湖泊和河流也会聚集氧18。化石中的这两种氧同位素比例也可以检测，是当地温度和湿度的永久记录。

所有的动物都通过饮水或者它们吃的植物获取水分，因此研究人员可以利用古代化石的化学成分，重建数百万年前我们祖先开始进化时的非洲。他们得出的结果很有趣。

从中新世开始，到至少1 000万—1 500万年前，非洲大陆越来越干燥，季节性越来越强，气候波动也越来越明显。东非的森林开始变得支离破碎，它们留下来的空隙被扩张的草原填补。于是，广阔的森林逐渐向点缀有一块块森林的开阔稀树草原转变。当代科学家认为，陆地上的两足动物就是在这样一种环境中进化的。然而，我们不确定直立行走在这个新的世界里有哪些益处。[18]

一种解释认为直立姿势可以帮助我们的祖先在草原上保持凉爽。[19]赤道非洲很热。大多数动物在夜里或早晚活动，为了防止白天过热，它们会竞相寻找阴凉的地方。我们的祖先在与食肉动物和其他大型非洲哺乳动物竞争这些不断缩小的阴凉区域时，可能并不占优势。直立姿势使身体暴露在阳光下的部位更少，同时，还可以让更多的身体部位暴露在微风中，提高排汗效率。

这个巧妙的假说（尽管不一定是正确的）是生物学家彼得·惠勒在20世纪80年代末和90年代提出的。他还估测两足行走可以减少40%的水需求。我认为惠勒是对的，但不包括他对两足行走起源的假设。原始人进入这些阳光充足的开阔草原环境后，确实需要担心过热的问题，但在这之前他们可能就已经进化出两足行走了。

第二个假设与能量有关。人类行走1英里，需要燃烧大约50千卡。一把葡萄干就可以恢复我们行走1英里所消耗的能量。像人类这样用两条腿行走是一种非常节能的运动方式。

哈佛大学的研究人员决定通过比较人类和黑猩猩的行走方式来测试两足行走的效率。[20]他们把好莱坞的黑猩猩（那些你偶尔会在"老海军"品牌广告中看到的黑猩猩）放到跑步机上，然后在每只黑猩猩脸上安装一个类似呼吸管的二氧化碳探测器，测量它们消耗的能量。别担心，如果黑猩猩不高兴，它们会把实验装置从脸上撕下来，甚至会把研究人员的胳膊拉脱臼。黑猩猩非常强壮，而且喜怒无常。

研究人员发现，黑猩猩无论是用四条腿还是两条腿行走，消耗的能量都是人类的2倍。[21] 在我们的进化史早期，可能有过资源匮乏的时候，古人类不得不穿过草地，从觅食的一片林地来到另一片林地。也许用两条腿行走比用四条腿行走所消耗的能量更少，这更有利于他们在艰难时期生存下来。这个说法似乎令人信服，但问题在于黑猩猩比人类消耗更多的能量，并不是因为它们是四足动物，而是因为它们以蜷曲身体的姿势行走。无论是用两条腿还是四条腿，行走时膝盖和臀部更伸展的动物可以节省能量。我们的祖先在伸展双腿，完善了两足行走之后，就能享受到节省能量的好处。但就能量而言，两足行走与四足行走相比并没有什么特别之处。[22]

我们回到斯坦利·库布里克的《2001太空漫游》，扮演类人猿的演员们站起来，把双手从运动的职责中解放出来。也许解放出来的双手不是用来战斗，而是帮助我们的祖先携带了更重要、更基本的生存必需品——食物。

路易斯喜欢吃西红柿。因此，费城动物园（这是美国最老的动物园）的饲养员把西红柿藏在这只西非低地大猩猩的围栏里。进入围栏后，路易斯就会用指关节着地的方式，走到熟悉的地点，找它最喜欢吃的西红柿。但作为一头450磅重的银背大猩猩，它发现了拿着一堆西红柿用指关节着地的方式行走的难处——西红柿会被压烂。

出于某种原因，路易斯不喜欢弄脏双手。如果夜里下过雨，地面潮湿，它就会用两脚行走，以免弄脏自己的指关节。对这只爱整洁的大猩猩来说，手里的西红柿被压烂是一场悲剧。

怎么办呢？答案是两足行走。

路易斯拿起西红柿，捧在手里，用两条腿在围栏里走来走去。它的饲养员迈克尔·斯特恩告诉我，这种情况每个月都会发生几次。

同样，在肯特郡林姆尼港野生动物园的类人猿宫里，阿姆巴姆的妹妹坦巴在抱着食物时，偶尔也会用两足行走。如果同时还带着它的宝宝，它就经常两足行走。

在动物园里两足行走与野外两足行走不是一回事，那么野外是什么情况呢？

在西非几内亚共和国工作的灵长类动物学家对一群黑猩猩进行了数十年的研究。这些黑猩猩非常有名，因为它们会用岩石敲开营养丰富的非洲核桃的硬壳。但在它们生活的雨林旁边，就是当地居民开垦出来的土地，那里种植着水稻、玉米和各种水果，包括黑猩猩最喜欢的木瓜。令人们恼火的是，黑猩猩经常跑到地里偷水果。

牛津大学的人类学家苏珊娜·卡瓦略发现，当黑猩猩采集、携带高价值的食物（包括木瓜和非洲核桃）时，它们更有可能两足行走。[23]它们的手里拿的东西太多，因此别无选择，只能用两条腿行走。也许这些黑猩猩给我们提供了一条线索，可以帮助我们了解早期人类为什么开始直立行走。

这个想法要追溯到科罗拉多大学丹佛分校的人类学家戈登·休斯，他在1961年提出，早期古人类进化出两足行走并不是为了携带工具或武器，而是为了携带食物，理由之一是他发现猕猴在携带食物时经常用两条腿走路。[24] 1964年，他提醒我们注意，珍·古道尔曾随口说过，黑猩猩有时抱着很多香蕉，因此只能两足行走。

肯特州立大学的欧文·洛夫乔伊进一步提出，两足行走的进化是与人类谱系对偶婚制同时出现的。在他的模型中，用两条腿行走的男性古人类可能会向女性运送食物。因此，女性可能会喜欢上这些慷慨的男性，并成为配偶。在寻求配偶的过程中，男性将不再需要大型犬齿来威胁竞争对手。这种"供给假说"不是像达尔文和达特那样将犬齿变小以及两足行走的出现与暴力联系起来，而是认为它们与性有关。[25]

如果不能从现有的哺乳动物中找出还有采用这种基于性策略的例子，就很难验证这一假设。很多持批评态度的人认为，这个观点弱化了女性在两足行走进化过程中起到的作用，并将女性原始人置于无助的境地——她们常常待在树上，等待男性（"家庭支柱"）带木瓜回家。[26]

我们有理由认为食物是两足行走进化背后的推动力，但我们同样有理由认为女性在其中发挥了更重要的作用。正如人类学家卡拉·瓦尔-舍夫勒告诉我的："自然选择的目标是女性和她的宝宝。"如果一种特征对女性和她们的后代没有好处，就几乎不可能有进化动力。

20世纪七八十年代，加州大学圣克鲁兹分校的人类学家南希·坦纳和阿德里安娜·齐尔曼就提出了一个类似的观点。[27]根据她们的假设，早期女性古人类每天的工作是采集植物和小动物（顺便说一下，在大多数现代狩猎—采集社会中，女性采集提供的能量比男性狩猎更多）。女性古人类会采集多于自身需要的食物，并与群体中的其他成员分享自己的成果。那些直立行走的人可以采集更多的食物，如蜥蜴、蜗牛、植物块茎、鸡蛋、水果、白蚁和树根。

分享、合作的优势会导致与女性交配的男性更加友善，不那么好斗。这些不好斗的男性的犬齿可能也比较小。在坦纳和齐尔曼的假设中，女性古人类用树枝挖树根和块茎，用吊索携带婴儿。换句话说，技术很早就被发明了，而且是由女性发明的。研究表明，在倭黑猩猩和黑猩猩中，更精通技术的是雌性，所以在最早的古人类中存在同样现象是讲得通的。[28]

重要的是，坦纳和齐尔曼认为，尽管携带（无论携带的是食物、工具还是婴儿）可能是进化出两足行走的原动力，但这并不是唯一的好处。开始两足行走后，古人类可以观察周围是否有敌人，恐吓并向潜在的捕食者投掷东西，从一个觅食区前往另一个食物区时效率也有所提高。换句话说，她们认为，两足行走给我们的祖先带来有选择的好处，原因不止一个。正是这些好处导致古人类直立行走。

也许正因为人们一直以为直立行走的原因只有一个，所以我们一直找不出这个原因。即使我们从来没有弄清楚为什么会进化出两足行走，我们也仍然可以思考直立行走是如何使我们的身体结构和行为发生许多变化，使我们成为今天这个样子的。但是，要理解我们最早的祖先开始直立行走的过程，我们必须提出可验证的想法，即可以做出明确预测的想法。我们必须摒弃不可验证的故事，从事真正的科学研究。我们必须进一步提升可能发生过的事情与实际发生过的事情的契合度。

为了更接近这个目标，我们需要化石。

露西的祖先：
类人猿和人类之间缺失的一环

> 但是，我们不能错误地认为，包括人类在内的整个类
> 人猿种群的早期祖先与任何现存的猿或猴子完全相同，甚
> 至不能认为他们非常相似。
>
> ——查尔斯·达尔文，《人类的由来》，1871 年[1]

有人问我，科学家什么时候才能找到类人猿和人类之间缺失的一环。我告诉他们，我们已经找到了。

"缺失的一环"这个概念的意思是，应该有化石记录可以证明地球上出现过既不是人类，也不是猿类，但同时拥有人类和猿类特征的动物。1891 年，荷兰解剖学家欧仁·杜布瓦等人沿着印度尼西亚爪哇岛的梭罗河寻找化石时，发现了一颗古人类臼齿、一个头骨顶盖和一块腿骨。从腿骨可以看出这个古人类是两足动物，头骨的脑容量为 915 立方厘米。[2] 现在的成年人都不会有这么小的大脑，而猿类的大脑也不会有这么大。事实上，这个头骨所容纳的大脑尺寸几乎正好是黑猩猩和人类大脑平均大小的平均

值。太棒了，这不就是缺失的一环吗？

杜布瓦把他的这个发现称作"*Pithecanthropus erectus*"，意思是直立猿人。今天，这些古人类被称为直立人（*Homo erectus*）。迄今为止，古人类学家在非洲、亚洲和欧洲已经发现了几十个这样的古人类。杜布瓦的这一发现有着无与伦比的重要性，它表明地球上曾经有一种生物至少可以在脑容量这个方面填补现代猿类和现代人类之间的空白。缺失的一环被找到了。

然而，"缺失的一环"这种表达还传达了另一个信息，也是关于人类进化的一些非常不准确的信息。它假定人类和类人猿之间的所有差异都是逐步进化的，并且步调一致。换句话说，它意味着像直立猿人这样脑容量介于猿和人之间的类人猿也应该像半猿半人那样，弓着背，用两条腿缓慢地移动。连杜布瓦也是这么认为的。

1900年，杜布瓦和他的儿子为巴黎世界博览会制作了一尊赤身裸体、栩栩如生的直立猿人石膏雕塑。[3]这个小脑袋的古人类雕像低着头，面无表情地看着自己右手拿着的一个工具。他直立着，但脚像猿类一样，长着长长的可以抓握的脚趾，大脚趾像大拇指一样向外伸出。

10年后，法国古生物学家马塞兰·布勒发表了他对法国圣沙拜尔一个洞穴中发现的一具几乎完整的尼安德特人骨骼的分析。头骨很大，脑容量比人类的平均值还要大。但布勒断定他不是智人。圣沙拜尔尼安德特人头骨有一张大而突出的脸和一个突出的眉脊，没有大多数人类都有的高前额。不过，布勒对这具骨骼的身体结构的解读传递出了一些信息。[4]他再现的这具骨骼弓着身子，长着像猿类那样的脚和可以抓握东西的大脚趾。

这清楚地表明：如果他不是人类，就不会像我们一样行走。但这两种解释都没有经受住时间的考验。

更多的化石（其中甚至包括脚印化石）表明，直立人和尼安德特人都是用类似人类的脚直立的。大踏步两足直立行走的历史比杜布瓦或布勒想象的要早得多。因此，我们需要把注意力转向那块可以被视为古人类学标志的骨骼化石，说不定它也是人类进化的起始点。

1974年11月24日，亚利桑那州立大学古人类学家唐·约翰森在埃塞俄比亚北部阿法地区的哈达尔村附近发现了这块化石。[5]此前从未有人发现过如此完整的南方古猿骨架，研究表明它来自一个新物种，约翰森和他的同事们称之为南方古猿阿法种。[6]

发现骨架的那天晚上，这个考古团队的全体人员一边庆祝，一边用录音机一遍又一遍地播放披头士乐队的专辑《佩珀军士的孤独之心俱乐部乐队》。在听了无数遍"在缀满钻石的天空中飞翔的露西"（Lucy in the Sky with Diamonds）这首歌后，一个团队成员建议给这具骨架命名为"露西"。这个名字沿用至今。[7]

科学家有时称她为"A.L. 288-1"。这一编号表明，她是在阿法地区第288号场地发现的第一块化石。许多埃塞俄比亚人称她"Dinkinesh"，这是阿姆哈拉语，意思是"你好棒"。

2017年3月，为了研究露西的遗骨，我来到了位于亚的斯亚贝巴的埃塞俄比亚国家博物馆。亚的斯亚贝巴是一座繁忙的非洲城市，坐落在海拔7 000多英尺的丘陵中。它的人口在不断增长，已经接近洛杉矶的人口数量。在乔治六世大街，有一座三层建筑，公众可以到这里参观露西的复制品。真品保存在公共博物馆后面的一座大型建筑里。这座混凝土建筑仿佛一座堡垒，很可能是野兽派建筑师的作品。环绕中央庭院的楼梯看上去就像埃舍尔的一幅画。

这座建筑的一侧有一个足球场大小的地下室，里面存放着数以万计的已灭绝的大象、长颈鹿、斑马、牛羚、疣猪和羚羊的化石。在紧闭的门后，耐心的化石修复人员正在一点儿一点儿地从骨头化石上剔除硬化的泥土，不时传来迷你手提钻的嗡嗡声。

三楼的一排彼此相连的房间里存放着最珍贵的化石——古代人类的遗骸，它们被锁在防爆保险箱里。我到的那天，窗户是开着的，和煦的微风裹挟着烤咖啡豆和柴油的气味吹过来，从附近基督教教堂传出来的阿姆哈拉语祷告声飘进了没有灯光的房间。在亚的斯亚贝巴，停电是日常生活的一部分。

露西被分装在三个木托盘里：其中一个装着她的头骨、下巴、手臂和手骨的碎片，另一个装着她的肋骨和椎骨，第三个装着她的骨盆、腿骨和足骨。石板灰衬垫的形状与化石十分吻合。每一块骨头旁边都有白色纸片做成的标签，编号从头骨碎片A .L. 288-1a一直排到锁骨A . L. 288-1bz。露西的骨骼呈棕褐色，中间夹杂着块状的灰色和一点点儿橄榄色，这些颜色都是骨骼变成化石时从矿物质中吸收的。

骨头会讲故事，而露西的骨头承载了关于她的生平的大量信息。她的手臂和腿骨末端的生长板已经闭合，说明她死时已经成年。她的智齿已经长出来了，但磨损不太严重，说明她还年轻。她的牙齿磨损程度与20岁出头的现代女性一致，但她的牙齿还显示南方古猿发育成熟的速度快于今天的人类，这说明露西死时接近20岁。目前还不清楚她的死因，但有人认为她的骨折与从树上掉下来造成的骨折相符。[8]骨盆上的两处咬痕表明在她被古湖岸边的淤泥吞没之前，有食腐动物发现了她。

露西体型较小，身高在3.5~4英尺之间。她的关节大小和体重60磅的人差不多。换句话说，她的体型和现代人类中的7岁儿童差不多。甚至与在哈达尔村发现的其他同类化石相比，她的体型也非常小，这说明她可能确实是一个女性。她的大脑比一般黑猩猩略大，与较大的橘子差不多大小。但是，与黑猩猩不同的是，她用两条腿行走。露西是两足动物。

我的学生有时会问我，如果我的物理系同事发明了时间机器，我会去哪个年代。我毫不犹豫地说，我会去318万年前的埃塞俄比亚，来到露西身边。我会一直跟在她的身边，看她如何行走，如何生活，如何照顾孩子，看她吃什么，看她如何与群体里的其他成员交流。我会带上科学设备，尽可能详细地测量她的行走方式，计算她施加在关节上的力。

当然，这是不可能的。我们只能利用为数不多的骨头碎片，重现我们祖先的生活。为什么仅凭几块古老的骨头就能知道露西和她的同类是用两条腿走路的呢？因为他们身体各个部位的骨骼上都留有蛛丝马迹。

我们行走时不用头，但头能显示我们行走的方式。所有动物的头骨上都有一个孔，即枕骨大孔，脊髓就是通过这个孔与大脑相连的。用四条腿行走的动物（比如猎豹和黑猩猩）的枕骨大孔位于头骨后部，这能保证头部与水平的脊柱对齐。但人类的枕骨大孔位于头骨的最底部，这有助于头部在直立的脊柱上保持平衡。雷蒙德·达特就是根据这条解剖学线索，断定南非汤恩镇的那个年轻的南方古猿是两足动物。

遗憾的是，露西的头被发现时已经支离破碎，所以无法确定她的枕骨大孔的位置。不过，露西并不是约翰森在埃塞俄比亚的唯一发现，他还发现了整整一群南方古猿阿法种的化石残骸。他把这些古猿称作"第一家庭"。

在第一家庭遗址发现的化石中有一块是头骨的后部和底部，上面还保留有枕骨大孔，位置与现代人相同，就在头骨的底部。最近发现的更完整的南方古猿头骨证实了人们的推测：露西及其同类的头是抬着的，位于直立脊柱的上方。

虽然露西的头骨并不完整，但脊柱保存完好。大多数哺乳动物的脊柱是水平的，或者呈弧形弯曲，像一轮浅浅的新月。在学会走路之前，人类婴儿的脊柱也是这种形状的。[9]但随着我们迈出第一步，脊柱就开始变化，形成一条S形曲线。这条曲线重新调整了我们的躯干和头部的姿态，使其在臀部上方保持平衡。最重要的是脊柱底部的弯曲，也就是腰部的腰椎前凸，这是直立行走的人类独有的特征。露西的脊椎化石就有这种S形弯曲，像今天的人类一样。

人类骨骼和黑猩猩骨骼在脖子以下最明显的区别是骨盆。黑猩猩的骨盆又高又宽，将臀小肌固定在背部[10]，因此它们的腿可以向后蹬，这个动作有助于爬树时推动身体向上。但是在用两条腿走路时，它们会左右摇晃，随时都有摔倒的危险。这是一种极其消耗体力的行走方式。

人类的骨盆更矮，更坚固，呈碗状，将臀小肌固定在身体两侧。当我们迈步时，这些肌肉收缩，以保持身体直立和平衡。大家可以试试看，体会一下行走时臀部肌肉收紧以避免摔倒的感觉。这些肌肉能发挥这个作用，就是因为我们骨盆的形状。

露西是什么情况呢？她的骨盆既矮又坚固，就像缩小版的人类骨盆。她的臀部骨骼粗大，肌肉被固定在身体的两侧，这意味着当她用两条腿行走时，臀部的肌肉可以让她保持直立和平衡。[11]

从骨盆继续向下看，就会看到最有可能找到两足行走证据的部位：膝盖。人类新生儿体内最长的骨头——股骨是直的。但是在婴儿开始走路后，向下的压力会导致生长中的股骨末端发生倾斜，形成所谓的双髁角。只有用两条腿走路的人身上才会出现这个现象。黑猩猩从来没有进化出双髁角，而天生四肢瘫痪、从未下地行走的人类也没有这种结构。[12]如果露西的膝盖有双髁角，那么她肯定是用两条腿行走的，因为没有其他方法可以形成这种结构。

约翰森找到了露西的左膝，但它被压碎了，很难再恢复原样。不过，在露西被发现的前一年，约翰森第一次到哈达尔村时发现的第一块古人类化石是一块膝盖骨。[13]它有双髁角，说明它肯定来自两足行走的动物。

作为两足动物，人类唯一直接接触地面的身体部位就是双脚。因此，在那里发现适应直立行走的一些关键解剖结构很合理。我们的脚跟很大，脚踝僵直，跟腱很长。与地球上的其他灵长类动物不同，人类的大脚趾与其他脚趾一样，都不能抓握。再加上长而僵直的弓形脚掌，为我们迈出下一步提供了助推力。此外，在蹬地时，我们的短脚趾还会向上拱起。这与猿的脚趾正好相反。猿的脚趾又长又弯，便于抓握。

露西和第一家庭成员的足骨与人类极为相似。他们的脚跟很大，露西的脚踝形状很像我的脚踝的缩小版。露西的脚趾很长，略微弯曲，但向上拱起，这表明在行走时她会像人类一样脚趾发力蹬地。

露西的骨骼证实了之前人们根据在南非的发现做出的猜测：两足行走出现在我们进化史的早期。

雷蒙德·达特和罗伯特·布鲁姆于20世纪三四十年代在南非洞穴中发现的南方古猿化石是支离破碎的，这里有一块膝盖骨，那里有一块下颌骨。古生物学家在那里只发现了一具不完整的骨骼，那是一具年轻女性的骨骼，编号Sts 14。她的骨盆和脊柱与人类相似，表明她能直立，用双足走路。但她的头骨一直没有找到。[14]

从南非洞穴中发现的这些古人类头骨化石可以看出，他们

TEPS

关于人类谱系的一点说明

古人类学家已经发现并命名了超过25种人类远祖化石和已灭绝的近亲（古人类/人亚族），本书涉及其中多种——不仅会介绍它们的名字，还会介绍一些代表性化石。

虽然我们知道这些古人类生活的时间（在谱系中按"距今……百万年前"纵向排列），但不清楚它们彼此之间究竟是什么关系。关于它们之间可能的关系，我们可以从人类谱系找到一些提示，尽管最近的化石和基因证据表明，人类谱系的某些部分有许多相互关联的分支纠缠在一起。未来的发现肯定会让这幅图的某些部分更加复杂，也肯定会让另外一些部分更加简明。

卞得沙赫人

图根原人

鲁道古猿
勾牙利种

多瑙古猿
古根莫斯种

6

6.5

7

8

9

10

11

11.6

FIRS

人类的第一步

- 人类谱系和直立行走的起源:
  多瑙韦斯猿, 530万~1 160万年前的中新世晚期

- 人类和黑猩猩谱系分裂后:
  乍得沙赫人, 700万年前

- 既会直立行走又会攀爬的人类祖先:
  图根原人和卡达巴地猿, 约600万年前

- 脚的外观基本成形:
  始祖地猿, 400万~500万年前

- 宽大的膝盖, 类人的踝关节:
  南方古猿湖畔种, 420万年前

- 闻名世界的"露西":
  南方古猿阿法种, 320万年前

- 古人类直接祖先:
  直立人, 150万~200万年前

T 到底是什么
塑造了人类? S

学会使用火——约150万年前
学会使用工具——约300万~350万年前
学会直立行走——1 160万年前!

从7万年前到约1万年前,智人一直没有定居下来,而是走个不停:走出非洲,进入欧亚大陆,去到澳大利亚大陆,穿过北极苔原,进入美洲……

直立行走是一次解剖结构的大变革,更是一次需要非凡毅力的冒险。灵巧的手、无毛的身体、硕大的大脑,勇敢选择直立行走,让我们成为人类。

的头和大猩猩差不多大，因此人们似乎可以肯定直立行走是在大脑开始变大之前出现的。但在露西之前，人们一直没有找到既有头部又有躯体的古人类骨骼。

露西的发现恰逢其时——这种南方古猿的头很小，跟猿差不多，身体与人类相似。杜布瓦和布勒都错了。人类根本不存在弯腰弓背、以半人半猿的方式行走、头的大小介于猿和人之间的祖先。相反，我们的大脑袋进化得很晚，而直立行走出现得很早。

但是，到底有多早呢？

17世纪的神学家詹姆斯·厄谢尔断言，地球是在公元前4004年10月22日星期六下午6点突然出现的。这个日期非常精确。但根据现代科学对我们这个世界的认知，这是非常不准确的。通常，在精确和准确之间需要有所取舍。[15]地质学家选择了后者。

据估计，露西大约生存于318万年前。与厄谢尔的计算相比，这个年龄是准确的，但不是很精确。尽管我很想说露西死于3 181 824年前7月11日上午8点10分，但我不能这样说。运气好的话，化石放射性定年技术能得出一个大致的数字，可以精确到一万年。要知道原因，我们需要再学一点儿化学知识。

火山爆发时，会喷出熔岩和火山灰。从地球的黏性地幔中喷发出来的这些有毒物质含有钾的同位素。地球上的大多数钾元素都是钾39（^{39}K），但化石放射性定年需要的钾元素因为多了一个中子，变成了^{40}K。这种同位素具有放射性，也就是说它不稳定，不愿意做^{40}K。通过衰变，它变成了另一种元素，也就是氩（^{40}Ar）。氩这种无害的惰性气体会逸出岩石并进入大气。幸运的是，不是所有的氩都逸出了。

火山喷发产生的岩石和火山灰通常含有一种叫作长石的晶体，其中也含有放射性钾。但这种钾离子衰变时产生的氩会被困在晶体中。随着时间推移，越来越多的氩聚集在晶体里面，并且以恒定速率（半衰期）积累。随着钾同位素逐渐衰变，它会为我们提供一种有用的定年技术，人们称之为"岩石中的时钟"。放射性定年的工作原理与此大致相同，但它只适用于测定不超过5万年的物体的年代。对于更古老的东西，比如露西，我们需要^{40}K这样的同位素。

我们以一杯啤酒为例，来了解其中的原理。酒吧招待倒啤酒时，杯子里会产生很多泡沫。泡沫慢慢"衰变"后，就会变成啤酒。这个过程是以恒定的速率发生的。大约1分钟后，就会有一半的泡沫变成啤酒。再过一分钟，又有一半泡沫变成啤酒。这个过程周而复始，直到杯子中只剩下一层薄薄的泡沫。如果杯子里有大量泡沫，就说明啤酒是刚倒的。没有泡沫的啤酒倒的时间比较早。^{40}K和^{40}Ar的情况也一样。[16] 含有大量放射性钾的岩石年代比较近，含有大量氩元素的岩石年代更久远。测量这两种元素的含量，就能确定岩石的年代。

当然，露西的骨头不是由火山灰构成的，所以年代无法确定。但她的骨头是在一层叫作凝灰岩的硬化火山灰沉积物中发现的。地质学家采集凝灰岩样品，分离出长石晶体，然后利用质谱仪测量其中 ^{40}K 和 ^{40}Ar 的含量。通过计算它们的比值，可以知道该凝灰岩层形成于大约 322 万年前。

由于露西的骨头是在这个凝灰岩层上面发现的，因此我们知道她最早死于 322 万年前，但不知道具体的时间。可能是 300 万年前、100 万年前、5 万年前，也可能是 1965 年。所以，这个结果没有多大价值。

幸运的是，东非构造活跃，火山再次爆发，在她的骨头上方形成了另一层凝灰岩。所以她肯定死在两次火山爆发之间的某个时刻。骨头上方那个凝灰岩层的形成时间为 318 万年前。

因此，我们可以确定她死于距今 318 万—322 万年的那 4 万年间。因为她的骨头是在更接近 318 万年前的凝灰岩层的地方被发现的，所以我们估计她的死亡时间更接近这个时间节点。[17]化石放射性定年法不够精确，但是非常准确。

当露西在 1974 年被发现时，她是到那时为止发现的最古老的已灭绝人类的不完整骨骼。约翰森对这个发现的第一手记录《露西：人类的起源》是《纽约时报》畅销书，激励了许多后来的古人类学家。露西骨骼的复制品成了世界各地科学博物馆的主要展品。埃塞俄比亚的很多餐馆都以"露西"为名。她甚至出现在了一幅《远端》漫画中。美国前总统奥巴马在 2015 年访问埃塞俄比亚期间，特意拜访了她。在当晚的国宴上，他说：

她提醒我们，埃塞俄比亚人、美国人以及世界上所有的人都是人类大家庭的一部分，都是同一个链条的一部分。正如一位教授在描述这些历史文物时指出的那样，世界上出现的那么多困难、冲突、悲伤和暴力，都是因为我们忘记了这一事实。我们只关注外貌上的差异，却没有关注我们共有的基本联系。[18]

露西是我们所了解的人类进化的起点。

我拿起她的距骨，也就是与胫骨相连的那块足骨。它很小，但很结实。毕竟，这些都是石头，大部分有机物早已分解。但这些岩石保存着精细的解剖结构。她的踝关节光滑平整，就像是我的踝关节的缩小版。我仔细看了看，发现上面有一个小鼓包，这是韧带附着的地方。300多万年前，当她在崎岖不平的地面上行走时，韧带起到了保持稳定的作用。在她的股骨上，可以清晰地看到臀部肌肉组织嵌入股骨留下的痕迹。这些肌肉会收缩，使她每走一步都能保持直立姿势。

博物馆里的电力恢复后，她光滑的牙釉质闪闪发光。我目不转睛地盯着她的头骨，心中暗暗地想：你真的很棒！

我们再想一想露西在人类历史上的地位。托德·迪索特尔比较人类和非洲猿的DNA后发现，我们与黑猩猩、倭黑猩猩最后一次拥有共同祖先大约是在600万年前。露西生活在318万年前，这意味着她生活的年代处于人类与黑猩猩最后一个共同祖先和今天的人类之间的中间点。

露西的发现对我们这门科学意义重大，同时也让我们看到在南方古猿和我们最早的祖先之间存在一个巨大的近300万年的空白阶段。科学经常发生这种情况：一项发现回答了几个问题，同时又提出了许多新问题。在露西和她的同类之前有什么？南方古猿是从哪儿进化而来的？南方古猿也用两条腿行走吗？直立行走可以追溯到多久以前？

多年来，我们毫无头绪。

然而，20世纪90年代中期，肯尼亚国家博物馆的米芙·利基在图尔卡纳湖西侧一个叫卡纳波依的地方，从420万年前的沉积物中发现了一块南方古猿的胫骨。[19]这块化石有一个宽大的膝盖和一个类似人类的踝关节，这表明它来自两足行走的古人类。这一发现使两足行走的历史大大提前，但在它和我们与黑猩猩的共同祖先之间仍然存在一段长达200万年的巨大空白。

2001年1月—2002年7月，在持续时间长达18个月的古人类热潮中，这种情况终于发生了改变，解开人类最早祖先谜团的工作迎来了一丝曙光。有三个研究团队在非洲三个不同的地方分别取得了不同寻常的发现，将人类谱系和直立行走的起源从260万—530万年前的上新世提前到了530万—1 160万年前的中新世晚期。这些化石表明，直立行走可以追溯到古人类谱系的最开始。

但是，这些发现是有争议的，与此同时它们也暴露了古人类学的阴暗面。

肯尼亚的版图几乎被分成了两半。东部是索马里板块的一部分，正以每年大约1/4英寸的速度向东移动。毛发生长的速度要比它快25倍，但经过几百万年，它已经在地面上留下了一道很深的沟，叫作东非大裂谷。

随着地面被撕裂，水在低处汇聚，形成湖泊。2005年夏天，我从内罗毕向北驱车前往巴林戈盆地，这是肯尼亚东非大裂谷湖泊系统最受欢迎的一条驾车路线，途经肯尼亚8个最大裂谷湖中的5个：奈瓦沙湖、埃尔门泰塔湖、纳库鲁湖、博戈里亚湖和巴林戈湖。最浅的湖（包括纳库鲁湖和奈瓦沙湖）是成千上万只火烈鸟的家园，从远处看，湖的边缘是模糊的粉红色。这条路坑坑洼洼，本来三四个小时的车程，现在要开六七个小时。但这是值得的。

在巴林戈湖的西北部，撕裂的地面上露出一个支离破碎的倾斜沉积层，面积和纽约市的5个行政区差不多。最古老的沉积层可以追溯到1 400万年前，保存有古猿的化石。一些最年轻的沉积层只有50万年的历史，里面有我们的直接祖先——古人类直立人的遗骸。

在两者之间的某个时候，人类开始了直立行走。

1999年年底，法国古生物学家布里吉特·瑟努特和马丁·皮克福德在巴林戈盆地的图根山地区勘探时，从大约600万年前的沉积物中取出了一些下颌骨碎片、一些牙齿、一条上臂、一块指骨和几块股骨碎片。这些古人类化石的解剖结构与当时所知的任何动物都不一样，他们很快在2000年1月宣布发现了一个新物种，并称之为图根原人。[20]

从手臂上附着的肌肉和长而弯曲的手指来看，图根原人适合树栖生活，但那块非常完整的股骨蕴藏着一个更有趣的故事。

所有哺乳动物的股骨顶部都有一个与骨盆臼窝吻合的球头，在球头下面的股骨上，与球头一"颈"相隔的部位附着有重要的臀小肌。大多数哺乳动物的股骨颈都很短，但人类的这个部位很长，因此臀小肌在我们用双脚行走时能帮助我们保持平衡。因为股骨颈很长，所以当我们移动位置时，臀部肌肉不需要消耗太多的能量。

图根原人的股骨颈和我们的一样长，这说明图根原人具有两足行走的能力。但是他们会这样行走吗？如果瑟努特和皮克福德能找到股骨的另一端——膝盖，我们就可以更加确定，但他们找到的这部分已经足以让我们相信图根原人的身体（或者说至少他们的髋关节）适合在地面上用双脚行走。[21]

尽管图根原人化石令人信服，但它们也提醒我们，古人类学研究是由一种有缺陷的灵长类动物，也就是人类完成的。20年来，科学界围绕这些化石不仅产生了一些合理的分歧，还创作出了更适合拍摄浪漫电视剧而不是《物种起源》的剧本。

具体来说，诸如伪造许可证、非法采集化石、肯尼亚非法监禁多发此类现象在其他领域也能看到，但对我们这门科学来说，最可悲的是，没有人知道图根原人化石的确切位置。[22]据传它们被放在内罗毕银行金库的保险箱里，图根原人在世的70多亿亲戚都无法接触到。[23]这些化石是这些远古人类曾经存在过的唯一证据，理应发挥更大的价值，他们的故事理应被公开。

就在图根原人化石的消息宣布6个月后，埃塞俄比亚古人类学家约赫内斯·海尔–塞拉西（当时是加州大学伯克利分校蒂姆·怀特实验室的研究生，现在是克利夫兰自然历史博物馆的体质人类学负责人）宣布发现了第二个中新世古人类物种——卡达巴地猿。[24]在埃塞俄比亚的沉积物中发现的化石（包括一块下颌骨、一些牙齿和几块颈部以下的骨头）年代在距今500万—600万年间。

犬齿偏小，表明卡达巴地猿是人类谱系的一部分，而不是古代黑猩猩或大猩猩。但卡达巴地猿能像图根原人那样用两条腿行走吗？也许吧。

这些化石中只有一块脚趾骨来自卡达巴地猿腰部以下。这块骨头比较长，而且弯曲，这表明它来自一种像今天的猿那样能用脚抓握东西的动物。但那块趾骨在与大脚趾球相连的底部位置向上倾斜，说明卡达巴地猿的脚趾可能是向上弯曲的。这与人类非常相似，我们在两足行走的过程中蹬离地面时脚趾也会向上弯曲。

不久之后，在2002年，古人类学界再一次震惊——又有人宣布发现了一块非常古老又令人费解的化石。2001年7月19日，来自乍得的研究生吉姆多马拜耶·阿胡塔在这个中非国家的朱拉卜沙漠中搜索时发现了这块化石。他是法国古生物学家米歇尔·布吕内领导的团队的成员。多年来，布吕内一直在非洲的这些地区工作。

2019年感恩节，我在法兰西公学院见到了布吕内。他在巴黎的办公室就位于先贤祠的阴影之下，这与他的身份是相称的——他是古生物学巨头之一。

"我发现了这些遗址。"他用带有法国口音的英语说，"我知道我们会在那里找到一些东西。我对阿胡塔说：'你是最好的化石猎人。你会找到的。'"

搜寻化石是一项艰巨的工作。工作环境通常十分炎热，尘土飞扬，让人很不舒服，还很容易脱水，因为汗水会迅速蒸发到干燥的空气中。蝎子随处可见。赤道非洲的阳光强烈刺眼。搜寻化石的最佳时间是早晨和傍晚，那时太阳很低，在大地上投下阴影，更容易看出股骨、下颌骨或头骨侵蚀在古代沉积物中形成的熟悉的形状。

在乍得寻找化石还有另外一个令人不安的危险因素：地雷。数十年来，北部穆斯林和南部基督教徒之间的战斗在朱拉卜沙漠中留下了未爆炸的地雷。

一天早上，阿胡塔偶然发现地上散落着一堆骨头。移动的沙丘刚刚让它们重见天日，这个幸运的团队就来到了那里。沙尘暴随时可能来袭，将它们重新掩埋起来。这堆骨头中有羚羊的腿骨和下颌骨，古代大象和猴子的骨头，甚至还有鳄鱼和鱼类的化石。

其中还有灵长目动物留下来的一块下颌骨、几枚牙齿和一个完整但是破碎变形的头骨。

化石不会自带标签。研究小组只能将这个头骨送到博物馆，与黑猩猩、大猩猩和南方古猿的头骨进行比对。结果令人震惊。

根据周围岩石的化学成分和在附近发现的动物骨骼的结构，可以确定这个头骨来自一种生活在600万—700万年前的动物，正好是人类和黑猩猩谱系分离的时候。因为它有一些在类人猿化石中从未见过的解剖结构，所以研究人员有理由宣布这是一个新物种：乍得沙赫人。[25] 他们还给它起了一个绰号：托迈（Toumaï），在戈兰语中是"生命的希望"的意思。该地区说这种语言的人，有时给在前途未卜的危险旱季开始时出生的婴儿取名托迈。

那么，乍得沙赫人到底什么样呢？

头和黑猩猩差不多大小，脸和后脑勺像大猩猩，但与所有非洲猿类不同的是，乍得沙赫人的犬齿已经磨平了，这是人类祖先的一个特征。而枕骨大孔（脊髓穿过的孔）据说和人类一样位于头骨下方。如果是这样，就说明乍得沙赫人经常保持直立的姿势。

这是否意味着托迈是用两条腿走路的呢？不一定。除非看到更多的证据，例如脚、腿和骨盆化石，否则我不敢确定。但是，这个头骨很能逗引人的好奇心。

乍得沙赫人在距东非大裂谷和南非洞穴数千英里的地方被发现，为我们打开了一扇新的窗户。我们只在非洲东部和南部发现了早期古人类的化石，也许是因为我们只搜寻了这两个地方。

这恰恰是古人类学的阴暗面，同时也为那些闹剧提供了一个舞台。

密歇根大学（我曾在这里攻读研究生学位）的古人类学家对布吕内的解释持怀疑态度。图根原人的发现者皮克福德和瑟努特同样表示怀疑。他们联名发表了一篇简短的论文，质疑乍得沙赫人是否属于人类谱系。他们还想知道托迈的枕骨大孔是否像布吕内所说的那样，处于类似人类身体中的位置。毕竟，头骨被压得支离破碎。[26]皮克福德和瑟努特认为托迈可能是一只古老的大猩猩。

布吕内的团队对此做出了回应，发布了CT扫描（计算机断层扫描）的颅骨重建图，并对破碎的部分进行了数字化修复。从修复结果看，头骨底部似乎有一个类似人类的枕骨大孔，这证实了他们的猜测：乍得沙赫人是直立的，可能用两条腿行走。[27]

这是科学应有的运转方式：合理质疑导致了对远古化石的进一步研究和更深入的理解。但是，随后事态的发展就偏离了正常的轨道。

科学的一个基本要素是可重复性。这需要独立的研究团队重复布吕内团队的头骨重建，以检验是否会得到相同的结果。要做到这一点，他们需要接触原始化石或高质量的复制品，以及（或者）原始CT扫描图。但这些要求没有得到允许。

相反，在托迈被发现后的整整20年里，除了布吕内直属团队成员之外，几乎没有人可以看到托迈，甚至没有人可以看到研究级的复制品，连CT扫描都不被允许。

与此同时，据了解，在事发当日，阿胡塔不仅发现了乍得沙赫人的一块头骨、下颌骨和几枚牙齿，还发现了一根股骨。[28]

股骨的末端折断了，但这根股骨可能包含了乍得沙赫人是否两足行走的线索。除了可以从一些泄露出来的照片中收集少量信息外，有关它的解剖结构的信息几乎都没有公开，不过描述这块股骨的手稿应该很快就会出版。

包括我在内的古人类学家都很想更详细地了解这块化石，但是当我向79岁的布吕内询问股骨的情况时，他摇了摇头，隔着桌子向我靠过来。

"我是古生物学家，不是古人类学家。"他说，"我们在乍得发现了成千上万块化石，分属100多个物种，但每个人都想了解这根该死的股骨。托迈是两足动物。对吧？如果这根股骨来自两足动物，它就来自托迈，对吧？如果不是来自两足动物，那就不是来自托迈的。"

当我们交谈时，我们之间的桌子上放着两个研究级的托迈头骨模型。我可以拍照并测量一些数据吗？

"不行！"

根据布吕内的说法，乍得沙赫人是两足动物，这项研究已经结束，进一步研究或更多的化石（不管它们长什么样）都不会改变他的想法。

复原和研究化石肯定需要时间和资金，而对布吕内来说，这些工作还有着不同的意义：1989年和他一起在喀麦隆勘探的一位亲密好友死于疟疾。当我问他为什么不向研究人员开放乍得沙赫人化石或允许其复制品用于科学教育时，他再次摇头。

"我为找到这些化石付出了太多太多。没人告诉我该怎么做。他们只是袖手旁观。"

这些传说中最古老的古人类化石并不容易解释，它们不仅支离破碎，而且杂乱无序。它们位于人类谱系的底部，靠近黑猩猩和大猩猩共同祖先所在的位置，因此兼有人类和猿类的一些生理结构。这个有趣现象既顺理成章，又具有迷惑性。要揭示其中的秘密，需要整个科学界共同努力，需要把这些化石向尽可能多的专业人士开放。

在科学不断遭受攻击、对人类进化的误解甚嚣尘上之际，我们需要立即向全世界展示人类卑微起源的实物证据。1938年，罗伯特·布鲁姆在一篇论文的开头提到南方古猿的股骨时指出：

> 即使新发现的证据进一步表明猿类的生理结构显然与人类祖先有某种关系，也应尽可能早地公之于众，而且我们无须为之辩解。[29]

我期待着最早古人类的化石（人类进化历程早期阶段的证据）被复制并作为教学资源进入全世界所有大学、主要博物馆和基础教育体系的那一天早一点儿到来。[30]

人类的血统可以追溯至500万—700万年前的非洲。在那里，我们的类人猿祖先因为一些尚不清楚的原因，踏出了人类进化历程的第一步。但在21世纪初，可以证明这些古猿是两足动物的已公开实物证据非常少，仅在乍得发现了一个破碎的头骨，在肯尼亚发现了一根断裂的股骨，在埃塞俄比亚发现了一块小小的趾骨。正如一位研究人员所说，把直立行走起源的所有证据装进购物袋，还有足够的空间放一些食品杂货。[31]

我们还需要更多的化石。幸运的是，它们很快就出现了。

第

地猿阿迪，迈步向前：
从古人类学"曼哈顿计划"
到多瑙韦斯猿

5

章

> 简言之，始祖地猿的运动方式不同于现在的任何动
> 物……如果你想知道它到底是怎么行走的，可以去《星球
> 大战》里的那家酒吧看看。
>
> ——蒂姆·怀特，古人类学家，1997年[1]

1994年9月，加州大学伯克利分校的科学家蒂姆·怀特和曾
是他学生的诹访元、贝尔哈内·阿斯富宣布，他们在埃塞俄比亚
阿法尔州的阿拉米斯地区发现了南方古猿属生活在400万年前
的一个叫作拉密达种（*ramidus*）的全新物种的骨头。[2]在阿法尔
语中，"Ramid"的意思是"根"，怀特声称这个物种位于人类族
谱的根部底端，拥有所有已知南方古猿最原始、最像猿的解剖
结构。

但6个月后，怀特、诹访元和阿斯富发表了半页纸的更正。[3]
他们在埃塞俄比亚低地地区干旱的不毛之地发现的化石不是来自

南方古猿，而是来自一个全新的属（怀特称之为地猿）。之所以发表这一更正，并不是因为怀特偶然发现了一份史前出生证明，而是因为他们发现了更多的化石，包括一具不完整骨骼。从这些化石看，这种古人类比露西更像猿类，因此应该被归为一个单独的属和种，即地猿始祖种。

但怀特没有公布任何细节。

地猿得名那一年，我还是康奈尔大学一名长着青春痘的大一新生，喜欢听戴夫·马修斯乐队的歌，经常在深夜跑去吃拉面，爱好天文学，是卡尔·萨根的粉丝。再过几年，我才会知道地猿和蒂姆·怀特。从我开始接触古人类学起，我就对始祖地猿非常着迷。这有可能是一个了解露西的祖先和直立行走起源的窗口，怀特收藏的始祖地猿的骨骼比已发现的乍得沙赫人、图根原人或卡达巴地猿的骨骼多得多。

但是，在怀特研究所研究这些化石的大型国际团队没有发出任何声音。在他们一丝不苟地挖掘、清理、黏合、修复、建造模型、研究他们发现的这些易碎化石时，整个古人类学界都在等待着。有人把它称为古人类学的"曼哈顿计划"。[4] 所有人都知道有重大发现，但没有人知道具体的内容。

我在2003年开始攻读研究生时，只听说过关于这具骨骼的一些传言。直到我于2008年研究生毕业时，我还是只听说过一些相关传言。再次读到本章开头引自怀特的关于《星球大战》酒吧场景的那句话后，我愚蠢地同时也很愉快地重新观看了这部1977年的经典电影，希望能得到一些地猿的信息。在那个场景中，只能看到卢克、C-3PO、几个暴风兵和格里多在走路。他们走路的样子和现代人一样。这没问题，因为他们都不是由始祖地猿扮演的。

2009年，经过15年多的复原和分析，怀特的团队终于在《科学》(美国科学促进会的旗舰期刊)上发表了一系列论文，向全世界详细介绍了地猿，同时对两足行走的起源进行了彻底的再思考。

人们已经发现了数百块始祖地猿化石，其中最珍贵的是一具昵称为"阿迪"的不完整骨骼。从犬齿较小这个特征可以判断，阿迪很可能是成年雌性地猿。出生于埃塞俄比亚的地质学家吉代·沃德盖布瑞尔根据填塞在骨头中的火山灰层断定，阿迪生活在438.5万—448.7万年前的10万年里。

这意味着阿迪的出现比露西早100万年。

当时，非洲的草原正在扩张，森林不断萎缩。但令人惊讶的是，阿迪的骨头是与栖息在森林中的动物以及森林中植物的种子一起被发现的。碳和氧同位素证据表明，阿迪生活和死亡在树木繁茂的环境中。[5]

在研究了阿迪的骨骼后，怀特和同事们断定阿迪至少偶尔会两足行走。他们认为，这意味着关于两足行走始于草原的所有假设（包括站立是因为野草遮挡了视线、直立行走是为了保持身体凉爽等假设）都是错误的。他们还认为，根据对阿迪的研究，可以断定直立行走始于森林。

但是，我们怎么确定阿迪是用两条腿走路的？又怎么确定她在人类谱系上所处的位置呢？

生活在440万年前的阿迪可能无法代表人类的起源，因为人类起源的时间更接近于600万年前。此外，正如乔纳森·金登在他的《卑微的起源》一书中所写的那样，"地猿既有可能是一个古老物种的终结，又有可能是一个全新物种的开始，我们甚至不知道哪种看法更有助于我们的研究、更接近事实"。

从阿迪的骨头看，她非常适合树上的生活。她的胳膊很长，手指长且弯曲；大脚趾像猿类一样，比其他脚趾长，看起来有抓握能力。但是在地面上，她不会像黑猩猩或大猩猩那样指关节着地行走。阿迪的手骨和腕骨不具备指关节着地行走的猿类的任何特征。此外，就像人类和露西一样，阿迪的骨盆形状有利于她在用两条腿行走时保持平衡。

2017年，我去埃塞俄比亚看了阿迪的脚。她的骨头呈淡淡的桃红色，比较脆弱，不像露西的石化遗骸那么密实。[6]怀特的团队在发掘现场给这些易碎的骨头注入了胶水，防止它们像古老的埃塞俄比亚山坡上那些被侵蚀的白垩一样四分五裂。

我在埃塞俄比亚古人类学家贝尔哈内·阿斯富的监督下，逐一查看了阿迪的足骨。阿斯富和怀特是阿瓦什中部项目的联合主管。[7]自1981年以来，他们的团队在埃塞俄比亚取得了一些重要的考古和古生物学发现。在场的还有达特茅斯学院的研究生埃莉·麦克纳特，以及我在南非的朋友、足部专家伯恩哈德·齐普费尔。为了验证怀特提出的阿迪是两足动物的说法，我们一起仔细研究了阿迪的每一块足骨。

尽管这些骨头都不允许拍照和3D（三维）表面扫描（原因之一是怀特的团队对这些化石的研究还没有结束），但我还是看到了怀特及其同事看到的一些东西。阿迪拥有一些对于人类两足行走而言至关重要的解剖结构，但她行走的方式绝对与我们不同。

阿迪的脚踝看起来与猿类非常相似。她不会像人类那样，把整个脚面平平地放到地面上。她的脚更灵活，可以抬起来抓住树干。脚内侧看起来和黑猩猩很像，有一个强有力的可以抓握的大脚趾，但脚的外侧看起来更像人类。她的骨头紧扣在一起，形成坚硬僵直的平台状结构。在用两条腿行走时，这种结构有助于蹬地。

始祖地猿的骨骼讲述了一个关于人类双脚的异乎寻常的故事。人类的脚由外向内进化而来，经过数百万年的拼制，整合成了一个迷人的解剖结构。脚的外表很古老，在进化史早期就有了与人类脚部相似的外形，成形时间肯定不晚于地猿时期，甚至更早。脚的内部结构发生变化的时间要晚一些，但也不会迟于露西那个年代。脚趾在最近200万年里变短、变直了，这可能是双脚最后发生的渐进式变化。

阿迪的足骨表明，最早的两足古人类在用两条腿走路时，双脚受到了向外的推力。他们没有像大多数现代人那样把重量转移到大脚趾，这是因为他们的大脚趾像大拇指一样前伸，随时准备抓握树枝。用这样的脚两足行走可能效率不高，但对地猿来说已经足够了。对于经常在树上攀爬，下到地面上的目的是从一个觅食区迁移至另一个觅食区的动物来说，两足行走只是一种折中办法。[8]

发现早期两足动物兼具直立行走和攀爬两种运动方式，并不令人惊讶。我们已经在600万年前的图根原人化石和卡达巴地猿那里找到了相关证据。令人惊讶的是，怀特和他的长期合作伙伴欧文·洛夫乔伊借助地猿，为研究两足行走的起源提出了一个全新的思路。这简直是一场革命。

小时候，我非常喜欢《恐龙和其他史前爬行动物》这本书。几十年过去了，我还记得书中描述的那些生动场景。我能想象出沼泽里满嘴树叶的巨型雷龙的样子，也记得看到描述长颈龙被异特龙攻击的插图时我既害怕又忍不住想看下去的心情。

这些引人入胜的插图是鲁道夫·扎林格绘制的。这位画家生于俄罗斯，最出名的作品是他在耶鲁大学皮博迪自然历史博物馆创作的110英尺长的壁画《爬行动物的时代》。1965年，时代生活出版社出版了一套配有精美插图的25卷科学图书，内容涉及行星、海洋、昆虫、宇宙和各大洲，扎林格受托为其中的《早期人类》制作插图。

他用富有艺术性的手法，把人们熟知的猿类形象和早期人类祖先的形象巧妙地安排在一张4页的折叠插页上，从左至右可以看到人类的祖先从弯腰弓背的状态缓慢而坚定地直立起来。起初，这种转变是不情愿的，因为我们的祖先还保持着蜷缩的姿势。但是后来，大约在克罗马农人时期，他们摆出了完全直立的人类姿态。最终，这幅题为"迈步向前"的插图变成了我们所熟悉的有误导性的符号，被印在咖啡杯、T恤和汽车保险杠的贴纸上。[9]

在谷歌上搜索"人类进化"，肯定会看到一张又一张黑猩猩慢慢变成人类的图片。有时，这些图像是剪影。有时，我们可以从图片中看到一只黑猩猩慢慢变成一个看上去很像查克·诺里斯的白人——这个形象明显带有种族主义和性别歧视的意味。有时，这些图片上还会画上一条红线——这是神创论者的抗议。

许多人一听到"人类进化"就会想到这个标志性的画面。它简单明了地告诉我们，人类是以线性方式从指关节着地行走的黑猩猩进化而来的。但问题是，这是一个错误信息。正如我们所看到的那样，黑猩猩是我们的表亲，而不是我们的祖先。长达600万年的时间里，它们不太可能始终不变。此外，这幅图还暗示，随着人类进化，我们的直立姿态、大脑变大和毛发脱落都是同步出现的。但事实并非如此。这些变化以不同的速度出现在人类进化的过程中，发生的时间有先有后。

为扎林格辩解的人称，他从未提出人类是直接由黑猩猩进化而来的，黑猩猩并未出现在"迈步向前"这幅图中。然而，他的作品中隐含着一个假设：人类祖先经历了一个指关节着地行走的阶段，最早的两足行走的人类像直立行走的黑猩猩一样蜷缩着身体。这是一个合理的、科学上可以验证的想法。既然我们与黑猩猩、倭黑猩猩和大猩猩的关系最为密切，而它们都是指关节着地行走的类人猿，我们的共同祖先用指关节着地行走就说得通了。

如果我们最后的共同祖先不是指关节着地行走的动物，那么黑猩猩和大猩猩一定是各自进化出这种运动方式的。许多专家认为这不可能，但欧文·洛夫乔伊和蒂姆·怀特不在此列。他们认为，地猿的骨骼是我们的祖先从未指关节着地行走的确凿证据。[10]事实上，在他们看来，人类的骨骼可能比我们想象的更原始，而类人猿的进化程度比我们想象的更高。

洛夫乔伊和怀特的想法彻底颠覆了人们对人类进化的叙述。他们认为，现存猿类的身体过于特殊，无法满足两足行走的先决条件。你如何从猿变成人？用新英格兰北部的俚语来说，"You can't get there from here"——这是不可能的！

但是，如果两足行走的古人类不是源于像黑猩猩那样指关节着地行走的动物，那么我们又是由什么进化而来的？洛夫乔伊和怀特提出，非洲猿类和古人类是分别从一种大型无尾猴子分支出来的。他们认为，猴子和许多原始猿类都与人类有一个非常关键的相似点：它们的腰部很长，可以把上身拉到臀部上方，像穿着猴子服装的人一样站立起来。相比之下，现存的大型猿类的腰短而僵硬，这有利于它们爬上高高的树枝，但是在不屈膝撅臀的情况下它们无法直立起来。洛夫乔伊和怀特声称，当地猿用两条腿站立以进行两足行走时，身体不是蜷曲的，而是像你我一样直立，尽管便于抓握的大脚趾使地猿无法像我们今天这样大步前进。

如果他们是对的，那么我们的祖先从来没有指关节着地行走，也从来没有弓着身子行走过。

但是地猿生活在450万年前，比我们和黑猩猩的共同祖先还要晚200万年。我们能把阿迪和更古老的、生活在700万—1 200万年前的某种动物归到一起吗？那样的话，我们必须回到中新世。令人惊讶的是，我们还要离开非洲。

2 000万年前，非洲进化出了猿类。我们之所以知道这一点，是因为遗传证据确定了现存猿类的最后一个共同祖先生活在那个时期，也因为在肯尼亚和乌干达发现的最古老的猿类化石大约就是这个年代的。猿在今天数量很少，但在过去数量繁多。它们进化成许多不同的种类，古生物学家将它们称作卡莫亚古猿、莫罗托古猿、非洲古猿、原康修尔猿、伊坎波猿、纳科古猿、赤道猿、肯尼亚古猿等。[11]它们在某些方面与现代猿类相似。例如，它们没有尾巴，从它们的牙齿上能找到证据表明它们吃水果，以及它们的童年时间很长。但它们中的大多数不能像现代猿类那样用手臂悬挂在树枝上，而是用四条腿行走，就像体型庞大、没有尾巴的猴子一样。

但是从大约1 500万年前开始，非洲的猿类变得越来越稀少。与之相反，在沙特阿拉伯、土耳其、匈牙利、德国、希腊、意大利、法国，最后还有西班牙，都发现了那个时期的猿类化石。赤道非洲的大森林向北移动，与地中海相接。森林为现代类人猿（包括人类在内）以水果为食的祖先提供了富饶的环境。欧洲的古猿种类繁多，我们又会见到一长串的名称：森林古猿、皮尔劳尔猿、阿诺亚古猿、鲁道古猿、西班牙古猿、欧兰猿，还有所有人都喜欢的山猿。

一想到欧洲的猿类就会有一种很奇怪的感觉。尽管在地球历史上的那个时期，那里更温暖、更潮湿，但地球的倾斜角度使这些北方森林成了季节性森林。在冬季黑暗的几个月里，水果数量有限，因此依赖水果的猿类会面临困境。它们是如何存活下来的呢？我们或许可以从遗传学和一门简单的人体化学课程中找到答案。

我们身体内的细胞分解某些化合物时会形成尿酸，它是一种正常的代谢副产品，会随小便排出。大多数动物，包括大多数灵长类动物，还通过制造一种叫作尿酸氧化酶的酶来清除它。当尿酸在血液中积聚时，尿酸氧化酶可以帮助分解它。人类没有这个功能，人类有制造尿酸氧化酶的基因，但它被破坏了——突变使我们无法制造尿酸氧化酶。黑猩猩、倭黑猩猩、大猩猩和红毛猩猩同样如此。根据这一事实，分子遗传学家可以确定这个基因的突变发生在 1 500 万年前，也就是人类与这些类人猿最后一次拥有共同祖先的时间。

这种突变可能没有给我们的祖先带来任何好处。这个解释有一个问题：不能制造尿酸氧化酶会让我们容易患痛风，导致大脚趾根部疼痛难忍的关节炎，因此，除非这种突变在某种程度上也是有益的，否则它不太可能一直保持下去。

好处是什么呢？尿酸有助于将水果中的果糖转化为脂肪。[12] 储存脂肪对于生活在季节性森林中的猿类来说是很有意义的，因为冬季光照不足可能会导致饥饿。在非洲的赤道雨林中不存在这样的问题，因此只有在欧洲南部的温带森林中才会出现解决这个问题的渐进式变化。

即使有脂肪储备，饥饿的类人猿在冬天也会不顾一切地吃任何能吃的东西。今天，东南亚森林中的猩猩只能靠树皮或未成熟的水果度过艰难时期。而遗传证据表明，我们的祖先对过熟、发酵过的水果有偏好。

全世界消费量最大的三种饮料是水、茶和啤酒。但与前两种不同的是，啤酒富含热量。一杯我最喜欢的劳森阳光啤酒的热量相当于一个麦当劳汉堡。发酵的水果富含热量，但前提是你的身体能代谢酒精，否则它是有毒的。大多数人都有一种能产生分解酒精所必需的酶的基因。黑猩猩、倭黑猩猩和大猩猩也有这种基因，但猩猩没有。除了马达加斯加特有的狐猴外，其他灵长类动物也没有。非洲猿类和人类身上有这种基因，说明我们最后的共同祖先在困难时期依靠从森林地面收集发酵过的不新鲜水果来获取热量。[13]

在中新世晚期，随着地球变冷变干，地中海周围的温带森林再也无法维持猿类生活，它们最终灭绝了，但在此之前，人类和非洲猿类有了最后一个共同的祖先。森林的边缘向着南边的非洲收缩，随之而来的是黑猩猩、大猩猩和人类的共同祖先。

这些古猿长什么样？如何移动？为了回答这些问题，我前往德国，拜访了图宾根大学的古生物学家马德莱娜·伯梅。

伯梅的童年是在保加利亚普罗夫迪夫度过的。小时候，她经常偷偷钻进考古遗址，还在考古垃圾里找到过青铜时期的文物。她对考古很感兴趣，走到哪里，就挖到哪里。十八九岁的时候，她在保加利亚的一个山坡上发现了一块罕见的大象下颌骨化石。她的父亲有一个很大的园子，他让伯梅把她的挖掘技能应用到自家的土地上，但她总是对骨头和史前古器物更感兴趣，而对蔬菜则兴趣泛泛。

伯梅接受过地质学和古生物学培训，掌握了中欧中新世的专业知识。1 000万—1 500万年前，欧洲的沼泽、森林和河流中有大量的古代海龟、蜥蜴、水獭、河狸、大象和犀牛。此外，这片土地上还有极大的猫科动物和鬣狗。我们之所以知道这些，原因之一是伯梅在普福尔岑郊区一个名叫哈默施米德的黏土场发现了1 162万年前的化石。普福尔岑是德国南部巴伐利亚地区阿尔卑斯山脚下的一个小镇。

在参观她的实验室时，伯梅告诉我："在哈默施米德发现的化石有80%都是海龟，但每块化石都很重要。我把它们都收藏了起来。"她的热情极富感染力。

伯梅收集化石的方法与将看起来不重要的碎片和无法辨认的碎片留在地下或丢进垃圾堆的古生物学标准做法截然不同。她简直就是一台收集化石的吸尘器，不过这样做也是别无选择。哈默施米德是一家正在作业的黏土场，老板允许伯梅在那里收集化石，但他们同时也与一家采矿集团签有协议，允许该集团开采厚厚的夹杂有河沙的黏土矿床。化石就藏匿在河沙之中，但挖土机不会区别对待。在哈默施米德生产的长方形黏土砖中，肯定有发黑的中新世骨头碎片，这与我在北卡罗来纳州查塔姆县参观卡罗来纳屠夫化石时听说的情况并没有什么不同。

2016年5月17日，这一天彻底改变了伯梅的一切，她的学生约亨·富斯挖出了一只猿猴的上颌和部分面部化石。因为知道矿业公司正计划从这个地区开采黏土，所以伯梅迅速开动，用地质锤刮开了纵深处的沉积物。一个下颌出现在她的眼前，和那个上颌完美匹配。

很快，伯梅注意到一小块发黑的圆形骨头。她认为这也是海龟的骨头，但由于每块化石都不应该丢失，所以她把这块化石收集了起来。她往骨头碎片里注入了胶水，然后开始发掘剩下的部分。

她扒开泥沙，发现这块骨头仍有一部分埋在山坡上。这不可能是乌龟留下的。于是，她猜测这是有蹄哺乳动物中新羚留下来的与头骨相连的角的碎片。中新羚是欧洲中新世的一种常见动物，现生的印度本地蓝牛羚（蓝牛）是它的近亲。伯梅把工具交给富斯，让他完成挖掘工作，但是当他挖到骨头的末端时，骨头并没有像预期的那样逐渐变细，而是越来越粗。

"这怎么可能呢？"伯梅说。

羚羊角不可能是这样的，这压根儿不是羚羊角。他们挖出的是猿的尺骨，长度很长，与今天能够挂在树枝上的猿的手臂长度相当。他们给另外几块发黑的骨头碎片注入胶水，用石膏包好，以备在实验室里进行研究。

2019年11月，伯梅告诉我："我们就是在这里发现它的。"这一天大风呼啸。

哈默施米德看起来更像一个砾石坑，而不是化石遗址。黏土场从形状上看就像是圆形露天剧场，中间被开采一空，地势较低，四周是厚厚的灰色黏土层，外缘长满了常青树。伯梅指着保存有化石的沙砾，但那些已经做好准备的挖土机和推土机吸引了我的注意力，它们一接到通知就可以开始工作。

两周前，伯梅的团队发表了在这个黏土场发掘的猿类骨骼化石的分析结果，并宣布1 100多万年前在那里生活着中新世猿类的一个新物种——多瑙韦斯猿古根莫斯种。多瑙韦斯是凯尔特—罗马的河神，附近的多瑙河就是以他的名字命名的。

但我此行不是因为在德国发现了一种新的猿类化石，而是因为伯梅声称多瑙韦斯猿是用两条腿行走的。

2017年，在确定多瑙韦斯猿古根莫斯种的面部和牙齿与其他所有已知欧洲中新世类人猿明显不同之后，伯梅已经坐进办公室，开始撰文描述这个新物种了。在隔壁的实验室里，图宾根大学地质学与古生态学硕士研究生托马斯·莱希纳正在小心翼翼地剔除化石中的沙土。这些化石是一年前他们从黏土场匆匆忙忙地收集的，其中一块被业内人士普遍认定为"哺乳动物的长骨"，后来被证实是猿的胫骨。

我从近4 000英里外赶过来，就是为了看到它。

伯梅的办公室在图宾根大学古生物博物馆的二楼。大厅的一边是保存完好的鱼龙化石、菊石化石和古代海百合化石，它们都是在附近的霍尔茨马登的侏罗纪页岩采石场发现的。大厅另一边是恐龙化石和兽孔目动物（哺乳动物的祖先，长毛的爬行动物）的化石。

我坐在一张圆桌旁。桌子旁边的柜子里装满了化石，我不知道是否能看到或者测量这些化石。我不认识伯梅，她也不认识我。我知道一些古人类和类人猿化石的发现者为了限制人们接触这些化石，会设置一些与科学工作应有的方式相悖的奇怪交换条件。有时我们甚至很难打听出这些条件。除了我掌握的胫骨知识——这是我的博士论文研究的内容，我没有什么可以提供给伯梅。

不过，几分钟后，我就置身哈默施米德化石之中了。伯梅热情地把多瑙韦斯猿的尺骨放在我的面前，接着是脚趾骨、手指骨、股骨，最后是胫骨。零星散布的还有一头小象的骨盆，在保加利亚一个年代较近的地点发现的猴子化石，以及在巴基斯坦、西班牙和肯尼亚发现的类人猿化石的复制品。伯梅和我一样喜欢化石，她也同意我对这门科学的看法——这些骨头应该拿出来，让大家一起研究，而不是藏起来。

我拿出卡尺和照相机，开始工作。

这块多瑙韦斯猿胫骨很完整，这为我们了解这只古猿膝盖和踝关节的功能提供了线索。所有动物膝关节的屈伸都取决于圆形的股骨骨质末端在胫骨顶部的滚动。猿类胫骨的顶部是圆形的，因此黑猩猩、大猩猩和猩猩的膝关节比人类灵活得多。令人惊讶的是，多瑙韦斯猿的膝盖和我们人类的膝盖一样都是平的，因此这种古猿可以伸展腿，站得更直。

然而，最让我震惊的是踝关节。

在除人类以外的所有现存灵长类动物中，胫骨的最底部（小腿与脚结合的部位）都是倾斜的。这个角度会让脚向内扭转，便于抓握。它还使胫骨形成一个角度，使两个膝盖相互远离，因此猿类都是弓形腿。但人类的踝关节是平的，因此膝盖紧挨着，位于双脚的正上方。

多瑙韦斯猿的脚踝和人类很像，更准确地说，和露西的脚踝很像。此外，根据在哈默施米德遗址发现的两根脊骨的形状，伯梅认为多瑙韦斯猿的脊柱呈S形弯曲，这是人类和两足行走的人类祖先身体中一个对直立姿势来说至关重要的解剖结构。伯梅和她的团队认为，1 100万年前，多瑙韦斯猿不是在地面上，而是在树上保持直立姿势和行走。[14]如果伯梅的推测是正确的，那么两足行走不是始于地面，而是始于树上。从我自己对化石的观察来看，我没有理由反驳这些发现，但它们仍然是有争议的。[15]

研究表明，伯梅的假设早在约100年前就有所预示。

1924年，早在遗传证据将人类放在类人猿族谱图上，与指关节着地行走的黑猩猩和倭黑猩猩相毗邻的位置之前，哥伦比亚大学外科医生、足部专家达德利·J. 莫顿就预言了一种类似多瑙韦斯猿的类人猿。莫顿的专长是足病，但他对进化也感兴趣。他提出，理解人类两足行走进化过程的最佳模型是使用两足行走最多的猿类——长臂猿。[16]

今天的长臂猿是通过双臂交叉摆荡前进的专家。在东南亚热带森林里，它们用长得离谱儿的双臂和手，在树枝之间快速摆荡。它们的手臂很长，站立的长臂猿无须弯腰，就可以把双手平放在地上。但问题是，长臂猿又长又细的双臂不能承受太多的身体重量，否则就会有骨折的危险。那么，长臂猿从树上下到地面后该怎么办呢？它们把手臂举在空中，用两条腿奔跑。[17] 即使是在树上，长臂猿有时也会在树枝上面行走，用手臂保持平衡，就像走钢丝的人一样。

由于没有化石，又没有分子遗传学知识，因此莫顿唯一可做的就是比较不同种类的类人猿的骨骼和行为。他推断人类的祖先一定长得像体型庞大的长臂猿，但手臂要短一些。根据他的猜想，人类祖先的手脚有很强的抓握能力，因此他们能在树上用两足行走。

他的这些想法在整个20世纪中期都很有影响力，但在20世纪60年代末就没有市场了。首先是蛋白质比较，然后是DNA研究，都表明在所有猿类中，长臂猿与我们的亲缘关系最远。因为我们与黑猩猩和大猩猩的关系更密切，所以把我们的祖先想象成用指关节着地的方式在陆地上行走的大块头，要更加容易一些。

问题在于那些化石。

迄今为止，还没有找到一块在人类、黑猩猩和大猩猩从共同祖先那里分道扬镳后，在地球上生活的用指关节着地方式行走的大型类人猿的化石。相反，我们找到的这一时期的为数不多的化石都来自体型较小的类人猿，这些动物可以用手臂悬挂在树枝上，腰背比较灵活，能够直立行走。

就在伯梅将多瑙韦斯猿介绍给全世界的几周前，密苏里大学古人类学家卡罗尔·沃德发表了她的匈牙利鲁道古猿骨盆研究成果。鲁道古猿生活在 1 000 万年前，人们在匈牙利鲁道巴尼奥的沼泽沉积物中发现了它的化石。从头骨和牙齿看，这种古猿应该位于类人猿谱系的根部，但其骨盆看起来一点儿也不像类人猿，反而在许多方面与体型最大的长臂猿——合趾猿相似。根据鲁道古猿的骨盆，沃德和她的同事们推断鲁道古猿比所有现代类人猿都更善于直立行走。事实证明，多瑙韦斯猿可能不是唯一在树上行走的猿类。[18]

"向人类提问为什么不再四肢着地，而是站立起来，这是错误的，"沃德2018年访问达特茅斯学院时在我的人类进化课上说，"也许我们应该问，为什么我们的祖先从一开始就没有四肢着地。"

回到那一次的哈默施米德之旅。我在原地慢慢转身，四下打量这个黏土场。三年前发现大型雄性多瑙韦斯猿骸骨的地方已经被挖土机挖得干干净净，这么多的土被挖走了——可能有大量的多瑙韦斯猿骨头变成了砖。

"那个雌性多瑙韦斯猿是在那里发现的。"伯梅指着一堵中间夹杂一层沙子的黏土墙，她的团队在那里找到了几颗牙齿和一根短小的股骨。她微笑着说："我敢肯定，她还有一些骨头留在那里，我们明年会找到她的。"她一直是一个乐观主义者。

多瑙韦斯猿打破了我们这门科学的平静局面，还有可能帮助我们揭开其他一些有争议的化石的神秘面纱。

回想一下托迈，他是生活在700万年前的乍得沙赫人。一些分子遗传学家认为，人类和黑猩猩谱系的分裂发生在700多万年前，因此两足行走的乍得沙赫人可以勉强算是古人类。[19]还有一些人则坚持认为最后的共同祖先生活的时间更近，把乍得沙赫人看成两足行走的古人类是错误的。

多瑙韦斯猿也许能解决这一困境。

托德·迪索特尔（我们在第3章中提到的那位有文身的分子人类学家）坚定地认为，人类和黑猩猩最后的共同祖先生活在600万年前，误差上下不超过50万年。如果他是正确的，那么托迈这种直立、有可能两足行走的猿类存在的时间早于最后的共同祖先，在古人类进化之前就已经存在了——早于人类谱系出现的时间。如果直立行走是古人类独有的，那么这个推测不可能成立，但如果人类和非洲巨猿最后的共同祖先比今天的黑猩猩和大猩猩更倾向于两足行走，那就说得通了。[20]

这就是多瑙韦斯猿的意义所在。

多瑙韦斯猿可能意味着我们的远古猿类祖先是在树上直立行走的。当踩着较细的树枝去摘取成熟的果实时，他们会将手举起，抓住头顶上的树枝。今天的猩猩有时也会这样做，长臂猿和绒毛蛛猴也是如此。[21]

大猩猩的前身，以及之后不久的黑猩猩的前身，可能就是从这样的祖先分出去的。它们进化出更大的体型，这使得从树上掉下来更加致命。为了防止掉到森林地面上摔死，它们进化出了更长的手臂、更大的手掌和更僵直的腰。

但是在非洲森林里，会结出果实的树是成片分布的，两片树林之间很难通过树冠相连，所以胳膊长、体型大的猿类需要在地面上行走才能到达下一个觅食区。它们能用两条腿行走吗？不能。因为腰短而僵直，所以它们只能蜷缩着身体，这导致用两条腿行走十分费力，只能四肢着地行走。但它们的手指太长，而且是弯曲的，不能平放在地面上，所以它们只能让指关节以下的部分弯曲。如果这个假设是正确的，那么黑猩猩和大猩猩是分别进化出指关节着地行走的，但原因是相同的。

我们的祖先呢？他们已经适应了直立的姿势，在解剖结构稍微改变之后，地面上的两足行走可能和树上的两足行走一样简单。

如果可以接受这样解释多璃韦斯猿，就没有必要再去解释指关节着地行走为什么会进化成两足行走，因为事实并非如此。直立行走根本不是一种新的运动方式，只是旧的运动方式应用到了新的环境中。换句话说，"迈步向前"有可能是反向的。我们并不是从指关节着地行走的祖先进化出两足行走的。相反，指关节着地行走是从至少偶尔两足行走的猿类那里进化而来的。

这个难解之谜的另一个有趣的地方不在于我们祖先的脚和腿，而在于他们的手。

相比较而言，黑猩猩的拇指短，其他手指长且呈钩状；人类的拇指长且粗壮，其他手指短。人类的拇指指肚可以触碰其余所有手指的指肚，我们经常为拥有这样的对生拇指而感到庆幸。一个世纪以来，科学家一直试图弄清楚人类的手是如何从黑猩猩的手进化而来的。美国自然历史博物馆的古人类学家塞尔希奥·阿尔梅西哈认为这也是我们的一次反向进化。

2010年，他分析了600万年前的图根原人的拇指，发现它与人类的拇指惊人地相似。5年后，他分析了类人猿化石和人类的手骨比例，并得出结论：人类的手在过去600万年中几乎没有变化。非但如此，阿尔梅西哈还提出，黑猩猩和其他类人猿进化出更长的手指是为了防止从树上掉下来。

这一切与直立行走有什么关系？

在树枝上两足行走存在平衡问题。当然，有抓握能力的大脚趾有助于抓住树枝，但这些早期的两足猿类难道不需要强有力的有抓握能力的手吗？英国伯明翰大学的苏珊娜·索普和同事认为也许不需要。他们发现，仅仅用指尖轻轻触碰，就能帮人保持平衡，还能减少30%的肌肉活动。[22]

虽然让"迈步向前"调转方向的想法颇有新意，也很吸引人，但也许是我们想得太多了。人类是从指关节着地行走的猿类进化而来的，这个假设还有可能死而复生吗？[23]是的。如果东非的古人类学家在1 000万—1 400万年前的沉积物中发现了指关节着地行走的猿的骨骼，那么人类谱系源于指关节着地行走的祖先的假设就会重获人们的重视。那些欧洲猿类（包括多瑙韦斯猿和鲁道古猿）可能最终会成为我们已经灭绝的近亲，而现在这些研究正在将我们的研究引向歧途。

但是，科学界还没有找到这种动物存在的证据。不过，如果认为我们已经解决了这个问题，那也是愚蠢的。还有更多的化石有待发现，还有很多人类的故事有待书写。

但就目前而言，我们发现的化石讲述了一个迷人的故事。400万—700万年前，这个时间早于古人类进化史的前1/3时间，一种适应了树上生活的猿类随着欧洲森林的退化，散布到了中非和东非的零星林地中。[24] 就像前辈多瑙韦斯猿一样，他们可以在树上两足行走，有时也可以在地面上两足行走。和我们一样，他们的腿很长，臀部向外翘起。他们可以用脚的外侧蹬地，但脚内侧仍保留一个有抓握能力的大脚趾。这些猿类进化成了不同的物种，包括乍得沙赫人、图根原人、地猿，肯定还有很多我们尚未发现的种类。

数百万年来，他们占据着日渐萎缩的非洲森林周边的生态位，以果实为食，在树上栖息。树木就是他们的生命，但是从一片树林前往另一片树林时，他们要用两条腿，小心翼翼地穿过这片危险的土地。

但是，进化不会停滞不前。南方古猿时代即将拉开帷幕。

第二篇

南方古猿时代：直立行走，化身成人

直立行走是通向科技、语言、食物和养育孩子的大门不是智人发明了两足行走，而是两足行走造就了智人。

——埃尔林·卡格，探险家，
《行走：一步一个脚印》，2019年[1]

莱托里脚印：
直立行走如何影响科技、
语言、觅食和育儿？

寂静平原上的漫步令人神往。

——约翰·济慈，

《访彭斯故乡归途中写于苏格兰高地》，1818年[1]

在坦桑尼亚北部恩戈罗恩戈罗火山口的西北部有一个美丽又荒凉的地方，叫作莱托里。[2]这个名字源自一种娇嫩的植物，它的红色花瓣只有在坦桑尼亚的这个地区才能看到。在周围植物映衬下，莱托里花显得尤其美丽。

该地区已知的金合欢有5种，其中两种十分常见。一种是典型的非洲伞状合欢荆棘树，在每一部非洲自然纪录片中都能看到它在夕阳下的剪影。坚硬的刺可以保护它的叶子不至于成为长颈鹿的美餐。另一种是矮小的灌木，露出地面的荆棘有2英寸长，圆形的黑色球茎形似动画片《兔八哥》里的炸弹。当风从这些中空的球茎中吹过时，它们会发出尖锐的声音，因此人们给它起了

"口哨金合欢"的绰号。这些球茎还能产生一种甜味的花蜜，为蚁群提供食物。轻轻触碰这些球茎，用花蜜补充能量的蚂蚁就会张牙舞爪地蜂拥而出。

深深扎进那个马赛女孩脚上的尖刺就来自口哨金合欢。

那天上午，我们从恩杜伦村附近的营地帐篷出发，驾车前往莱托里。途中，我们从一队斑马群旁边驶过。这群斑马总数超过1 000只，还在吃奶的小马驹身上有棕白相间的条纹，而成年斑马身上有眼熟的黑白条纹，据说这是为了迷惑苍蝇的复眼。周围的景色和斑马的条纹非常相似。东非大裂谷东面边缘的这条土路是数百万年来偶尔喷发的火山灰风化后形成的，呈深灰色。路的两边是绵延数英里的小麦色野草，斑马、角马、瞪羚和马赛牧民饲养的牛就以这些野草为食。

季节性的雨水侵蚀了地貌，雕刻出深深的沟壑和山谷，古老岩石裸露出来。科罗拉多大学丹佛分校的古人类学家查尔斯·穆斯巴几十年来一直在这里寻找化石。他气宇轩昂，嗓音低沉。

穆斯巴在坦桑尼亚维多利亚湖地区长大。上中学时，玛丽·利基的一次演讲让他发现了自己对古人类学的热爱。听了利基讲述在奥杜瓦伊峡谷取得的发现后，穆斯巴找到她，向她询问自己如何才能参与其中。利基询问他的技能，穆斯巴说自己会画画。利基最初的工作就是为科学作品绘制插图，因此她给了这个孩子一个机会。在画了几张石器草图后，穆斯巴成了利基团队的一员。

2019年6月，我和穆斯巴带着科罗拉多大学和达特茅斯学院的学生来到了莱托里。几年前，穆斯巴的团队在那里发现了一块古人类的下颌骨，我们再次前来，想看看是否有新的发现。我们在地面上缓慢搜寻了大约一个小时后，6个马赛孩子出现了，其中一个不足5岁的女孩脚踝以下部位肿了起来。她一边哭泣，一边一瘸一拐地走着。她赤着一双小脚，纤弱的足弓上结了一层黑色的痂。我很庆幸在我来坦桑尼亚之前，我的女儿为我准备了一个急救箱。我把镊子和消毒湿巾递给现场助理、马赛人约瑟法特·古图。

在古图的镊子扎进小女孩脚上疼痛的部位时，她抽泣着，并把头埋入姐姐的肩膀。很快，古图拔出了一根瓦楞钉那么长的金合欢刺。创口流出了多到惊人的脓液。那根尖刺扎在女孩脚上已经有一段时间了，因此她的脚严重感染。古图清洗了伤口，从急救箱里取出抗生素药膏，敷药后用无菌纱布和医用胶带把伤口包起来。女孩的姐姐用马赛语向我们表示感谢。随后，小女孩一瘸一拐地和其他孩子离开了。

整个上午我都在寻找化石，但不时就会想起那个小女孩。斑马和长颈鹿有角质化的蹄子，大象的脚有厚厚的肉掌，而那些孩子就赤着柔嫩的双脚走在这片无情的土地上。[3]他们很容易受到伤害。

然而，我们的祖先赤着脚在莱托里行走了350万年。后来我们发现，我们身边到处都是可以证明这个事实的证据。

1976年，玛丽·利基组织了一个团队，在莱托里寻找化石。她和丈夫路易斯在40年前曾来过这里，并发现了一些化石，但随着工作逐渐开展，他们转到了坦桑尼亚的另一个遗址——奥杜瓦伊峡谷。从那以后，那里就一直吸引着他们的注意力。路易斯去世后，玛丽又把注意力转向了莱托里。一项地质研究显示，莱托里比奥杜瓦伊峡谷还要古老，她的团队成功地从大约350万年前的火山沉积物中找到了被侵蚀的古人类化石。但即使是玛丽也无法预见能从莱托里古老岩层中发现什么样的宝藏。

不过，仅仅是一场大象粪便大战就帮助他们实现了目的。

1976年7月24日，玛丽·利基接待了几位来访的学者，分别是凯·贝伦斯迈耶、多萝西（多蒂）·德尚、安德鲁·希尔和戴维·（乔纳）·韦斯顿。韦斯顿是生态学家和保护生物学家，后来担任肯尼亚野生动物管理局的负责人。希尔是肯尼亚国家博物馆的古生物学家，后来成为受人尊敬的耶鲁大学教授。利基的儿子菲利普带领他们参观这个地方。觉得有些无聊的韦斯顿捡起一大块干的大象粪，像掷飞盘一样扔向其他人。希尔进行了回击。随着战斗的进行，希尔和贝伦斯迈耶（现在是史密森学会的古生物学馆长）躲进了一条沟里。在寻找更多弹药的过程中，他们发现山坡上侵蚀出来的硬化火山灰层有一些形状奇特的印痕。

这是大象的脚印化石吗？希尔大声问道。象粪大战停了下来，所有人围过来看希尔的发现。

这条沟到处都是羚羊、斑马、长颈鹿甚至鸟类留下的脚印。灰色火山灰表层上还有一些小小的、奇怪的凹痕。[4]希尔以前在查尔斯·赖尔于1830—1833年间出版的三卷本《地质学原理》中见过这样的凹痕。在其中一卷中，赖尔介绍了新斯科舍芬迪湾泥地上雨滴留下的新印痕，同时他还指出在岩石上发现过亿万年前雨滴留下的类似的硬化印痕。赖尔认为，今天影响地球表面的过程与过去塑造地貌的过程是一样的。这种被称为均变论的思想现在是现代科学的基石。当时，希尔在莱托里的火山灰中发现了一个完美的例子。

接下来的几周里，这个团队挖掘了后来被称为A区的那个区域。移除上面的沉积物后，他们在硬化的火山灰中发现了数千个脚印。化石能大致说明生物的生平，而脚印化石则是生物一生的快照。

地质学家迪克·海开始研究这些凹痕是如何形成的。最后，他断定火山喷发使这片土地覆盖了一层厚厚的火山灰。在雨水的浸泡下，火山灰变成了淤泥。一些动物在这些淤泥中来回走动。[5]几天后，太阳出来了，淤泥就像水泥一样变干变硬，把366万年前的这一刻保存了下来。随后火山继续喷发，更多的火山灰像毯子一样覆盖了脚印层。

当地的马赛人西蒙·马塔洛识别脚印的能力无与伦比。他辨认出了古代大象、犀牛、斑马、羚羊、大型猫科动物、狒狒、鸟类甚至千足虫留下的脚印，大多数脚印是体型较小的羚羊和兔子留下的。

玛丽·利基告诉团队成员要密切注意两足动物留下的脚印。也许他们交了好运。9月，他们成功了。[6]保护生物学家彼得·琼斯和菲利普·利基发现了连续的5个脚印，这是用两条腿而不是四条腿行走的动物留下的。但这些两足行走的脚印很奇怪，这些脚印很小，看起来像是交叉步留下来的，也就是说，这个动物就像T台上的模特那样，每一步都迈到另一只脚的外侧。

这些脚印被铸成石膏模，随后玛丽·利基把它们带给伦敦和华盛顿特区的足迹专家。其中有些人认为这些脚印不是人类祖先留下的。最后有一个人提出，这可能是一种已灭绝的两足行走的熊的脚印。

玛丽很失望，但她的失望并没有持续很久。

这些脚印被发现两年后，罗得岛大学的地球化学专家保罗·阿贝尔在附近一个区域（现在被称为G区）散步时，发现了一个看起来像人类留下来的脚印。回到营地后，他向玛丽·利基报告了这件事。但是利基刚刚遭遇脚踝骨折，正在康复中。她担心好不容易赶到那里，换回来的却是又一次的失望，所以她派曾在奥杜瓦伊峡谷和他们夫妇一起工作过的恩迪博·姆布伊卡前去了解情况。[7]

曾在1962年发现能人第一颗牙齿的姆布伊卡刚开始挖掘工作不久就认出这个脚印来自古人类。更妙的是，一个脚印引出了更多的脚印。最终，他们一共发掘出了54个沿着两条平行路线排列的古人类脚印。

这些脚印是古人类学史上最引人注目的发现之一。留下脚印的似乎有三四个古人类。[8]他们都在朝北走，一个古人类在左边，一个体型更大的古人类在右边，第三个（也许还有第四个）

直接走在最大的脚印上。

几十年来，科学家一直在分析这些脚印。大多数人认为它们与我们从南方古猿阿法种（露西就属于这个种）的骨骼了解的情况相一致。这些古人类走路时脚跟明显着地，大脚趾与其他脚趾平齐。足部似乎也开始有了足弓这种结构。换句话说，南方古猿的脚和现代人类的很像，走路的方式也和我们一样，只是有一些细微的区别。

今天的人类走路时，会把重量放到大脚趾上，从大脚趾发力蹬地。留下莱托里脚印的这些古人类也是用大脚趾蹬地的，但是他们在蹬地时，一部分体重会落在脚的外侧。这些脚印表明，按照现代人类的标准，莱托里古人类可能是扁平足，这可以从这个物种留下来的骨头中推断出来。此外，留下莱托里脚印的那些古人类蹬地时使用的力量似乎没有今天人类的力量大，但这也可能是因为古人类走在厚厚的、潮湿的火山灰中。9

与"迈步向前"这幅图带给人们的预期不同的是，南方古猿行走时并不像黑猩猩那样蜷着身体，也不像拿着西红柿从围栏一边走向另一边的大猩猩路易斯那样来回摇晃。相反，他们伸直了腿，臀部向外伸出，像我们一样昂首阔步地前进。

莱托里脚印记录了已经灭绝的人类近亲生活中的一个时刻。这些脚印紧挨在一起，并且是同步的，这表明这些古人类是作为一个群体缓慢前进的。他们向北行进，前往奥杜瓦伊盆地，那里可能有水和树木。因为脚的大小和身高大致相关，所以我们可以估计左边那个矮一点儿的古人类身高接近4英尺，与露西身高相近。右边体型较大的古人类身高接近5英尺。小个子古人类的右脚以一个奇怪的角度着地，表明这个古人类可能受伤了。在路径的尽头，随着这群古人类转身，脚印变得很杂乱，而且印迹更深。停了一会儿后，他们继续往北走。

莱托里脚印是科学和想象的完美结合。有些情况我们可以肯定，比如它们来自两足动物。但他们有没有手牵手呢？有没有像位于纽约的美国自然历史博物馆展出的莱托里立体模型描绘的那样相互挽着呢？这些问题令人神往，挥之不去。我们可以想象一下：

我们必须向北走。那里有水，应该还有其他的东西。昨天太可怕了。空气污浊。天阴沉沉的，下着灰雨。地面震动。大地像猛兽一样咆哮着。今天的情况好多了，但我又饿又怕。天上还有厚重的乌云，雷电交加，但至少落下来的是雨，而不是灰。没有吃的了。草被压到灰尘下面，已经不找到了。我们必须向北走，那里有水，还会有食物和其他东西，除非它们也被压到灰尘下面了。我们脚下的树枝上都是灰。我们小心地四下张望，然后从树上下来，踩在泥泞的地面上。我们排成纵队，踩着前面的人留下的脚印，这样就不会暴露我们的人数。地面很滑，我们得慢慢走。而且，妈妈的伤还没好。她小心地走在我们的左边。她的脚上扎了一根刺，但我们取不出来这根刺。斑马的脚印横穿过我们脚下的路。我们看到一群珍珠鸡和几头犬羚，它们正在寻找食物。一头大象死死盯着我们。地面又发出了轰隆的响声。妈妈停了下来，望向西边。什么都没有。我们继续向北，在厚厚的灰中慢慢地走着。向北走。找水源。

莱托里脚印可能有点儿令人疑惑，所以我需要解释一下。我刚才说的有54个平行脚印的著名小道是在G区发现的。但是回想一下，在莱托里发现的第一批两足行走脚印非常奇怪。它们是在A区被发现的，和T台模特留下来的脚印十分相似。一些研究人员认为它们可能是一种已灭绝的熊留下来的。[10]我迫切希望解开这些奇怪的两足行走脚印的秘密。但首先，我们得找到它们。

我感到头晕目眩。我们在A区挖掘了一上午，现在太阳已经爬到我们头顶上。水也不够喝，我的耐洁太空杯中还剩半杯温水。在铲了几个小时的脚印层坚硬表土后，我的结婚戒指下面磨出的水泡不断变大，现在已经破了。我利用玛丽·利基的旧地图，精确测量出了神秘的两足行走脚印应该在的位置。爱达荷州骨科医学院的解剖学教授布莱恩·马利和达特茅斯学院的研究生卢克·范宁根据玛丽的地图，找到并小心翼翼地挖掘出了那些小象脚印。A区脚印应该在西边4米远的地方，但那里除了被侵蚀的犬羚和珍珠鸡的脚印以外什么都没有。是不是当初让这些两足行走脚印重见天日的侵蚀作用，在过去40年的某个时候又把它们抹除了呢？

我和几个学生，还有纳帕谷学院的教授雪莉·鲁宾一起，躲在一棵伞状合欢荆棘树下，只有这里才能找到一点儿阴凉。树上有一个蜂巢，令人不安的嗡嗡声不绝于耳。我们应该放弃寻找A区脚印吗？这些脚印能经受住40年的季节性降雨吗？

埃莉·麦克纳特（前文提到过她）是我在达特茅斯学院古人类学实验室的一名研究生，最近完成了博士论文答辩，刚刚开始在洛杉矶的南加州大学医学院教授解剖学。从小在艾奥瓦州长大的她在科学研究中一直秉持美国中西部人特有的敏感，对莱托里A区脚印来自古熊的公认观点持怀疑态度。人们从未在莱托里发现过熊的化石，而且A区脚印非常小，只有幼熊用马戏团表演的行走方式才能留下这样的脚印。她认真研究了美国黑熊专家本·基勒姆用几十年的时间在位于新罕布什尔州莱姆的研究地点拍摄的影片。她发现当附近没人时，熊并不经常用两条腿走路。在50个小时的视频录像中，只出现过一次一只熊用直立行走的方式连续走了5步——这是复现A区脚印的必需条件。

为了进一步调查，麦克纳特把装有枫糖浆的注射器挂在基勒姆正在调养准备放生的幼年黑熊头顶上，以诱导它们在泥泞中直立行走。她测量了它们留下的脚印，并将其与A区小路的照片和公开发表的测量数据进行了比较，发现两者并不一致。熊不能像人类一样保持臀部平衡，走路时会左右摆动，留下间距很大的脚印。但是A区脚印间距很小，甚至是交叉的。正如玛丽·利基所承认的那样，A区脚印一直没有被完全挖掘出来。除非我们能再次找到它们，否则断言它们是古人类脚印将很难被人们接受。

我喝完水杯中剩余的水，戴上遮阳帽，走回挖掘点，现场助理卡利斯提·费边还在用平口铲子铲着坚硬的土壤。

"Mtu。"他说。

"你说什么？"

"Mtu！"

费边终于挖到了灰层，并在那里发现了一个凹痕。那是一个脚印。

"Mtu？"我重复着这个词，在斯瓦希里语中这个词是"人"的意思。

"Ndiyo。"费边肯定地回答。

我俯下身来，拿出牙科工具，小心地扒开覆盖在脚印上的砂石。就像软饼干表面的酥皮一样，这一层泥土也很容易地从古老的火山灰层脱落，露出一个小小的、保存完好的古人类脚印。我摸了摸脚印中脚后跟留下的印痕，然后用拇指轻轻地摸了摸大脚趾印的边缘。

这不是熊的脚印。

我的职业生涯的很大一部分时间都是在研究直立行走的进化过程，但从未亲手摸过，也从未亲眼看到过真正的南方古猿的脚印。

这是前所未有的体验。一种震颤的感觉油然而生。

"就是它！这就是A区小路！"

我兴奋不已。达特茅斯学院的研究生凯特·米勒和本科生安贾莉·普拉巴特走过来,帮助继续挖掘,看看是否有更多脚印。我差点儿放弃了,因为我觉得原先的A区脚印可能已经被冲刷掉了,但它们还在那里。40多年的侵蚀并没有把这些脚印毁掉,而是把它们覆盖并保存了起来。

约瑟法特·古图笑着走了过来。

"Mtu?"我问。

他点了点头说:"Mtoto"(小孩)。A区脚印看起来不寻常,脚印很小,而且是交叉的,可能就是出于这个原因。它们可能是南方古猿幼儿留下的。

制造A区脚印的那只脚长6英寸多一点儿,大约相当于一个4岁现代儿童的脚的大小。大脚趾在硬化的火山灰上留下了清晰的印记,还有一个明显的后脚跟着地留下来的痕迹。

那天下午,我们再次来到遗址,挖掘小路的剩余部分,结果再次发现了5个连续的脚印。我们用3D激光扫描仪扫描了这些脚印,为我们以及后来者的研究准备电子拷贝。我们沿纵深和侧向继续挖掘,不过没有其他收获了。在这个古人类像幽灵一样从地面上走过时,潮湿的火山灰层肯定正在硬化,因此没有留下任何痕迹。唯独在这个地方,火山灰仍是湿的(也许因为这里有树荫),因此记录了5个脚印。

当学生们清理脚印时,他们的手机里播放着20世纪80年代的音乐,歌手包括布鲁斯·斯普林斯汀、Yes乐队、唐·亨利、霍尔与奥茨组合。[11] 傍晚,那几个马赛孩子回来了。脚部感染的那个小女孩看起来健康多了,也快乐起来了,尽管她仍然对我们保持警惕，躲在姐姐们的后面。她在恩杜伦医院接受了适当的治疗，现在她的脚上缠着绷带，穿着马赛人的橡胶底凉鞋。她的脚和制造 A 区脚印的那只脚差不多大。366 万年前，一只体型较小的南方古猿曾在这个地方行走。

我打开手机上的指南针应用程序，把它对准小路的方向。火山灰从天而降后，这个年轻的古人类和同伴一样，艰难地向北跋涉。

最早的古人类（乍得沙赫人、图根原人和地猿）到底是否两足行走，这是有争议的。这些生活在 400 万—700 万年前的人类早期成员，仍然适应在树上生活。尽管化石证据中包含了令人好奇的两足行走的蛛丝马迹，但是对于这些古人类会在多大程度上在地面上使用这种行走方式，还存在争议，除非我们能发现更多的化石并找出新方法去研究这些骨骼化石。

露西让我们将直立行走开始的年代确定为 318 万年前，但解读她的骨骼化石并不是那么容易的。不过，莱托里脚印没有给我们留下任何疑惑。生活在 360 多万年前的南方古猿的早期成员，像我们今天一样用两条腿走路。化石证据还表明南方古猿有爬树的能力，这是有道理的。晚上睡觉时没有营火和建筑物的庇护，只有树上是安全的。但是在白天，南方古猿还是会下到地面上用两足行走，寻找生存所需的食物。

但是，直立行走的意义不仅仅是从一个地方到达另一个地方，还为其他改变提供了一个途径，而这些改变对于造就今天的我们来说至关重要。

在发现莱托里脚印之前的几十年里，玛丽·利基和丈夫路易斯·利基在奥杜瓦伊峡谷收集了数百件他们称作"奥杜瓦伊文化"的石器。放射性定年法表明这些奥杜瓦伊石器大约有180万年的历史。1964年，利基夫妇发现了制造这些工具的神秘物种。这是一种古人类，他们的手与人类相似，头比南方古猿略大，臼齿比南方古猿小。利基夫妇认为自己发现的这些化石是一个新物种，并将其命名为"能人"，大致的意思是"手巧的人"。[12]

仅仅10年之后，唐·约翰森发现了露西。再过几年，玛丽·利基的团队发现了莱托里脚印，将两足行走开始的时间提前到至少360万年前。两足行走的历史似乎是最古老的石器历史的两倍。

因此，有人认为达尔文错了。在《人类的由来》一书中，达尔文提出的假设称，两足行走和制造石器是同时进化的；直立解放了双手，使其能制造工具，因此不再需要大的犬齿；直立还促进了大脑的发育。但是从露西和莱托里脚印来看，直立行走的发展远早于石器。

不过，最近一些发现已经促使我们从科学的垃圾箱中找回了达尔文的思想。

2011年，纽约州立大学石溪分校的人类学副教授索尼娅·阿尔芒来到肯尼亚图尔卡纳湖西岸，进行考古勘探。他们准备前往一个叫作洛迈奎的地方。1999年，古生物学"第一家庭"的另一名成员米芙·利基曾率领一个团队，在洛迈奎附近的沉积物中发现了一个350万年前的古人类头骨。她认为这是一个新物种，并将其命名为肯尼亚平脸人。但是阿尔芒和她的团队走错了方向，结果发现了另外一个露出地面的岩层。下车后，阿尔芒让团队勘探这个新发现的区域。一个小时后，团队发现一些奇怪的石器因为侵蚀作用从沉积物中暴露了出来。

他们绘制了这些石器在地面上的分布图。第二年，阿尔芒的团队发现了150件古人类手工制作的石器。用来制造工具的岩石比在奥杜瓦伊峡谷发现的石器要大得多，也简单得多。看起来在洛迈奎制造这些工具的古人类只是捡起一些大石头，用原始的敲击技术相互敲击，然后抓起敲下来的尖锐碎片。简单有时意味着历史更悠久。果然，这些工具被330万年前沉积下来的火山凝灰岩夹在中间。[13]

在利基夫妇的奥杜瓦伊研究取得成果之后，人们在埃塞俄比亚发现了距今260万年的更古老的奥杜瓦伊石器。而阿尔芒的发现将石器技术又往前推了75万年，稳稳地将石器技术从能人时期提前到了南方古猿时期。

与此同时，在发现露西的阿瓦什河的另一边，芝加哥大学的泽雷·阿莱姆塞吉德正在一个叫迪基卡的地区从事研究。在那里，他发现了一具不寻常的南方古猿幼童不完整骨骼，媒体称其为"露西的孩子"。[14] 2009年，阿莱姆塞吉德邀请我研究这一罕见发现，我们在2018年发表了研究结果。"露西的孩子"的脚很像人类的脚，这表明迪基卡小孩已经在用两条腿走路了。但它同时还保存了一些证据，证明其大脚趾比今天的人类儿童更灵活，这更有利于爬树或者爬到妈妈身上。这是说得通的。开车经过任何一所小学的操场时，都有可能看到孩子们在爬上爬下，就像数百万前的孩子那样。

在这些340万年前的沉积物中，阿莱姆塞吉德还发掘出了一些羚羊骨骼化石，上面有利用锋利岩石有意切割留下的痕迹。[15]我们矮小的南方古猿祖先无法捕猎到那么大的猎物，但这些切口表明他们能够利用锋利的石头（就像索尼娅·阿尔芒在洛迈奎发现的那些石头），从被猎杀的动物身上割肉吃。

工具可以彻底改变生活。南方古猿300多万年前用来挖掘树根和块茎、从狮子遗骸上割肉的工具，经过日积月累的演变，变成了今天的手机、抗生素、弹道导弹和新视野号太空探测器。作为人类历史上最伟大的科技成就之一，我们把人类在另一个星球上的直立行走称作"个人的一小步，人类的一大步"。

所有的人类文化都会使用工具。从生物学的角度看，我们的身体已经适应了只有借助科技才能实现的饮食和生活方式。这种转变始于南方古猿首次进化为两足行走，并且可以使用石器技术。两足行走把双手从运动的需要中解放出来。自由的双手可以将岩石相互敲击，形成切削刃。切削刃可以帮助古人类获得以前无法获得的食物。更好的饮食可以提供更多的能量。借助更多的能量，人类的活动范围终于扩大到了太阳系的边缘。

当然，黑猩猩也会制造工具。珍·古道尔关于黑猩猩剥开高茎草以制造工具从蚁巢中掏白蚁的著名报告，迫使科学家重新考虑长期以来认为只有人类才会制造工具的观点。正如路易斯·利基的那句名言："我认为坚持这一定义的科学家面临着三个选择：

要么承认黑猩猩从本质上讲属于人类，要么重新定义人类，要么重新定义工具。" [16]

在那之后，人们观察到了猴子、乌鸦、水獭、海鹦、某些鱼类以及章鱼也会使用工具。但其他任何物种都不像我们这样依赖工具，而这种依赖是在我们用两条腿走路后不久开始的。

现在，我们仍然无法确定陆地上的两足行走和发明石器这两者在时间上有多大的关联。莱托里脚印比公开报道的南方古猿使用石器的最早证据要早25万年。在肯尼亚卡纳波依发现的420万年前的胫骨（被认为是最早的南方古猿湖畔种的胫骨）与人类非常相似，它将直立行走与发明石器之间的时间间隔扩大到了至少80万年。但有可能当时的南方古猿会用其自由的双手制作木棍用于挖掘，或用藤蔓和棕榈叶制作婴儿吊具。这样的植物材料不会在考古记录中保存下来。

达尔文认为直立行走和石器的使用是同时出现的，这个观点可能并不完全正确，但与我们曾经以为的相比，它可能更接近事实。

不过，被解放出来的双手能携带的不只是工具。事实证明，直立行走的进化从根本上改变了我们养育孩子的方式。

2010年，我妻子生了一对双胞胎。在令人既兴奋又疲惫的头几周里，有两件事让我很吃惊（除了意识到我的妻子是一个超级英雄之外）：我们是多么迫切地需要帮助，人们又是多么愿意提供帮助。我不由得想，如果露西在一个充满敌意的环境中生下一个孩子，该怎么办呢？

当我抱着刚出生需要照料的孩子时，我有时会把自己想象成露西，想象成生活在300万年前的雌性南方古猿。我没有住在房子里，也没有咖啡、道路和松鼠。相反，我的周围是广阔的草原、河流和捕食者——例如，比现代狮子还大的似剑齿虎。作为露西，我用两条腿走路，因此我是地面上行动最慢的动物之一。每天我都要花很多时间在地上寻找白蚁、果实、树根和块茎。我几乎总是食不果腹。我爬树的能力还算不错，但比不上黑猩猩。我的手臂够得着膝盖，但没有猿类那么长，那么有力。露西的生活一直非常艰难。现在还抱着孩子，就更难了。

当黑猩猩妈妈用指关节着地的行走方式穿过森林时，宝宝骑在它的背上。当它爬行时，宝宝会用强壮的手和有抓握能力的大脚趾抓住它的皮毛。露西的孩子做不到这一点。作为南方古猿，露西站得很直。如果她把孩子背在背上，孩子就会滑下来。南方古猿婴儿的脚趾不够强壮，在妈妈爬树时无法让自己稳定地待在妈妈的背上。

从人体寄居的三种虱子（头虱、阴虱和衣虱）那里找到的遗传学证据表明，人类的祖先在露西那个时代可能就已经开始脱去体毛了，所以孩子无从下手。在孩子需要照料时，露西只能将孩子抱在怀里。[17]

每天早上，露西都会从树上爬下来，到草原上寻找足够维持她和孩子生存的食物。孩子烦躁不安时，她会喂奶让孩子安静下来。哪怕是最轻微的哭声，也可能惊动附近的似剑齿虎。露西所在种群中的每一个成员都很脆弱，都需要不停地四下张望，警惕地平线上是否有捕食者出现。到了晚上，夜间捕食者会从睡梦中醒来，因此露西要爬回树上过夜。但是一只手抱着孩子，用另一只手爬树是很困难的，甚至是不可能的。怎么办呢？在进化出两足行走后，我们的祖先面临着新的挑战，需要找到新的解决方案。

我们等一会儿再继续讨论露西的问题。现在，我们来看看刚出生的黑猩猩头几个月的生活。黑猩猩通常在夜间独自分娩。宝宝一出生就能紧紧抓住妈妈的皮毛，在接下来的约6个月的时间里，妈妈走到哪里都会带着宝宝，几乎不会让群体里的其他成员接触。

人类生命的头6个月是非常不同的。分娩通常是一项社会活动，有女性助产。新生儿需要照料，但母亲可以得到其他人的帮助——他们帮忙给孩子喂食物，悉心照料孩子，对孩子微笑，和孩子说话，确保孩子的安全。俗话说，养一个孩子，需要全村人一起努力。

为什么会这样呢？人类是如何成为一个需要帮手来帮助抚养后代的物种的呢？

前文提及露西用一只手抱着需要照料的孩子，站在树下，不知道如何才能用另一只手爬到树上。最显而易见的办法是把孩子交给群体中的另一名成员。也许露西在觅食的时候也是这样做的，帮忙抱孩子的也许是一个大一点儿的孩子，或是露西的姐妹，甚至可能是一个毫无关系的女性朋友。[18]在母亲觅食和睡觉时，也有可能是父亲抱着孩子。让别人照料孩子，虽然不是什么大事，但是需要信任、合作和回报。[19]

这些品质是当今社会的基础，但它们的根源在于南方古猿需要解决用两足而不是四足行走所导致的问题。我们今天集众人之力养育孩子的行为，可以追溯到露西及其同类。[20]

游猎场导猎人员会在日出前叫醒客户，带他们驾车晨猎。在傍晚时分，他们再次前往狩猎园。他们甚至还会在夜间驾车狩猎，利用车头灯捕捉各种非洲野生动物发光的眼睛。中午驾车去打猎，不会找到任何野生动物。在这个时间段，唯一在户外活动的动物是人类。事实证明，确实如此。

向两足行走的转变使我们变得行动缓慢，很容易受到捕食者的攻击。然而，在这个时期，非洲的化石记录中有大量想要吃掉我们的巨型生物。在南方古猿化石被发现的地方，人们还发现了两种有剑齿的巨型猫科动物（似剑齿虎和巨颏虎）和另一种与豹子一样大的动物（恐猫）的化石。此外，古生物学家还收集到了一种鬣狗（硕鬣狗）的化石，这种动物的体型与现代狮子大致相当，有强有力的、能咬碎骨头的下颌和牙齿。大型鳄鱼化石也很常见。从偶然发现的古人类化石上的牙印来看，我们知道这些大型捕食者随时随地都会对人类的祖先构成威胁，但它们的捕食偶尔才会成功一次。

如今，灵长类动物以群居的方式来应对类似的威胁。豹子在跟踪一群狒狒时，常常会有一只狒狒发现这个捕食者并发出警报。这种方法只有在有足够多狒狒保持警惕的情况下才有效。如果只有两三只狒狒在集中精力寻找早餐，那么当豹子像幽灵一样逼近时，它们就有可能因为疏忽而变成对方的早餐。生活在一个大的群体中，其中任何一个狒狒被成功捕食者吃掉的概率会被降到最低。两只狒狒在一起时，这个概率是50%，而50只在一起时的概率只有2%。但是狒狒跑得快，爬树的速度也快，而南方古猿没有这些能力。我们是如何避免成为这些大型猫科动物和鬣狗的主食的呢？

当太阳升起，气温上升时，现代的狮子、豹子、猎豹和鬣狗会找一些阴凉的地方睡觉，就连被它们捕食的羚羊和斑马也会躺在高茎草丛中保持凉爽。我们祖先的生存选择是在捕食者活跃的时段（黄昏、夜晚和黎明）避免在地面上活动。

南方古猿肯定像我一样，习惯在白天活动。在那些填饱了肚子的猫科动物和鬣狗找到阴凉的地方休息、消化食物时，南方古猿就会从树上爬下来寻找食物，找到什么就吃什么，包括发酵的水果、坚果、种子、块茎和树根、昆虫、嫩叶，偶尔还可以从恐猫在夜间抛弃的猎物身上找到一些肉屑。[21]

今天，世界各地的人作为一个集体无所不食。任何东西，只要它有DNA，我们都试吃过。这种向广泛饮食的转变似乎在我们的进化史上早就已经开始了。[22] 在地面上行走使我们很容易受到攻击，我们没有挑食的资格。

南方古猿是以群体为单位活动的，需要随时注意高茎草丛中任何细微的动静。如果遇到捕食者，每小时20英里的逃跑速度将带来灭顶之灾。似剑齿虎有充裕的时间跑过来，吃掉一只南方古猿。今天，狒狒和黑猩猩在别无选择的情况下，会站直身体，在捕食者周围尖叫着，有时还会扔石头或棍子，把它赶走。[23]几乎可以肯定的是，南方古猿也采取过同样的方法，彼此合作，对抗共同的敌人。

正午时分在非洲赤道地区活动还会带来其他挑战。首先，天气很热。如果我们的祖先留在森林里，炎热就不会是一个大问题。但南方古猿牙齿中的碳同位素证据表明，他们的食物中有很大一部分来自草原。他们是怎么保持身体凉爽的呢？

记住，大约在南方古猿时期，人类的体毛开始变得零零落落的，同时也变得更细了。随着南方古猿的皮肤暴露在空气中，汗腺的数量可能也有所增加，从而使身体降温，但关于汗腺的进化我们仍然知之甚少。在一起觅食了一天之后，我们的南方古猿祖先会回到树上梳理毛发，然后互相依偎着睡觉。

1871年，达尔文提出，我们祖先的脑容量增大是人类谱系早期成员一系列变化造成的结果，这些变化包括两足行走、使用工具和犬齿数量减少。但时间节点方面似乎有问题。最早的两足动物的脑容量并不比现代黑猩猩大。其他研究人员提出，用两条腿行走，需要有很大的脑容量，才能平衡和协调这样一台高度复杂的肌肉和骨骼组成的机器。我建议他们去跟鸡讨论这个问题——鸡的大脑只有杏仁那么大。

很明显，两足行走和脑容量之间并不存在特别密切的关系。但是在人类身上，这两者之间似乎有点儿关系。这是怎么回事呢？

最早的古人类乍得沙赫人和地猿的脑容量与黑猩猩的平均值差不多，平均值为375立方厘米——略大于一罐汽水的体积。最近，古人类学家约赫内斯·海尔-塞拉西发现了一个380万年前的南方古猿湖畔种个体的巨大头骨。[24]它的脑容量也差不多大。但在50万年后的露西时代，脑容量平均值已经增加到了450立方厘米。尽管这仍然只占现代人类平均脑容量的1/3，但脑容量从375立方厘米增长到450立方厘米，增长了20%，而且脑容量的增加并不是那么容易。[25]

你的大脑只占你的体重的2%，但它消耗了你摄入的20%的能量。[26]这意味着你呼吸的空气和你吃的食物有1/5是提供给饥饿的大脑细胞的。那么，南方古猿的脑容量增加这么多，是如何做到的呢？

跑步机研究表明，黑猩猩在运动时消耗的能量是人类的两倍。猿类经常攀爬，而在攀爬时会消耗大量的能量。因为运动需要消耗它们太多的能量，所以没有多余的能量用于扩大脑容量。

也许南方古猿的情况有所不同。

也许是因为我们的祖先用两条腿走路，很少爬树，有多余的能量。也许其中脑容量稍大的那些人善于利用这些多余的能量，能更有效地驾驭群体中复杂的社会环境。也许他们用新发明的石器技术解决了觅食问题，这有可能增强了他们寻找食物的能力，因此他们可以为大脑生长提供更多的能量。

关于这个问题的另一种说法是，原因不在于有多余的能量，而是因为两足行走的效率扩大了我们祖先寻找食物的搜寻半径。

在草原环境中，食物可能更分散，只有行动效率比普通猿类高的古人类才能获得食物。[27]

这些都是进化论对脑容量为什么增大的解释。但我们也可以思考一个更基本的问题：南方古猿的脑容量是如何变得比祖先更大的？

人类的大脑比黑猩猩大，这有两个原因。第一，人类大脑发育的速度更快，成年之前，我们每年增加的脑组织更多。第二，人类大脑发育的时间更长，黑猩猩三四岁时大脑不再发育，而人类大脑的脑容量到七八岁时才会达到最大值。

在南方古猿身上到底发生了什么？一个小孩的头骨告诉了我们答案。

泽雷·阿莱姆塞吉德在2000年发现的迪基卡小孩头骨保存完好，还保留了在砂岩上留下的大脑印痕。头骨被送到法国格勒诺布尔，用一台巨型粒子加速器进行高分辨率扫描。这台机器产生的X射线有足够的能量穿透这个头骨化石，因此孩子的大脑和尚未长出的牙齿都清晰可辨。

坦妮娅·史密斯是澳大利亚格里菲斯大学的人类进化生物学家。她利用这些高分辨率扫描图来测量迪基卡小孩牙齿逐年发育的情况，就像测量树木的年轮一样。借助这个巧妙的分析方法，她发现迪基卡小孩在两岁零五个月时死亡。在这个年龄，这个孩子已经发育出了275立方厘米的大脑，大约是成年南方古猿阿法种脑容量的70%。[28]相比之下，同龄的黑猩猩大脑已经完成了近90%的发育进程。人类的大脑发育缓慢，迪基卡小孩化石表明露西所属的物种也是如此。正如人类一样，幼年南方古猿发育中的大脑在学习哪些食物可以吃、要避开哪些威胁、群体成员之间的关系以及生存所需的其他重要技能时，形成了各种各样的脑连接。

当动物承受巨大的捕食压力时，自然选择会偏向于快速发育，也就是说，趁着还活着，赶快成长、繁殖。只有很少成为捕食对象的动物（大象、鲸和现代人类）才有资格缓慢生长、享有漫长的童年。南方古猿的大脑发育缓慢，表明我们的古人类祖先进化出了一种缓解捕食压力的机制，很可能是一种社会机制——互相照顾。

当然，古人类偶尔也会被硕鬣狗吃掉，但总的来说，我们的祖先承受的压力肯定是大为缓解了，因此大脑发育的速度变慢了。发育速度变慢导致幼年南方古猿的学习能力得以加强，这个变化得到了自然选择的青睐。

然而，这并没有变成一个反馈循环。南方古猿的脑容量稳定在450立方厘米，在100多万年里都没有改变。两足行走的进化并不像达尔文想象的那样，与石器技术或脑容量的增加同时发生，但它为这些新的可能性打开了大门。

然而，新的发现又增加了这个故事的复杂性。现在，如果有人问我关于南方古猿两足行走的问题时，我会问："哪一种南方古猿？"

走一英里的方法有很多：
南方古猿源泉种的特殊膝盖结构

给这头两足猫科动物剥皮的方法不止一种。

——布鲁斯·拉蒂默，

古人类学家，凯斯西储大学，2011年[1]

2009年夏天，我在南非约翰内斯堡金山大学解剖系的化石库里忙碌着。几个小时后，我回美国的航班就要起飞了，但我还有几块南方古猿足骨需要进行3D激光扫描。

突然，南非古人类学家李·伯杰激动不已地冲进房间。

我没见过李·伯杰，但听说过他和他的研究，毕竟他是这个领域的杰出人物。李·伯杰显然不是来找我的，也不是来找在场的另一个年轻研究者扎克·科弗兰的。（科弗兰现在是纽约瓦萨学院的教授。）伯杰环视了一下房间，他的目光扫过科弗兰、我和桌子上的几十块古人类化石，然后他死死地盯着我们的眼睛。

"我有一些特别棒的东西，你们想看看吗？"他问道。

这个邀请令科弗兰眼前一亮，但我愣住了。我本来就很忙，正担心来不及完成手头的工作呢，所以不可能有时间浪费在"一些特别棒的东西"上。不过，我刚刚开始扫描一块200万年前的足骨化石，麦片盒子大小的扫描仪正在慢慢地把放在转盘上的化石转化成我的电脑屏幕上的数字照片。扫描启动后，我可以离开几分钟。

"想不想看？"伯杰说，这次他顽皮地笑了笑。他非常兴奋，迫切希望能和人分享一些东西，哪怕他根本不认识眼前这两个年轻的研究者。

"当然。"我和科弗兰同时说道。

伯杰是在美国佐治亚州长大的，但在南非生活了30年。他带着我们走过走廊，走进一间实验室，那里有一张大桌子，上面盖着黑色天鹅绒桌布。黑色桌布下面的东西将彻底改变我对直立行走进化历程的认识。

在我们这个科学领域，有发现化石的野外工作者，也有分析化石的实验室科研人员。我们大多数人最后都是身兼两职，但很少有人能在两者之间不偏不倚，所以在其他人的心目中，我们要么用铲子工作，要么用电脑工作。伯杰是一名野外工作者、一名探险家——古人类学研究者里最接近印第安纳·琼斯的人物。[2]但在21世纪初，随着资金从野外工作转向运用新的数字化方法分析古老的化石，这门学科开始转型了。

其至有些人怀疑所有重要的人类化石都已经被发现了。但伯杰不这么认为。在将近20年的时间里，他一直在发掘一个名为格拉迪斯瓦尔的洞穴——这是南非"人类摇篮"中化石最丰富的地方之一，人们从山洞石壁发掘出了大量古代斑马、羚羊、疣猪、大象、瞪羚、长颈鹿和狒狒的骨头。伯杰和一个规模不大的团队在那里收集了数千块化石，但只有两颗南方古猿的牙齿是古人类留下来的。

格拉迪斯瓦尔洞穴里密集分布的大量化石就像海妖一样诱人，但对于像伯杰这样的古人类学家来说，如果除了更多的羚羊和斑马骨头外别无发现，那里就是他的职业生涯的终结之所。伯杰想，他最终会找到他的露西。虽然事实证明他真的能找到他的露西，而且后来还有其他发现，但他在格拉迪斯瓦尔洞穴不会有任何收获。

在21世纪的头几年，作为一名矢志不渝的探险家，伯杰把搜索范围扩大到格拉迪斯瓦尔洞穴以外的地区，利用美国军方拍摄的昂贵的高分辨率图像，在约翰内斯堡周围寻找洞穴。但在2008年，这项工作变得容易多了。李·伯杰下载了谷歌地球软件。[3]

他花了数周时间盯着电脑屏幕，研究自己探索了20年的那片干燥土地的卫星图像，希望能识别出在地面上无法识别的模式。他看到野生油橄榄木和白色臭木都是成片生长的。他想，这些依赖水的物种是从哪里找到水的呢？后来，他和地质学家保罗·迪克斯解了这个谜团。

雨水汇聚在垂直的洞穴底部，被风吹进来的野生油橄榄木和臭木种子在这里生根、发芽。为了接受阳光照射，它们向上生长并露出地面，因此暴露了洞穴的位置。伯杰记录了这些树木的

GPS（全球定位系统）坐标，并在接下来的几个月里驾车在"人类摇篮"四处查看，证实他的猜测。洞穴随处可见，之前没有人记录过的洞穴超过600个。但是，这些洞穴里有化石吗？

2008年8月，伯杰带着9岁的儿子马修、罗得西亚猎犬塔乌，和博士后研究员乔布·基比伊（现任肯尼亚国家博物馆古生物学负责人）一起探索了其中一个洞穴。这个洞穴现在被称为马拉帕，在当地索托语中是"家"的意思。

伯杰鼓励儿子说："马修，去找化石吧。"几分钟后，跟在他们那条狗后面的马修被一块大石头绊倒了。他捡起石头，说："爸爸，我发现了一块化石。"

化石在这里并不罕见，但就像伯杰在格拉迪斯瓦尔收集的数千块化石一样，它们几乎都是羚羊、斑马或疣猪的化石。然而，当伯杰走近时，他发现从那块石头上凸出来的东西既不是羚羊化石，也不是斑马化石，而是一个早期古人类的锁骨。他把石头翻过来，发现那里有下颌的一部分，上面还有一颗小而钝的犬齿，这显然属于古人类。在马拉帕洞穴，伯杰9岁的儿子用了不到10分钟的时间，就发现了与伯杰之前花了20年在格拉迪斯瓦尔洞穴发现的数量同样多的古人类化石。

这些骨头本身就是对我们这门科学的一个重大贡献，但马拉帕洞穴还可以做出更多贡献。随后几个月，伯杰的团队接二连三地发现了一些古人类化石。这些骨头连同包在外面的由一种叫作角砾岩的浅红色化石砂砾形成的像混凝土一样的坚硬土块，被运送到了金山大学的实验室。在那里，接受过专业训练的技术人员花了几个月的时间，利用一些看起来像迷你手提钻的工具，慢慢地，几乎是逐个颗粒地剔除了化石周围的岩石。完成这项工作后，他们得到了两具不完整的骨骼。

两个古人类！李·伯杰像魔术师一样揭开黑色绒布，展示给我们的就是这两具骨骼。

其中一具属于一名年轻男性。他的骨骼生长板还没有闭合，表明他的死亡年龄大约为8岁，死亡时骨骼还在生长。他的头骨保存得非常完好，智齿还藏在牙床里，没有露出来。这具化石骨骼被命名为马拉帕古人类1号（MH1），当地学童给它起了个绰号叫卡拉博，意思是"答案"。

另一具是一名女性的骨骼，即马拉帕古人类2号（MH2）。从智齿磨损程度看，她是一名成年人。这两具骨骼在手臂、肩膀、下巴和头骨等部位有几处锯齿状骨折，是生前发生的。通过这些线索，我们可以确定可能的死因：他们掉进了约36米深的洞穴竖井，坠落地面后死亡，尸体被食腐动物可以咬碎骨头的尖牙利齿撕碎后腐烂。[4]

两具骨骼夹在富含铀的石灰岩层之间。铀具有放射性，以已知的速率衰变为铅和钍，因此我们可以确定其年代。开普敦大学的地质学家萝宾·皮克林以非常高的精度确定了MH1和MH2的年龄。她认为这两个古人类死于距今197.7万年前一个长度为3 000年的时间段。[5][①]

---

① MH1和MH2的沉积年代处于"前奥杜瓦伊事件"时期，该时期持续约3 000年，距今约197.7万年。——审校注

在我有幸提前瞻仰这些化石6个月后，伯杰和其他6名合作作者向全世界宣布，它们来自南方古猿的一个新物种，并将该物种命名为源泉种，同时指出南方古猿的这个种甚至可能是长期以来我们一直在寻找的人属（也就是我们所在的属）的直接祖先。[6]

几天后，伯杰和足部专家伯恩哈德·齐普费尔邀请我和他们一起研究这个新的古人类的足骨和腿骨。如果当时伯杰邀请我去看"一些特别棒的东西"时我拒绝了，得到这份工作的可能就是其他人了。

我在两年前完成了关于类人猿和古人类的脚及脚踝的博士论文，对南方古猿的脚和腿比较了解，因此我很高兴能被邀请研究这个新物种。每一个古人类学新进博士都梦想着得到这样的机会，我在那块黑色绒布下看到的东西也引起了我极大的兴趣。

来自南非的包裹被送到我在波士顿大学的办公室时，我正急急忙忙地准备出门，赶着避开交通高峰。我把包裹夹在胳膊下，跳进我那辆红色的丰田Matrix汽车，在联邦大道上一路疾驰。但是在拐进马萨收费公路后，还是遇到了堵车，数千辆车以约每小时5英里的速度向西缓慢行驶。因此，我可以安全地把手从方向盘上拿开，打开从金山大学寄来的盒子。

伯杰和齐普费尔寄来了南方古猿源泉种足骨的石膏模型，一模一样的复制品。[7]我妻子已经怀孕6个月了，我要到第二年才能再去约翰内斯堡研究那些化石，但这些模型可以让我更好地了解这个约200万年前的古人类的脚。

我摸索着从盒子里拿出几捆气泡膜包装，撕开一个。里面是一块小小的距骨，也就是脚的顶部与胫骨形成踝关节的那块骨头。我一边看着它，一边盯着前面那辆车的刹车灯。乍一看，它很像人类的距骨，在某些方面很像露西的距骨，但在其他方面又有所不同。不过，仅凭这一点我无法得出什么结论，因为距骨的多样化是出了名的。和我一起被困在马萨收费公路的所有波士顿人彼此之间在距骨上的差异，就像露西与南方古猿源泉种的差异一样大。

在韦斯顿路口马萨收费公路与I-95公路交会处，只有两个过路收费亭是开着的。I-95公路是东海岸最拥堵的公路之一。我知道自己会被困很长一段时间，所以我拿起一小块胫骨末端，开始翻看。它与人类和露西的骨头很相似，除了一块被称为内踝的骨头——位于脚踝内侧的圆形隆起。它的隆起部分非常大，比人类和露西的都要大得多。只有猿类才有这么大的内踝。

有点儿不对劲。也许是制模时出了错，甚至有可能是一种病理，是疾病或受伤造成的结果。我身后的汽车在鸣笛，于是我缓慢地靠近收费亭。

我拿出另一块化石。令我吃惊的是，那是一块完整的跟骨，也就是我们走路时最先触地的那块骨头。它是人体中最大的足骨，大约一个小土豆那么大。露西所属的南方古猿阿法种的跟骨也很大、很厚实，可以很好地适应用两条腿走路时承受的力量。就连莱托里脚印也表明留下那些脚印的人的脚后跟很大。但是，我手里拿的这个小小的脚后跟有点儿古怪，与黑猩猩的脚后跟很像，不像是来自用两条腿走路的动物。

伯杰和齐普费尔寄给我的是一只黑猩猩的跟骨吗？这是一个玩笑吗？是要检验我能否胜任这份工作吗？我再次盯着这块跟骨，翻来覆去地仔细查看。我顺着这块酷似黑猩猩跟骨的骨头向下看，发现它融入了一些类似人类的特征。

我从没见过这样的跟骨。这让我迷惑不解，同时也深深地吸引了我。后面的家伙在拼命按喇叭。因为收费亭另一边的车流速度加快，所以我要等到回家之后，才能查看那些骨头。从那天开始，我花了3年时间，其间还去了几次南非，才搞清楚到底发生了什么。

在肯尼亚湖滨沉积层和埃塞俄比亚林地土壤中发现的最古老的南方古猿化石有420万年的历史，而在南非的洞穴中发现的年代最短的南方古猿化石大约有100万年的历史。在两者间隔的300万年里，南方古猿分化成许多不同的种类。事实上，科学家已经命名了十几种南方古猿。

最初，南方古猿是雷蒙德·达特赋予他发现的汤恩幼儿的名称。汤恩幼儿是南方古猿非洲种，露西是阿法种，已知最古老的南方古猿是湖畔种。另外，还有一些因为发现的化石较少所以存有争议的物种，如肯尼亚平脸人、南方古猿惊奇种和南方古猿羚羊河种。牙齿较大的南方古猿被称为粗壮种。他们有时被赋予自己的属名——傍人，分傍人埃塞俄比亚种、傍人粗壮种和傍人鲍氏种这三种。

伯杰刚刚宣布发现了一种新的南方古猿：源泉种。

尽管南方古猿的众多物种之间存在差异，但有一个特征将他们联系在一起：都用两条腿走路。不过，研究表明，实际情况要复杂得多。

在20世纪70年代早期，J. T. 罗宾逊（他的导师是罗伯特·布鲁姆，就是用炸药发掘化石的那个家伙）提出，在南非洞穴中发现的两种南方古猿（大牙齿的被称作粗壮种，小牙齿的被称作非洲种）走路的方式不同。他注意到两者骨盆和髋关节上的不同，认为粗壮种会拖着脚行走，而非洲种则是大踏步地行走，与人类更加相似。[8]但骨盆的骨头非常薄，在石化过程中很容易受损变形，因此很难判断罗宾逊发现的骨骼差异在这些古人类活着的时候是否存在。

30年后，美国自然历史博物馆的古人类学家威尔·哈考特-史密斯研究了非洲种和露西所在的种（南方古猿阿法种）的足骨，并提出了类似的观点。[9]在进行了几何形态测量后（该方法可以捕捉并量化足部骨骼的复杂3D形状），他认为露西和它的同类有类似人类的踝关节，但脚的其他部位更像猿，而南非发现的南方古猿非洲种的情况正好相反——脚踝像猿，脚像人类。

我当时持怀疑态度。毕竟，每个物种已发现的骨头都很少。哈考特-史密斯发现的差异是否比现代人足骨的正常变化更显著？在我看来，南方古猿已经进化出了像人类一样的行走能力，物种之间或非洲化石遗址之间的任何差异在生物学上都是微不足道的噪声。

我错了，但是直到南方古猿源泉种被发现后，我才改变了看法。

尽管南方古猿源泉种比露西及其同类晚100万年，但他们的足骨与我们现代人类的相似程度在大多数方面都不及后者。从膝盖、骨盆和腰背部可以明显看出南方古猿源泉种是两足动物，但他们行走的姿势与现代人类不同，当然也不像其他的南方古猿。

2011年，我和齐普费尔详尽地研究了这些骨骼，随后发表了我们的发现。[10]我们详细描述了这些脚后跟、脚踝和脚掌不寻常的与猿类似的解剖结构。但我们不知道这些结构对源泉种的行走方式而言到底意味着什么。从骨头的相互比较来看，源泉种不同于其他南方古猿，也不同于今天的人类。他们的行走方式与其他种不同，只是我们不知道他们到底是怎么行走的。

许多古人类学家在接受培训时，就是以成为某个特定部位的骨骼专家为目标的。我们当中有头骨、牙齿、肘部、肩膀、膝盖和臀部的解剖学专家。我的专长是足部，尤其是脚踝。之所以接受这样的培训，部分原因是古人类学是一门碎片科学。在化石遗址勘探6个星期，有可能发现几颗古人类牙齿，幸运的话，还有可能会发现古人类的肘部或足骨。为了弄清楚这些古老的骨头碎片，我们尽最大努力学习所有相关知识，例如不同动物的某块骨头有哪些不同点，这些不同点对动物的生活有什么影响，这块骨头在猿和人类的进化过程中是如何进化的。我们必须掌握这些知识，才能从我们发现的那些珍贵的古人类骨头碎片中提取隐藏的所有信息。

这个状况将一直持续下去，除非我们能找到一具近乎完整的骨骼。就源泉种而言，我们找到了两具完整骨骼。

我们已经习惯于解读孤立的化石碎片，因此当我们看到一具骨骼时，很容易把它当作一堆零散的部件来处理。但是，一具骨骼并不是彼此不相干的身体结构的集合，而是动物的骨骼在动物生前紧密结合而形成的一个操作系统。为了解释这些奇怪的马拉帕骨骼，我们需要听一听理疗师的意见。理疗师每天都要思考身体作为一个整体是如何工作的，一个关节的变化对其他关节会产生什么影响。

我向波士顿大学生物力学家、理疗师肯·霍尔特的团队介绍了马拉帕化石的情况。他问："这具骨骼的膝盖是什么样子的？"霍尔特从教师岗位退休后，还在继续从事理疗工作，目前主要是在研发托尼·斯塔克钢铁侠式套装，以帮助脑卒中患者恢复正常行走。

"膝盖吗？有点儿奇怪。"我告诉他，"它在很多方面都很像人类的膝盖，但我从未见过那么高的侧缘。"侧缘是膝关节固定膝盖骨（髌骨）的骨壁。这种形态在类人猿的膝盖上是看不到的，只有两足古人类身上才能见到。但是源泉种的侧缘非常大，简直就是超人的膝盖。考虑到类人猿足部的结构，这让人很难理解。

"这就对了。"霍尔特回答说。

"是吗？"我问。我不明白其中的道理。

在这次咨询之后，我们又见面了。他告诉我理疗师能从这些骨头上看到什么。他说，在他看来，南方古猿源泉种的足部是旋前过度。

由于源泉种的脚后跟很小，与黑猩猩的脚后跟类似，所以源泉种在行走时不可能像今天的人类一样，甚至不可能像露西所属的物种那样脚跟明显着地。相反，源泉种的行走方式更像猿类，也就是迈着小步，扁平足的外侧着地。每一个动作都会产生一个大小相等的反作用力，所以当源泉种脚外侧着地时，地面马上就会产生反作用力，使脚朝大脚趾方向旋转。这会导致胫骨向内扭曲，使膝盖旋转。

现在有些人就用这种方式走路，被称为旋前过度。如果行走时旋前过度，你的鞋底外侧边缘，特别是靠近脚跟的地方，就会磨损得很快。因为旋前过度会导致膝盖向内翻转，因此有膝盖骨脱臼的风险，每年大约有2万美国人会发生这种情况。膝盖骨脱臼后仍有可能行走，而且可以复位，但是患者会非常痛苦，完全恢复需要6周时间。

对于南方古猿来说，以一种容易导致膝盖骨脱臼的方式走路听起来确实不是一个好主意。事实上，这似乎预示着他们将被写进似剑齿虎的食谱。但是源泉种进化出了特别大的骨壁，可以防止膝盖骨脱臼。换句话说，源泉种通过身体结构解决了有旋前过度问题的现代人所面临的麻烦。他们适应了这种运动方式。

我和霍尔特花了几个月的时间，研究源泉种的行走方法。我们定期联系南非的齐普费尔，他是我见过的最优秀的人类足部专家。在那几个月里，我像源泉种一样用旋前过度的方式在波士顿大学校园里四处走动，通过我自己的身体了解人类200万年前的近亲。我的膝盖有时会感到疼，而且我可能成了波士顿大学学生口中的"那个家伙"。但以这种方式行走让我清楚地知道，虽然我可能是两足动物，但我不是源泉种。

霍尔特、齐普费尔和我检验了我们的假设，并在源泉种的骨骼中找到了与之一致的证据。[11] 例如，我们发现源泉种足部中间位置第四跖骨的根部形成了一条令人困惑的、类似猿类的曲线。这个结构可能会增加它的脚的灵活度。我们对40个人进行了核磁共振扫描，在少数人身上发现了同样的骨骼形状——这些人恰好都有旋前过度的问题。[12]

艾米·Y. 张是达特茅斯学院的一名学生，对艺术和科学的交叉领域感兴趣。她对南方古猿源泉种的骨骼进行了3D激光扫描，并用动画软件装配关节，然后让它行走。[13] 这部动画片上传到推特后被广为转发，最终进化生物学家萨利·勒·佩奇为它配上了音乐。具有讽刺意味的是，这种已经灭绝的古人类的步伐竟然与比吉斯乐队的《活着》合上了节拍。

源泉种具有特殊的身体结构，因此行走方式与其他南方古猿不同，这样的观点得到了同事们的普遍赞同。但他们也可以不相信我，科学无关相信与否。源泉种化石的3D表面扫描图已经发布在一个免费网站，世界各地的同事都可以访问它们，并亲自验证我们的假设。

从发现南方古猿源泉种的第一天开始，伯杰就用这种方法来处理这个非同寻常的成果。只有假设能够得到验证，科学才能继续发展，而这只有在化石向整个科学界开放的情况下才能实现。

有的人接受了我们的旋前过度假说，也有人不接受。持有埃塞俄比亚哈达尔发掘许可的亚利桑那州立大学古人类学家比尔·金贝尔称："足部旋前过度和小腿及大腿极度内翻的说法表明这是两足行走的一种非常笨拙的步态，喜剧团体蒙提·派森完全可以把它放到滑稽剧《愚蠢的步行》中。"[14]他后来认为这种步态是"疾病导致的残疾"，因为这种行走方式没有明显的选择优势。

正因为如此，发现不止一个南方古猿源泉种个体具有极其重要的意义。只有一具骨架的话，它肯定会被认为是一种病态。但我们从第三个南方古猿源泉种个体那里找到了两根甚至好几根骨头。虽然我们的行走假设主要基于那个成年雌性南方古猿源泉种（MH2）做出，但我们从马拉帕洞穴发现的其他南方古猿源泉种个体那里也找到了线索。那具雌性骨骼的脚后跟很小，会不会是一种病态呢？可能不是，因为我们还发现了那具年轻雄性骨骼（MH1）的脚后跟，两者几乎一模一样。那具雌性骨骼的踝关节会不会是病态的？也许不是，因为我们发现了第三个个体的脚踝，它的形状和那具雌性骨骼的脚踝一样独特。那个小男孩第四跖骨的不同寻常的解剖结构，与我们在成年雌性个体身上发现的其他骨骼具有一致性。

换句话说，我认为它们都是这样行走的。

金贝尔认为，南方古猿源泉种的行走方式有点儿笨拙。他说得没错。为什么会出现旋前过度的情况呢？我认为这与南方古猿源泉种对树木的依赖有关。

南方古猿源泉种并不是在马拉帕洞穴深处发现的唯一物种。伯杰和他的古生物学家团队还发现了其他动物的化石残骸，甚至发现了粪化石。粪化石的颜色发白，里面有一些骨头碎片。金山大学进化研究所所长、木化石和古生态系统专家马里恩·班福德将粪化石溶解在盐酸中，然后提取出了一些非常小的古代植物碎块，其中有一些与今天温度较低、湿度较高的高海拔森林中的树木相匹配的花粉微粒。[15]由此可见，200万年前南方古猿源泉种在森林中行走。

南方古猿源泉种胳膊长，耸肩，是爬树高手，但爬树不仅仅是为了安全。[16]年轻雄性个体卡拉博（MH1）的头骨保存得十分完好，牙齿缝里还夹着食物。阿曼达·亨利（现在在荷兰莱顿大学工作）清除MH1牙齿上的菌斑后发现了植硅体，这是MH1最后几餐吃的果实、树叶和树皮的植物细胞形成的微小硅酸盐残留。MH1在树上觅食。此外，对微小牙齿碎片的同位素分析显示，与其他南方古猿不同，源泉种并不在草原上进食，而是高度依赖森林中的食物，就像几百万年前的地猿一样。[17]

如果源泉种比露西更适应树上生活，他们在地面上的森林觅食区之间移动时的行走方式就会受到负面影响，至少也会发生某些变化。我觉得这是可以理解的。

与此同时，马拉帕洞穴还在不断出土200万年前的化石，它们有更多的信息要告诉我们。

在金山大学，卵石大小的角砾岩摆放在金属架子上，等待着接受预处理。露出古人类化石的岩石通常会被优先处理，包含斑马和羚羊化石的石头排在队尾。因此，一块包含有保存完好的羚羊腿的大石头耐心地等了很长时间，直到科研人员贾斯汀·穆坎库把它翻过来，才发现里面有一颗闪烁着微光的古人类牙齿。CT扫描显示，这块石头包含有年轻雄性个体MH1缺失的部分，包括他的下颌、脊骨、部分骨盆、肋骨、腿和脚。等这些化石从岩石中被取出，它们将帮助我们更好地理解南方古猿是如何行走的。

9岁的马修·伯杰被马拉帕洞穴里的一块大石头绊了一跤，结果南方古猿源泉种被发现了。几个月后，德国莱比锡市马克斯·普朗克进化人类学研究所的古人类学家斯特凡妮·梅利洛正在勘探一个新的320万—380万年前的化石遗址——沃朗索-米勒遗址（Woranso-Mille）。它位于埃塞俄比亚境内，在哈达尔（露西就是在这里被发现的）的西北边。梅利洛是克利夫兰自然历史博物馆古人类学馆长约赫内斯·海尔-塞拉西率领的团队的成员。沃朗索-米勒遗址是海尔-塞拉西发现的，他认为这里发现的一些化石是露西所属的物种留下来的。

海尔-塞拉西和他的导师蒂姆·怀特一样，都认为320万—380万年前这片土地上唯一的古人类是南方古猿阿法种。这个观点会创造一些便利条件，因为这意味着他们发现的任何古人类肱骨、足骨或头骨碎片都来自阿法种。

但是，梅利洛在2009年2月15日取得了令人震惊的发现，让我们意识到露西并不是当时唯一的古人类。

许多化石都是在清晨被发现的，此时，初升的太阳在大地上投下长长的阴影，咖啡因随着血液在体内循环，勘探人员精力充沛，眼光敏锐。快到中午时，古老的地面反射着刺眼的阳光，人们已经饿得肚子咕咕叫，因此他们要休息一会儿。这一天对梅利洛和她分散在伯特勒地区沃朗索–米勒荒地上的十几个同事来说也没有什么不同。

古人类学家最好的挖掘工具是前一季的雨水。雨水会轻轻地冲走沉积物，露出下面埋着的骨头。梅利洛沿着一条雨水侵蚀的沟渠慢慢地走着，那里沉积的淤泥逐渐变成了红色的砂岩。突然，她发现了一小块曲别针大小的骨头。

梅利洛在与我通话时说："一直走啊走，除了泥土什么都没有，但突然发现了化石，这是多么令人兴奋的事啊！在认出它的那一刻，我简直不敢相信！它突然就出现在那里。"

她把一面橙色旗子插在土里，标记化石的位置，然后小心地把化石捡起来。她能分辨出这是第四跖骨（足部中间位置的一块骨头）的根部，但它很不完整，无法判断它来自像我们这样的灵长类动物还是食肉动物。她朝着海尔–塞拉西缓步走去，一边走一边从各个角度仔细查看这块骨头。看到她这样走过来，海尔–塞拉西就知道她正拿着一块可能属于古人类的骨头。

海尔–塞拉西简直就是一块化石磁铁。1994年，作为一名研究生，他第一个发现了440万年前的始祖地猿骨骼化石——两块手掌骨从古老的山坡上伸出来，仿佛阿迪伸出手让那些古人类学家抓住一样。几年后，他又发现了250万年前的南方古猿新物种——惊奇种的一块头骨，仅仅几周后他又发现了一些化石，并且亲自用这些化石命名了一个新物种：550万年前的卡达巴地猿。

在沃朗索–米勒遗址，海尔–塞拉西和他的团队发现了露西所属物种在360万年前留下来的一具不完整的骨骼，他们给它起了个绰号：卡达努姆（Kadanuumuu），这个词在阿法尔语中的意思是"大个子"。之后，他发现了南方古猿的一个新物种——近亲种，并在2019年发现了最古老的南方古猿头骨——湖畔种在380万年前留下来的一个不可思议的头骨。[18]

"他超级敏感，知道在哪里能找到化石，什么时候应该继续挖掘。"梅利洛说。

她记得有一次，海尔–塞拉西在地面上发现了半个南方古猿下颌，就让整个团队在那片区域忙碌了一个星期，对化石进化刮和筛这些枯燥费力的工作。每一块卵石、每一块泥土都必须仔细检查。

"我和约赫内斯打赌说我们找不到另一半下颌骨，"梅利洛回忆说，"结果我输了。"

一天，海尔–塞拉西在勘探现场捡到了一块长骨骨干化石。长骨骨干很常见，但往往难以辨别。它们可能是包括古人类和羚羊在内的几十种动物的上肢、前肢或腿骨碎片。

"看看这个！"海尔-塞拉西兴奋地说，但梅利洛不为所动。几周后，在亚的斯亚贝巴的埃塞俄比亚国家博物馆古人类储藏室里，他把这块碎片接到了10年前发现的一块古人类肱骨的破碎表面上。从地下取出这块化石时，海尔-塞拉西就知道它破碎的表面与他10年前见过的那块肱骨碎片完全吻合。

在伯特勒遗址，海尔-塞拉西看到梅利洛递过来的那块足骨后，他第一时间注意到骨头的断口很干净。这意味着化石是最近才断的，另一半化石应该就在附近。

"另一半化石呢？"他问梅利洛。

不久，团队成员坎帕洛·凯伊兰托就找到了它。新发现的这块化石没有食肉动物足骨上可以看到的特有的脊。这是一块古人类化石，但这是迄今为止发现的第三块完整的来自这个时期的第四跖骨。

这意味着团队成员们马上就要开始爬行了。

这个大约15人的团队在沟底聚集，肩并肩排成一排，手脚并用，在坚硬的地面上爬行，捡起找到的每一块小骨头。首先，他们发现了几块古人类趾骨。当他们抵达淡红色的砂岩层时，他们发现了从古老土壤中伸出来的大脚趾和第二脚趾。

这些不仅仅是单独的骨头，而是逐渐拼凑成了一具不完整的足部骨骼。通过测定夹在淡红色砂岩中的火山灰的年代，他们确定这些化石大约有340万年的历史。

几十年前，人们就已经知道露西所属的物种——南方古猿阿法种当时就生活在这一地区。但这不是阿法种的脚。

它更像地猿的脚，大脚趾和第二脚趾就像人类的拇指和食指那样彼此相对。与露西的足骨相比，在伯特勒发现的足骨是更像猿类的古人类留下来的，这个物种待在树上的时间更多，用两条腿行走，但行走的方式与露西不同。

回到克利夫兰自然历史博物馆的实验室后，海尔–塞拉西将这些骨头展示给了足部专家布鲁斯·拉蒂默，后者是20世纪80年代初描述露西和21世纪初描述阿迪团队的成员。

据拉蒂默回忆，当他第一次看到这些化石时，他就肯定这只脚来自440万年前的古人类。他说："你们又找到了一个阿迪！太棒了！"[19]

不，海尔–塞拉西告诉他。这些化石是在晚100万年的沉积物中发现的。

"不可能！"拉蒂默惊愕地回答。

伯特勒足骨具有两足行走的一些关键结构特点，包括脚趾可以向上弯曲，脚的外部僵直，但它明显不同于留下莱托里G区脚印的那只脚。它的大脚趾较短，有抓握能力，像善于爬树的猿类一样向侧面伸出。它也不像地猿的脚。在这个史前版的灰姑娘故事中，伯特勒足骨穿不上莱托里的舞鞋。

随后发现的颌骨和牙齿证实了一个新物种的存在，团队将其命名为南方古猿近亲种。行走方式不同的另一种古人类与露西及其同类同时存在。[20]

我们曾经认为，在整个人类进化过程中，只有一种行走方式。但我们现在知道事实并非如此。数百万年前，直立行走的南方古猿分属多个不同物种，但彼此有亲缘关系。由于生活在不同的环境中，所以他们走路的方式也略有不同。他们踏遍非洲的大部分地区，从中北部的草原开始，沿着东非大裂谷从非洲东部的埃塞俄比亚来到了南非，跨越了近4 000英里的距离。

　　大约200万年前，我们现代人类所在的属——人属开始进化。与我们的南方古猿祖先相比，这种新类人猿的牙齿略小，大脑略大，使用石器的倾向性强烈得多。到底是这些南方古猿中的哪一种进化成了智人，仍然是一个谜。甚至有可能是我们到现在还没有找到的某个物种。

　　到了200万年前，两足行走已经成为一项重大的进化实验——即将在道路上上演的实验。

已知最早的两足动物：生活在二叠纪早期（大约 2.9 亿年前）的卡巴兹龙、真双足蜥和短臂蜥（自右至左）

图片来源：弗雷德里克·斯宾德勒

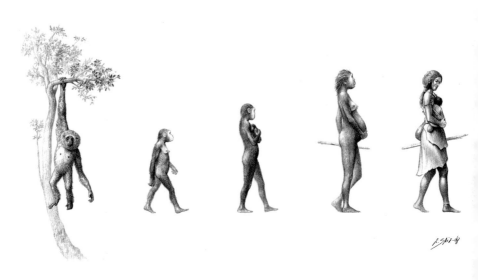

两足行走进化简图

图片来源：爱德华多·塞斯·阿隆索

在德国哈默施米德黏土场发现的多瑙韦斯猿古根莫斯种的艺术重构。这种猿直立行走，生活在 1 162 万年前（对页图）

图片来源：维利扎尔·西米奥诺夫斯基

在坦桑尼亚莱托里遗址发现的 366 万年前早期古人类两足行走留下的脚印

照片由本书作者拍摄

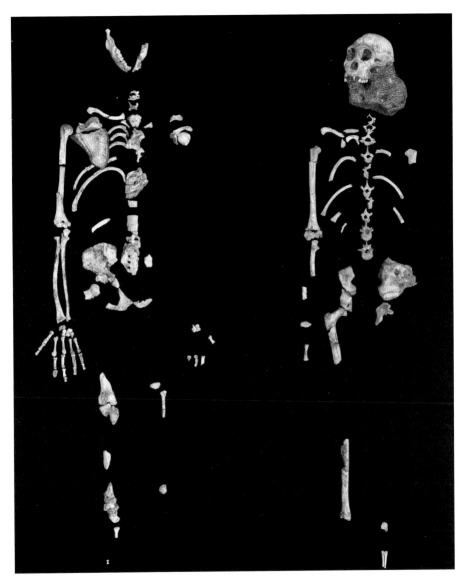

在南非马拉帕洞穴发掘的近 200 万年前的南方古猿源泉种骨骼

图片选自盖蒂图片库（布雷特·艾洛夫）

凡·高的《第一步》(临摹米勒)
收藏于纽约大都会艺术博物馆

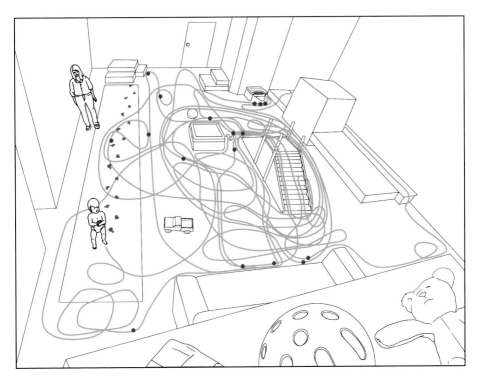

一个 13 个月大的幼童在纽约大学凯伦·阿道夫博士发展心理学实验室里随意行走 10 分钟留下的痕迹。深蓝色点表示幼童在该处停留

图片来源：凯伦·阿道夫

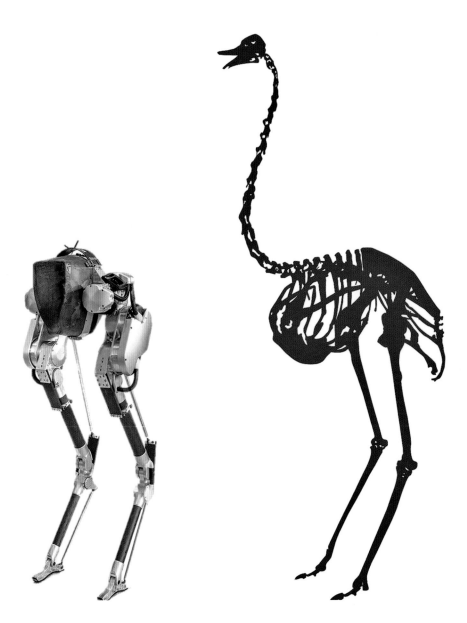

凯西（工程学教授乔纳森·赫斯特设计的两足机器人）与鸵鸟骨骼对比

凯西的照片由乔纳森·赫斯特与米契·伯纳兹提供，鸵鸟骨骼照片选自盖蒂图片库（iStockphoto 图库）

古人类的迁移：
从非洲走向欧亚大陆

> 无处可去，但到处可去，
>
> 所以继续在星空下前进吧。
>
> ——杰克·凯鲁亚克，《在路上》，1957年[1]

1983年，一些考古学家正在格鲁吉亚发掘中世纪的德马尼西遗址，当时格鲁吉亚还是苏联的一部分。考古队接二连三地发现了一些硬币和其他中世纪文物。突然，他们发现了一颗牙齿。他们认为这颗牙齿可能来自丝绸之路商队在德马尼西停留时吃掉的动物，于是将这颗牙齿带给接受过专业训练的古生物学家阿贝萨勒姆·韦夸。他断定这不是牛或猪的牙齿，而是犀牛的牙齿。

为什么一头犀牛会跑到西南亚山区的中世纪粮食交易场所？[2]韦夸和同事里奥·加布尼亚决定调查这头"出格"的犀牛的来历。

其中一条线索表明这颗牙齿的年代久远，来自伊特鲁里亚犀——一种在更新世就灭绝了的物种（*Dicerorhinus etruscus*）。

第二年，他们在德马尼西遗址挖掘时发现了一些石器，这些石器与玛丽·利基和路易斯·利基在坦桑尼亚奥杜瓦伊峡谷发现的奥杜瓦伊文化的简单石器非常相似。犀牛牙齿之谜被慢慢地揭开了神秘面纱，原来德马尼西城堡是建在更新世沉积物上的。考古学家们在泥土中挖掘中世纪文物时，已经挖到了更古老的沉积层——那是犀牛四处游荡的遥远年代。

人们认为，在那个时期，古人类的活动范围应该还没有超出非洲。但这些石器表明他们已经跨过非洲边界。

韦夸和加布尼亚继续挖掘。1991年，他们发现了一个古人类的下颌。[3]10年后，他们从180万年前的熔岩床沉积物中发掘出了两个头骨。从这些头骨可以看出他们脸很大，但脑容量大约是今天人类脑容量的1/2。经鉴别，它们是早期直立人的头骨。在19世纪晚期欧仁·杜布瓦取得那些发现之后，科学界就已经知道了直立猿人的存在。在此后的20年里，又有3块头骨和2具不完整骨骼从这个令人惊叹的遗址被发掘出来。德马尼西古人类是非洲大陆以外发现的最古老的古人类。

然而，来自丝绸之路另一端中国中部地区上陈遗址的证据表明，古人类在更早的时候就开始迁移了。

2018年，中国科学院广州地球化学研究所研究员朱照宇宣布发现约210万年前古人类制造的简单石器。[4]大约在南方古猿源泉种在南非活动的同一时期，人类家族的另一个分支已经向东推进了近9 000英里。目前还没有发现任何骨骼化石，所以我们不知道是谁制造了这些石器，但大多数古人类学家认为是早期直立人，也有可能是我们人属更早的代表。

乍一看，古人类在世界各地的传播非常突然。古人类在非洲东部和南部地区生活了数百万年，但现在似乎是在一瞬间来到了中国。然而，这个过程并没有看起来那么快。如果从220万年前开始，早期的人属成员即使以每10年1英里的速度向东迁移，也可以在210万年前到达中国，有足够的时间在上陈留下石器。

德马尼西和上陈遗址的发现表明，大约250万年前，非洲进化出人属，随后不久，人属领地就开始向北、向东扩张到欧亚大陆。没有"欢迎来亚洲"的标语迎接他们，他们也不知道自己正在前往的地区会在200万年后使后代感到惊讶和困惑。但这确实引发了一些疑问。

为什么古人类在这个时期成了探险家？他们是如何来到祖先南方古猿未曾居住过的地方的呢？

线索就藏在一个男孩的骨骼中。

2007年，我来到肯尼亚的内罗毕，这是一个海拔6 000英尺的人口稠密的城市。那年8月，内罗毕有两个星期寒冷多云。没有下雨，但空气潮湿沉闷。小贩在街道两旁售卖新鲜水果和坚果，游荡的山羊吃着路边的垃圾。空气里都是垃圾堆燃烧的气味，还混杂有柴油的难闻气味。在到达内罗毕的那天，我感冒了，鼻子非常难受，持续了一周时间。

内罗毕有300多万人口，但如果算上周边人口，这个数字会上升到600多万。这其中包括非洲最大的贫民窟——基贝拉

（Kibera），那里居住着近100万日均收入不足1美元的人。基贝拉以北几英里，在韦斯特兰区博物馆山顶坐落着内罗毕国家博物馆，一些有史以来最珍贵的化石就藏在一间小咖啡店大小的储藏室里。

博物馆外立着路易斯·利基和一只橙色大恐龙的雕像。我绕过公众展区，穿过一个庭院，来到研究藏品区，在那里找到了肯尼亚古生物学家弗雷德里克·曼提（他经常使用的是中间名基亚洛）。

弗雷德里克·曼提的父亲在20世纪70年代参加了玛丽·利基的探险队，而小弗雷德里克在很小的时候就对古人类产生了浓厚的兴趣。在开普敦大学获得博士学位后，他回到肯尼亚，担任博物馆的古生物学和古人类学部门的领导，承担肯尼亚史前研究的全面管理工作。在我见到他的三年后，他在图尔卡纳湖东侧的伊莱雷特村附近发现了一个150万年前的直立人头骨，它很棒。[5]

我把我希望研究的化石清单递给曼提，其中包括2 000万年前古猿原康修尔猿的足骨、早期智人的股骨化石。我想，第一天，他肯定会给我一托盘残缺的足骨化石，世界上只有少数人会关心的那种。毕竟，我还是一个学生，而且吃了感冒药，一副病恹恹的样子。

然而，当曼提再次从储藏室的厚铁门后面走出来时，他手里木制托盘上放着的是纳利奥克托米（Nariokotome）直立人的骨骼。这就好像向卢浮宫馆长递交希望研究的文艺复兴时期的绘画清单，而馆长递给我《蒙娜丽莎》一样。我激动得手臂发软，双手颤抖。当我眼巴巴地盯着那具骷髅时，曼提可能没有注意到我的嘴巴都合不拢了。他没有把托盘递给我，而是走到我的工位，小心翼翼地把这些珍贵的化石放在工作台上。

我爱化石，经常长途跋涉去看这些记录了人类过去的脆弱碎片，渴望可以测量、拍照和3D扫描。但是每次看到一块新化石时，在最初几分钟，我都会把卡尺、照相机和扫描仪扔到一旁，独自一人坐在我们人类祖先的残骸旁，欣赏每一块化石的颜色、纹理和曲线。我不仅想知道它属于什么物种，还希望了解这个个体，因为正是他/她的死亡，因为化石被保存至今，我们才能够了解人类在生命故事中的地位。我经常被感动得难以控制自己的情绪。这个仪式始于2007年8月，当时我独自一人坐在内罗毕国家博物馆，坐在纳利奥克托米骨骼旁边。

然后，我开始工作。

纳利奥克托米化石是卡莫亚·基梅乌于1984年发现的，他可以说是历史上发现古人类最多的人，是利基家族著名的"古人类团队"的一员。20世纪六七十年代，他们在东非的发现为坦桑尼亚、肯尼亚以及埃塞俄比亚的古人类研究打开了闸门。基梅乌的发现非常重要，有两个化石种——中新世的卡莫亚古猿（Kamoyapithecus）和更新世早期的基梅乌猴（Cercopithecoides kimeui）都是以他的名字命名的。

古人类学家艾伦·沃克和帕特·希普曼在《骨头的智慧》一书中谈到基梅乌寻找化石的方法时说，他"边走边看"。[6]

1984年8月22日，基梅乌来到图尔卡纳湖西侧寻找化石。在干涸的纳利奥克托米河岸边，他发现了一小块头骨碎片。它伪装成与周围沉积物相同的深色。

"天知道他是怎么看到的。"[7]沃克和希普曼在书中写道。

基梅乌给内罗毕的项目负责人理查德·利基和艾伦·沃克打了一个电话，他们第二天就赶来了。在接下来的5年里，这个团队搬运了1 500立方米的泥土，找出了泥土里隐藏着的一个死于149万年前的幼年直立人的大部分骨骼。

纳利奥克托米男孩是迄今为止发现的最完整、最重要的骨骼之一。这一发现揭示了早期的人属是如何将其活动范围扩展到非洲以外的。

这具骨骼的大脑已经发育成熟，但脑容量只有现代人的2/3。智齿还没有长出来，胳膊和腿上的生长板还没有闭合，说明死的时候还很年轻。根据对牙齿的详细研究，这个男孩死时只有9岁。但从腿骨看，他的身高已经超过5英尺，体重接近100磅，是个大孩子了。我儿子在那个年纪比他矮接近1英尺，轻40磅。

科学家计算出，如果纳利奥克托米男孩能活到成年，身高可能会接近6英尺。[8]这个男孩在这么小的年龄就有这么大的体型，表明该物种没有进化出我们今天所拥有的青春期生长陡增。为什么没有呢？西北大学人类学家克里斯多夫·库扎瓦发现儿童大脑和身体在能量分配上会取得一种平衡。[9]孩子们的大脑在青春期前会消耗大量的能量，因此身体的生长速度会减慢。在青少年时期，身体开始扭转局势，身高迅速增长——生长陡增。因为直立人的大脑体积只有我们的2/3，所以即使是在身体发育期，也仍然可以将能量分配给大脑和身体。

我们还可以从一具160万年前的成年直立人破碎骨骼中收集到这一物种的更多信息。这个被命名为KNM-ER 1808的标本是卡莫亚·基梅乌于1973年发现的。它的右股骨较大，和身高略低于6英尺的现代人的大腿骨差不多大。[10]人们往往认为现代人类直到最近才达到现有的体型，但这是错误的。直立人和今天人类体型非常接近。

我转过身，面朝托盘上放着的纳利奥克托米骨骼，把左股骨从水绿色泡沫垫上拔了出来。股骨呈深灰色，有黑色和棕色斑点。股骨长度引起了我的注意。这具骨骼化石的上臂骨（肱骨）也很长，比露西的长34%。这是可以理解的，因为纳利奥克托米男孩的体型比露西大。你可能会认为他的股骨也会比露西的长34%。那你就错了，他的股骨比露西的长了54%。

直立人不是等比例放大的南方古猿，他们的腿更长。

杜克大学人类学教授赫尔曼·庞泽告诉我："要解释动物从一个地方跑到另一个地方需要多少能量，无论这个动物是蚂蚁还是大象，我们需要知道的变量都是腿的长度。"他的广泛研究表明，随着腿变长，移动通常会变得容易。

因为腿更长，所以我们的直立人祖先可以比露西的同类走得更远。不仅如此，研究发现，直立人的脚还进化出了具有现代人类所有特点的足弓。

2009年，一些来自内罗毕国家博物馆和乔治华盛顿大学的研究人员在伊莱雷特附近发现了近100个脚印化石。这是150万年前20个直立人沿着泥泞的湖岸行走时留下来的。[11]它们和今天的人类脚印一样大，有一个明显的拱形，这使他们的脚步具有弹性，尤其是在他们奔跑的时候。[12]

南方古猿也有足弓，但以现代人类的标准来看弧度很小。直立人的足弓具有现代人的全部特点，腿又很长，也就是说，我们的祖先终于有了适合走得更远、采集更多食物的身体结构。

在全世界所有的生态系统中，食肉动物的平均活动范围比食草动物大。[13]植物经常成片生长，所以食草动物不需要每天跑那么远就能找到食物。但食肉动物必须跑到更远的地方寻找食物。因此，直立人化石遗址中有大量被捕食或被食腐的动物留下来的骨头碎片，这并非巧合。

石器可以追溯到330万年前，在340万年前（早于直立人）的羚羊骨头上也发现了切割痕迹。这样看来，南方古猿，甚至是早期的人属，都是通过伺机食腐偶尔涉足肉食的，但他们不是猎手。对于直立人来说，食腐越来越普遍，甚至有证据表明他们有故意的、协调一致的狩猎行为。植物仍然是直立人的食物之一，所以他们和我们一样是杂食动物。当然，今天有些人选择不吃肉，但有充分的证据表明，肉和骨髓是帮助我们这个谱系在更新世生存下来的重要资源。

直立人凭借长腿、弓足和扩张的活动范围，跨过了非洲边界，进入了欧亚大陆。

在格鲁吉亚德马尼西遗址发现的直立人骸骨没有纳利奥克托米男孩那么高，只有5英尺多一点儿，但他们有长腿和现代人类的身体比例。德马尼西古人类行走的效率很高，他们跟随着猎物穿过中东和现在的土耳其，进入了高加索地区。更早的迁移者甚至抵达了中国。目前还不清楚古人类是沿着大陆穿过了亚洲高原，还是沿着海岸线穿过了印度和东南亚。无论是哪条路线，毋庸置疑，他们都在210万年前穿过了地球上最大的大陆。[14]

对人类迁移的叙述通常有过于简单和方向单一这两个问题，但活动地域扩张这种事只发生一次且只朝一个方向扩张的可能性是微乎其微的。我们几乎可以肯定，直立人曾多次进出非洲，在冒险进入以前从未有直立行走的古人类居住过的地区后，他们开始慢慢探索不断扩大的活动范围的边缘区域。至少在150万年前，直立人在东南方向的扩张已经达到了在不熟悉环境的情况下所能达到的极致。

在过去100万年里，至少有8次冰川期是周期性发生的。[15]发生冰川期时，地球两极和高山冰川中留存了大量的水，导致海平面下降，这为直立人从东南亚步行到印度尼西亚群岛的爪哇创造了条件。但他们不可能走得更远，因为他们会在那里遇到一条32千米宽、84千米深的海沟。这条海沟清晰地勾勒出华莱士线的走向。华莱士线是以19世纪博物学家阿尔弗雷德·拉塞尔·华莱士的名字命名的，他和查尔斯·达尔文是自然选择理论的共同发现者。华莱士线以西是亚洲的动植物，华莱士线以东则是澳大利亚的动植物，东西两边泾渭分明。没有船只，几乎不可能跨越这条生态界线。

在直立人到达爪哇的时候，古人类也在向欧亚大陆西部扩张。2013年，西班牙古人类学家宣布，在西班牙东南部奥尔塞镇的一个洞穴中发现了一颗古人类牙齿和一些石器。它们埋在140万年前的沉积物中。几年前，欧达尔德·卡沃内尔在西班牙北部阿塔皮尔卡地区一个名为"Sima del Elefante"（象圈）的洞穴中发现了一块更完整的120万年前的下颌化石。研究人员称之为先驱人。[16]

直立人及其近亲的足迹几乎已经遍布全球：南至南非最南端，西至西班牙，东至印度尼西亚。那时没有马车、飞机、火车、汽车，没有驯养的马可以骑。他们只能步行。

在那段时间里，一种怪异又奇妙的情况出现了。古人类的大脑变得越来越大，而且增幅很大。关于这个现象发生的缘由，人们提出了两个假设，它们并不相互排斥，而且都与食物有关。

第一个假说是由人类学家莱斯利·艾洛和彼得·惠勒在1995年提出的，被称为高耗能组织假说。[17]艾洛和惠勒收集了一些灵长类动物器官重量的数据，并报告说，人类的大脑非常大（所有人都知道），但肠道非常短（并不是所有人都知道），这是不寻常的。肠道的旧组织不断脱落，新组织不断再生，因此需要消耗大量能量。通过进化出更短的肠道，这些古人类明显释放了一些能量，而这些能量可以重新分配给大脑，供其生长。这在绝对的食草动物身上是行不通的。食草动物需要长长的后肠来消化植物中坚韧的纤维素纤维。相比之下，食肉动物的后肠较短。因为肠子不长，所以它们只能从肉和骨髓中吸收营养。艾洛和惠勒提出，随着我们的祖先食用更多的动物，他们当中肠道更短、大脑更大的更容易繁衍生息。在100万—200万年前，古人类的平均脑容量大约增加了一倍。

最近，哈佛大学人类进化生物学家理查德·兰厄姆提出了另一个可变因素：火。

肯尼亚图尔卡纳湖东侧和南非斯瓦特克朗洞穴的诱人证据表明，在150万年前，直立人已经学会了控制火。有100万年历史的南非旺德沃克洞穴发现了使用火的确凿证据。有了火，我们的祖先可以烹饪食物，使其更容易消化。兰厄姆认为，这为他们提供了进化出更大的大脑所需的能量。火还可以让我们的祖先到以前太冷而无法居住的地区生活。在夜里他们再也不用躲到树上了，因为火是捕食者的天敌。[18]随着直立人的腿越来越长，他们变得更善于行走，但爬树的难度也增加了。有了火，这些不善于爬树的直立人就能生存和繁殖。

随着我们的祖先到地面上行走，他们开始说话了。正如谚语所说，说得头头是道，就要付诸行动。事实证明，走路和说话确实是有联系的。

四足动物的前肢着地时，肩部、胸部甚至腹部的肌肉都能吸收冲击力。这意味着用四条腿行走的动物必须协调好呼吸和行走，每走一步呼吸一次。动物不能在奔跑的同时喘气，因为每迈一步消化器官都会撞击膈肌，所以不可能进行这种短而快的呼吸。因为不能喘气，大多数动物在奔跑时无法降温，所以在短时间的冲刺后，它们必须停下来，在阴凉处休息。人类在大步前进时呼吸会加快。与许多四足动物不同，我们还会出汗。这可以让我们在奔跑时降低体温。我们的速度很慢，但可以跑好几千米。

但是，这和语言有什么关系呢？

你可以扛着重物走一走，模拟四足动物胸部和手臂肌肉的作用。你会感到胸部肌肉紧张，每迈一步都要吸一口气。除了偶尔的哼哼声，你很难发出其他声音。这就是四足动物的感觉。但用两只脚走路的动物可以更好地控制呼吸，因此能够灵活地发出各种各样的声音。[19]

狮尾狒是生活在埃塞俄比亚高原上的一种陆栖猴子，它们在吃种子的时候会端端正正地坐着。坐这个姿态可以让它们发出一系列复杂的声音进行交流。[20]作为两足动物，人类进化出了语言，将通过肌肉精细控制呼吸产生的声音组合成看似无穷无尽的组合和意义。就连儿童走路和说话的开始也是密切相关的。[21]

人类语言的起源仍然不为我们所知，而且存在争议。除了呼吸的灵活性，还有很多因素有助于我们发出声音。我们的颅底和位于喉咙后部的发声器官形成了一个共振腔，这是猿类没有的。我们的舌骨（在人类化石记录中很少看到）很厚，可以固定我们说话时使用的肌肉和韧带。大脑的布罗卡区、韦尼克区等区域对语言的产生和理解来说至关重要。我们的内耳非常适合人类声音的频率。

在语言发展的早期，手势可能和口语一样重要。声音和所表达含义之间的联系可能是从拟声词开始的。拟声词是指读音和含义一致的词，例如鸟儿的啁啾声、蜜蜂的嗡嗡声、鼓掌的啪啪声。但不是所有活动都可以用拟声词表示。比如说，打猎或日出的声音是什么样的？所以需要用一些声音来象征意义。我们必须学会使用象征这个方法。事实上，歌曲和音乐在传播思想和保存记忆方面也发挥了作用。这些东西并不是一下子就出现的，但我们可以通过挖掘化石记录，了解我们的祖先是什么时候发展出最早的语言的。

两足行走可能使南方古猿有了精细控制呼吸的能力，这是发出比黑猩猩更多的不同声音所必备的条件，还能让他们腾出手来进行手势交流。但几乎没有证据表明他们真的开始交谈了。

340万年前的迪基卡小孩的舌骨看起来像是猿的。大脑印记化石和头骨化石的内部CT扫描结果表明，最早的南方古猿大脑的褶皱和裂纹非常像猿的。但某些南方古猿的布罗卡区似乎不对称，这表明大脑已经为产生和理解语言做好了准备。[22] 当然，大约200万年前的早期人类大脑就是这样。

从西班牙发现的50万年前的化石看，古人类在那时已经进化出与现代人相似的舌骨，而且他们的内耳特别适合探测、处理在语音频带宽度里的声音。[23] 遗传证据表明，语言可能在这个时候就已经存在了。从欧洲和亚洲的古人类化石中提取的DNA表明，一种影响语言的基因（尽管是如何影响具体语言的还不得而知）至少在100万年前就已经进化成现在的样子。

语言的所有关键因素似乎早在50万年前就已经具备了，但在进化序列中排在第一位的是直立行走。直立行走提供了对呼吸的精细控制，这是产生各种不同声音的必备条件。

直立人在地面上行走，在走向世界各地的同时，他们也在说话。

在更新世时期，冰川期的到来和结束有时会让古人类到达那些在其他时间无法到达的地方，但随后他们就会被困在那里，与外界隔绝。例如，生活在爪哇岛上的直立人，在冰川极盛期可以踏遍整个亚洲东南部，但在气温升高、海平面上升后，他们被困在这个岛上长达数万年。在西欧，冰川期甚至为古人类前往英格兰创造了条件。我们知道这一点是因为古人类在那里留下了足迹。

大约80万年前，一群古人类（有时被称为海德堡人）正在沿着今天的英国黑斯堡附近的泥泞海岸行走，留下了与你我几乎一模一样的脚印。[24]然而，海岸被侵蚀的速度非常快。在研究人员拍照、测量了这些脚印后不久，它们就被海水冲洗掉了。在更新世留下脚印的那个种群也在迅速撤离。随着冰川从北面袭来，这些古人类被迫向南迁移，最终被隔离在地中海沿岸的一些小块区域内。

这些气候脉动导致了更新世人类种群的间歇性遗传隔离。其中一群最初被隔离在欧洲和西亚的小块地区，后来进化成了尼安德特人。他们留下的骨头非常多，自19世纪中期以来就为科学界所知。冰川消退后，他们的活动范围从葡萄牙扩大到了乌克兰。人们已经挖出了20多个完整的头骨。

2019年，法国国家自然历史博物馆的科学家宣布，他们在法国诺曼底的沙丘上取得了令人吃惊的发现——尼安德特人在8万年前留下的257个脚印。[25]十几个孩子和一两个成年人走在潮湿的沙滩上，为更新世"日托"生活中的一天留下了不朽的印记。我可以想象当时的场景：尼安德特人的孩子们在玩耍、欢笑，而大人们则扫视着地平线，提防潜在威胁。

当时，亚洲的部分地区居住着丹尼索瓦人。我们知道这个群体，不仅是因为我们通过几块罕见的化石了解了他们的解剖结构，还因为在从西伯利亚和中国中部洞穴发现的小骨头碎片中提取到了他们的DNA。[26]

凭借腿长、脑容量大和对火的控制，直立人及其近亲踏遍了非洲、亚洲和欧洲。舞台已经搭建好，就等着人类进化历程的最后一个阶段——智人闪亮登场了。

但最近的发现推翻了这种说法，种种线索表明人类的进化和古人类的全球迁移比我们想象的要复杂得多，也更有趣。

不过，也许没有超出约翰·罗纳德·瑞尔·托尔金的想象。

向中土世界迁徙：
穿上鞋，去往世界各个角落

彷徨者并非都迷失了方向。

——约翰·罗纳德·瑞尔·托尔金，

《魔戒：护戒使者》，1954年[1]

每年秋天，赏叶的人都成群结队地来到新英格兰北部，欣赏太阳降低高度导致糖枫树、桦树和橡树停止产生叶绿素后形成的美景。随着白天变短，空气越来越清新，山坡都披上了用鲜艳的红色、橙色和黄色编织成的毯子。

要欣赏大自然的调色艺术，从新罕布什尔州杰斐逊的阿普尔布鲁克住宿和早餐旅馆可以找到绝佳的视角。杰斐逊位于怀特山脉的一个隘口，北面是瓦姆贝克山和卡伯特山，南面是总统山区亚当斯山、杰斐逊山和华盛顿山。

在沿着2号公路从佛蒙特州驾车前往杰斐逊的路上，达特茅斯学院的考古学家纳撒尼尔·基切尔说："在新英格兰北部，东西方向很难走。"佛蒙特州和新罕布什尔州的山脉形成了南北向的屏障，东西方向的积雪通道在冬季和春季经常会关闭数月。

这里仅有的几条铺砌过路面的东西向道路都铺设在土路上方，把那些在更新世猛犸象和乳齿象踩踏的基础上形成的马道、人行小径和狩猎小径覆盖在下面。

基切尔说："这个地区第一批居民走的可能也是这条路线。"

考古学家称之为"2号古路"。12 800年前，人类开始沿着这条路线，向尚无人居住的地区迁移。

在那之前，一度厚到足以将6 288英尺高的华盛顿山覆盖在下面的劳伦泰德冰原已经退却，在它的身后切割出了道道山谷，还留下了巨大的冰川漂砾。[2]冰川融化的边缘形成了数千个湖泊，其中一个在杰斐逊，有约2.4千米宽，但现在那里只剩下温和的以色列河。成群的大型驯鹿与真猛犸象，以及像圣伯纳犬一样大小的河狸共享这片土地。枫树、桦树和橡树还没有覆盖北方的花岗岩山丘。

没有树木的新英格兰是令人难以想象的景象。但即使在那时，今天的阿普尔布鲁克住宿和早餐旅馆所在的地方也是整个城区风景最好的地方。

12月寒冷的一天，我和基切尔去了阿普尔布鲁克旅馆。湛蓝的天空点缀着几片羽毛状的卷云。中午时分，冬天的太阳低垂在天空，因此人们总感觉天快黑了。山顶上冰雪覆盖。这是一年中最适合想象那个历史场景的时间：在被称为"新仙女木期"的晚更新世，人类第一次来到这里，迎接他们的是彻骨的寒冷，山上看起来光秃秃的，没有一棵树。如果我眯起眼睛，让自己身处前面那个高尔夫球场，就可以想象出没有一棵树是什么样子的。

1995年，一场风暴吹倒了阿普尔布鲁克旅馆后面的一棵树。基切尔提醒我，尽管这不过是一件平常无奇的小事，但"考古学家的眼睛始终盯着地上"。住在当地的业余考古学家保罗·博克在查看被拔起来的树根时，发现了一件石器。那是一种有凹槽的尖头石器，是最早来到美洲的那些人制造的一种特殊工具。新罕布什尔州的考古学家迪克·布瓦韦尔带领几组学生对该地区进行了20年的挖掘。他们发现的证据表明，从不到1.3万年前开始，人类经常在这里露宿。

从杰斐逊的这个有利位置（这里没有树木阻挡视线），第一批到达这一地区的人可以直接看到山谷对面的驯鹿群、徘徊的饿狼，或者他们邻居的营火上方升起的烟。有时其他人类会经过这里，但不会对他们构成威胁。这里有大量的食物（驯鹿、香蒲、湿地块茎），没有必要产生敌意，也没有任何考古证据证明发生过敌对行动。天气很冷，但这些人是几千年前从西伯利亚迁徙到美洲的那些人的后代。他们知道如何在这种气候下生存。他们发明了骨针，可以用猎杀的动物的皮缝制暖和的衣服和防水的鞋子。

新英格兰会让人想起枫糖浆、不发音的"r"和超级碗冠军戒指，而不会让人想起考古学。但这不能阻止在佛蒙特州北部长大的基切尔。

他说："在很多方面，第一批人踏足新英格兰，代表了人类步行迁徙并定居无人之地这一活动的最后脉搏——千年前始于非洲的这个进程最终结束。"

他说得对。但要理解人类最终是如何扩张到杰斐逊的，我们必须回到30万年前的非洲。

三言两语就能说清人类起源的具体时间和地点，这样的想法固然诱人，却是一个错误想法。例如，2019年，在一份高标准期刊上发表的一项研究大胆地宣布，所有现代人类都起源于非洲南部博茨瓦纳北边的一个角落。[3]这种说法忽略了一个显而易见的事实：人类会迁移，而且一直在迁移。

最早的智人化石记录证明了这一事实。迄今发现的最古老的三个智人头骨化石分别是在摩洛哥、南非和埃塞俄比亚发现的，这三个地方位于非洲大陆的三个角。人类不是在特定时间特定地点进化的，而是随着古人类在非洲各地迁移、交换基因（其中一些基因有利于生存）慢慢地进化的。

近期的一些研究检查了过去和现在人类的整个基因组，发现智人的泛非洲进化发生在26万—35万年前。[4]这并不是说人类的起源发生在这段时间里的某个特定时刻，而是说人类是在整个时期在非洲大陆逐步进化的。

肯尼亚的奥洛戈赛利叶遗址可以帮助我们了解发生了什么。我就是以古人类学学生的身份，于2005年在奥洛戈赛利叶完成了我的首次实地勘探。奥洛戈赛利叶遗址山脚下的荒地有一个特点：湖滨沉积物、古土壤层和火山灰层相互交错。因为侵蚀作用，古象、犀牛和已灭绝的与小型大猩猩差不多大的狒狒的化石从山坡上显露出来。放眼望去，到处都是石器。很明显，人类祖先就在这里，但奇怪的是，在奥洛戈赛利叶遗址收集的7万多块化石中，只有两块（一块头骨碎片和一块下颌）来自古人类。早期人类在奥洛戈赛利叶生活，但他们并没有死在那里。

史密森学会的科学家艾莉森·布鲁克斯和里克·波茨已经在这个遗址工作了几十年。[5] 2018年，他们在30万年前的沉积物中发现了黑曜岩石器。黑曜岩并非来自附近，而是与60英里外采石场岩石的化学成分一致。他们还发现了富含锰的黑色岩石和富含铁的红色岩石。这些岩石曾被研磨成粉末，与动物脂肪、骨髓混合，用作人体彩绘。

在智人时代的开端，我们的祖先在奥洛戈赛利叶遗址产生了象征性思维，学会了远距离交流和物品交换。我们是探险家和旅行者，并且会行走，而行走把我们带到了新的地方。

2019年，图宾根大学的卡特琳娜·哈瓦蒂宣布在希腊的一个洞穴中发现了两块化石。[6]第一块是17万年前的尼安德特人头骨，这是预料之中的发现。而第二块化石却出乎人们的预料：她发现的是一个21万年前的头骨的后部，从形状来看像是智人的。一年前，科学家宣布，一些学生在卡尔迈勒山附近的一个洞穴进行他们的首次考古挖掘时，发现了一个19万年前的智人上颌。

这样看来，智人向中东和欧亚大陆扩张的时间比人们原先认为的要早，也许只是被已经占据这些土地的尼安德特人击退了。这个动态过程可能发生了很多次，但是还没有人将它们表现在带箭头的静态地图上。但是，大约7万年前，随着障碍被打破，智人涌入了欧洲和亚洲。

马克斯·普朗克进化人类学研究所的科学家斯万特·帕博对神奇地保存了下来的DNA进行了一丝不苟的DNA测序，结果表明智人曾与尼安德特人及丹尼索瓦人杂交，将他们的基因库吸收到了自己的基因库中。[7] 今天，我们的DNA中仍然可以找到这些灭绝种群的痕迹。

我们智人走到了人类能够到达的最西南端，一直走到印尼群岛的边缘。我们站在那里，视线越过几千米宽的水面，就像直立人祖先以前所做的那样。也许我们看到了薄烟从地平线升起，那是远处森林发生了野火；也许我们想知道，那里是否有像我们一样的人。我们中的一些人没有掉头，而是造了船，进入了未知的世界。

我们在65 000年前就来到了澳大利亚大陆。[8] 到2万年前，我们已经穿越了这片大陆，到达东南部地区，在威兰德拉湖周围泥泞的沉积物中留下了几十个脚印。[9]

其他人朝北面走去。我们穿着保暖且防水的衣服，还会控制火，所以我们可以在冰雪上行走，穿过北极苔原，定居在当时连接亚洲和北美洲的大片土地上。这些种群繁荣起来，最终向东进入了美洲。

要穿越这些荒凉、寒冷的地带，需要一项重要的技术创新：鞋。

美国西北面的太平洋有一系列活跃的火山，包括雷尼尔火山、圣海伦斯火山和胡德山，海拔在10 000~14 000英尺。它们的姐妹山——约12 000英尺高的梅扎马山，高高地耸立在俄勒冈州南部，但在7 700年前，它在剧烈的喷发后崩塌了，形成了一个约4 000英尺深、6英里宽的火山口，并慢慢注满了雨水和冰川融水。如今，它是美国最深、最清澈、最干净的湖，当地克拉马斯部落称其为"Giiwas"，而美国国家公园管理局称其为火山口湖。

在它东北方向约50英里处就是福特石洞穴，很早以前就有美洲第一批人类在此居住的历史记录。1938年，曾与玛格丽特·米德维持过一段婚姻的人类学家路德·克雷斯曼发掘了福特石洞穴。在梅扎马火山爆发所沉积的厚厚的火山灰层下，他取得了一个非同寻常的发现：75只残破凉鞋遗迹。这些凉鞋是用剥下来的山艾树皮缠绕在一起制成的，形状就像一个扁平的柳条篮子。因为前脚掌会滑向鞋的前部，所以鞋的后面有带子系住。

放射性定年法（适用于不到5万年的有机材料）的结果表明，这些凉鞋大约是在9 000年前制成的。

福特石洞穴的凉鞋是迄今为止发现的最古老的鞋子，但是像山艾树皮这样的易腐材料很少能在考古记录中保存下来。[10]早在梅扎马火山爆发之前，人类就已经穿鞋了。为了研究我们祖先第一次穿鞋的时间，我们必须依赖其他证据。

圣路易斯华盛顿大学的埃里克·特林考斯是晚更新世人类进化领域的专家，专门研究人类谱系最后25万年的历史。[11] 2005年，他发现以前的人类趾骨更粗壮。他认为，我们的脚趾变细变弱，是因为我们穿上了鞋。有了鞋的保护，在我们长大成人时脚趾骨就不会越来越粗壮。

中国北京郊外的田园洞遗址是保存有细脚趾人类骨骼的最古老的化石遗址，有4万年的历史。

俄罗斯莫斯科以东约100英里的松希尔遗址也发现了符合经常穿鞋这个特点的足骨。松希尔遗址有3.4万年的历史。科学家在那里挖掘出了几具骨骼，上面装饰着数千颗猛犸象牙珠子。墓葬地点位于北纬56度，与瑞典、阿拉斯加和加拿大哈德逊湾纬度相近——这些地方都非常寒冷，人们必须穿鞋，以免冻伤。

1.3万年前，从亚洲跨越大陆桥来到美洲的移民的后代沿着加拿大不列颠哥伦比亚省卡尔弗特岛的海岸线行走，留下了29个脚印。[12] 美洲第一批人类继续向南迁移，在1.2万年前到达智利。大约在那个时候，那些穿着鹿皮鞋向东跋涉的人到达了今天的新英格兰地区，其中一个人在一个能俯瞰新罕布什尔州杰斐逊市的美丽山谷的山脊上，丢失或者丢弃了一件有凹槽的尖头石器。

从7万年到大约1万年前，智人一直没有定居下来，而是不停地走。然而，一路走来，我们发现自己并不孤单。

2003年，一些来自澳大利亚和印度尼西亚的科学家正在印度尼西亚东部的弗洛勒斯岛上发掘梁布亚洞穴。多年来，他们一直在寻找自己认为是由智人制造的石器。毕竟，他们位于华莱士线以东，而这些沉积物只有大约5万年的历史。

9月2日上午，本雅明·塔鲁斯爬下将近20英尺的深坑，继续他父亲30年前开始的逐层发掘工作。[13]他挖开一层黏土，地面上露出了一块头盖骨。印度尼西亚考古学家瓦赫·塞普托莫和罗库斯·迪尤·阿韦认为它属于人类，但考虑到它的体积较小，他们最终一致认为这块头盖骨是幼童的部分遗骸。

但是，在清理掉覆盖在牙齿上的黏土和污垢后，他们惊讶地发现，智齿已经长出并磨损了。这个头骨来自一个完全成年的人，他的大脑只比黑猩猩大一点儿。

他们继续发掘，一层一层地剥去沉积物后，又挖出了一具不完整的骨骼，身高不超过3英尺6英寸，臂骨和腿骨的大小几乎与露西相同，但露西所属的物种是300多万年前生活在非洲的南方古猿阿法种。

很快，他们又发现了更多的骨头——据估计这些是11个死于这个洞穴的小个子留下的遗骸，死亡时间距今仅5万年。研究人员宣布这是一个新物种，并将其命名为弗洛勒斯人，媒体称它为"霍比特人"。[14]

古人类学界目瞪口呆。有的人干脆拒绝接受，宣称这些遗骸是疾病或先天缺陷造成的。还有人认为弗洛勒斯人是矮小的直立人。

岛屿上经常发生一些有趣的事情。一般来说，大的东西会变小，小的东西会变大。弗洛勒斯岛上曾经有2英尺长的老鼠、6英尺高的鹳和与矮种马体型相近的大象。即使是在今天，这里还是世界上最大的蜥蜴——科莫多巨蜥的家园。也许是弗洛勒斯岛自己创造了这些所谓的霍比特人。也许是因为岛上资源有限，自然选择有利于被困在岛上的小个子生存。也许遗传隔离导致的近亲繁殖是一个原因，它将岛上的人类祖先直立人变成了孑遗种，直到最近才灭绝。

但其他人认为，这些化石暗示了一个更不寻常的故事。

弗洛勒斯人的大脑比直立人的小。事实上，他们完全属于南方古猿：身高和四肢比例与南方古猿一样，骨盆形状也像南方古猿，而且有着与南方古猿相同的手足解剖结构。[15]也许向非洲以外扩张的第一批古人类不是我们所在的人属成员，而是我们的祖先。

如果中国学者发掘210万年前的上陈旧石器遗址，他们可能也会发现与塔鲁斯在梁布亚洞穴中发现的古人类相类似的头小、腿短、脚大的古人类。我们认为人属的长腿是长途跋涉走出非洲的必要条件，但这个想法也许过于草率了。毕竟，短腿南方古猿的活动范围从乍得向东到埃塞俄比亚，跨越了超过2 000英里，而从那里向南到南非则跨越了近4 000英里。

从埃塞俄比亚到南非"人类摇篮"那些洞穴的步行距离，与从埃塞俄比亚到亚洲高加索地区的步行距离大致相同。在直立人向全球扩张的过程中，长腿的进化毫无疑问使他们在能量方面取得了优势，但弗洛勒斯人的存在可能意味着短腿的南方古猿率先踏上了征程。

如果是这样，霍比特人可能并不是第一批探险者的唯一后代。

2019年，科学家在菲律宾吕宋岛的一个洞穴中发现了另一种小型古人类，他们灭绝的时间比较近。迄今为止，一共只发现了13块化石——几颗牙齿、一块股骨、几块足骨和手骨，但它们的形状与之前科学所知的任何古人类的相应部位都不同，包括弗洛勒斯岛的霍比特人。

发现他们的科学家将其命名为吕宋古人类。[16]他们灭绝的时间距今也仅约5万年。但是，在弗洛勒斯岛和吕宋岛上都发现了石器，这表明古人类在这些岛屿上居住了近100万年。很难想象，第一批到达菲律宾和印度尼西亚的智人看到这些身材矮小、头也很小的两足古人类时心里是怎么想的。

当智人在非洲进化时，尼安德特人正在欧洲狩猎，丹尼索瓦人正在亚洲大陆制造工具，至少有两种体型矮小的古人类居住在东南亚的岛屿上。看起来，这与托尔金笔下的中土世界似乎没有什么两样。

然而，人类进化的故事即将迎来另一个惊人的转折。

"怎么样？"2014年1月，当我从金山大学的地下储藏室出来时，李·伯杰问道。

我在那里待了一整天，看到的古人类化石比我原以为这辈子能看到的还要多。我废寝忘食地盯着骨头看了几个小时，眼睛又累又涩，但我仍然能看到伯杰正咧着嘴笑。

"我认为这个化石比能人化石更像人类。"我说。

伯杰笑了。"是不是很棒啊？"

"棒极了！"

这是我唯一能想到的一个词，但它仍不足以表达我的心情。

5个月前，我正坐在波士顿大学的办公桌前，突然听到非常熟悉的提示有新邮件的声音。邮件是伯杰写来的，标题栏写着"看看这个"，还有一个附件。遇到带有附件、让我"看看这个"的邮件时，我的习惯做法是直接删除。就在我考虑是否删掉时，电话铃响了。

"杰里米，收到邮件了吗？"伯杰问道，"你怎么看？"

"呃……稍等一下。"我用鼠标点开了附件中的图片，那是一具不完整的骨骼，包括一个下颌、一些松动的牙齿、一个头骨的侧面、一块股骨、一个肩胛，还有几根臂骨和腿骨骨干。这些骨头并没有嵌在岩石里，也没有埋在泥土里，而是暴露在一个洞穴的地面上。好莱坞认为化石在被我们发现时就是这种状态，实际上通常并非如此。

"你怎么看？"伯杰问道。

"稍等一下。"

我需要争取一些时间。我的第一个想法是，这可能是洞穴探险者的遗骸。我们是否需要报警？不对。看看那些牙齿！人的智齿不可能有那么大，只有早期古人类才会有这样的牙齿。

"天啊，李！"

"是的。"话筒里传来李·伯杰招牌式的欢快笑声。

他急着要和其他同事分享这个消息，所以我们的谈话很简短。我盯着电脑屏幕，突然意识到在7 853英里之外，一具脆弱的不完整的古人类骨骼正躺在山洞里。

2013年9月13日，业余洞穴探险者里克·亨特和史蒂夫·塔克正在探索新星洞穴系统。尽管它与人类摇篮中的斯瓦特克朗和斯托克方丹这两个著名的古人类化石洞穴相距不足1英里，但在这里从未发现过古人类化石。亨特和塔克挤过一条狭窄的裂缝，顺着一个竖直的沟槽，进入了一个狭小的洞穴。

洞穴里到处都是骨头。

听到这个消息，伯杰开始制订发掘这些化石的探险计划。[17]这一次，他们对探险队成员有一些异乎寻常的要求。这些成员需要具备挖掘经验、挖洞技巧和比较解剖学知识，同时他们还必须足够苗条，才能从最窄处只有7英寸多一点儿宽的新星洞穴通道中挤过去。别把我算在内。

伯杰想到了一个办法：通过社交平台脸谱网向科研界发布下面这条消息：

> 短期项目需要招揽三四名熟练掌握考古/古生物学和挖掘技能的人才。如果一切顺利，该项目最早将于2013年11月1日开始，并将持续一个月。要求：越瘦越好，最好身高也不高；不能有幽闭恐惧症；身体健康；有一定的洞穴探险经验；有登山经验者优先。

随着这则消息迅速传播，伯杰很快就找到了合适的成员。6位女性入选，她们分别是玛丽娜·艾略特、埃伦·弗乌里格尔、阿丽亚·古尔托夫、林赛·亨特、汉娜·莫里斯和贝卡·佩克索特。她们被称为"地下宇航员",任务是从洞穴中取出一具不完整的古人类骨骼,但最终她们的发现远远超过了这个目标。

这个全女性团队取回了1 500多块古人类化石,分属10多个古人类个体,这是迄今为止在非洲所有遗址取得化石数量最多的一个发现。两个月后,我去了约翰内斯堡,帮助查明这些从洞穴深处发掘的化石。

这些化石中的头骨很小,脑容量与能人相当。牙齿也相对较小,但像南方古猿和早期智人一样,智齿是臼齿中最大的一颗。肩膀像露西一样耸起,只是胳膊短一些。手骨很像人类,但手指弯曲。骨盆和臀部看起来像露西。腿的长度与人类相似,但腿部的关节相对较小。脚看起来也和现代人类很像,但按现代人的标准来看应该算扁平足,而且脚趾是弯曲的。

总的来说,他们看起来比南方古猿更像现代人类,但相似程度不如直立人。

这使他们成为人类谱系中某个角色的候选者。他们会不会是南方古猿和直立人中间的一环呢?本来能人已经要扮演这个角色了。综合这些解剖结构,我猜测这些新化石大约有200万年的历史。

但这些骨头有点儿麻烦。化石可能和岩石一样重,但这些骨头很轻。在南非洞穴发现的其他一些化石摸起来很轻,是因为它们被酸性地下水自然脱钙了。我猜想新星洞穴里也发生了同样的情况。

经过一个由47名科学家组成的国际团队一年的研究，我们在2015年9月向世界宣布，这些化石是人属的一个全新物种。我们将之命名为"纳莱迪人"。[18]

又过了一年时间，我们的地质学家团队才搞清楚纳莱迪人生活的年代。团队使用了两种方法。首先，他们测试了周围石灰岩的放射性衰变速度，以确定这些骨头是多久前掉入洞穴的。此外，他们通过电子自旋共振测定了纳莱迪人牙齿上牙釉质碎片的年代。这项技术可以测算被放射性粒子碰撞后困在晶体结构中的电子数。掩埋的时间越长，被困电子的数量就越多。

两次测试取得了令人震惊的一致结果。

这些化石只有26万年的历史。[19]换句话说，纳莱迪人与我们这个物种的早期成员生活在同一时期。这就是这些化石摸起来很轻的原因。它们在山洞里待的时间不够长，因此还没有石化。

相对于地质年代而言，这些时间只是转瞬间，早期人类与纳莱迪人、尼安德特人、丹尼索瓦人和霍比特人曾共同生活在这个星球上。毫无疑问，他们曾经相遇，在某些情况下还杂交了。

当然，他们都是用两条腿走路的，但走路方式稍有不同。

弗洛勒斯人腿短脚长，走路就像穿雪鞋的人一样——膝盖抬得很高，步子迈得很小。他们必须高抬腿才不会绊倒，奔跑对他们来说可能很难。

我们对古人类吕宋人了解不多，但有一块足骨化石告诉我们，他们脚的中间部分比我们人类更灵活。这可能会削弱蹬地能力，因此他们行走时就像是穿着松软拖鞋一样。但是，如果他们为了食物或安全而进入树林，这个特点就会赋予他们强于我们的爬树能力。

我们对丹尼索瓦人如何行走几乎一无所知，因为我们还没有找到足够多的骨头。但尼安德特人的情况完全不同。他们的腿和脚几乎和我们的一模一样，一些细微的差异表明他们非常适合在崎岖的地形上进行短时间的快速冲刺和左右移动。

纳莱迪人呢？从他们的骨头看，他们的行走方式与现代人类非常相似，但由于有扁平足，而且没有大关节来消除冲击力，所以他们的耐力不如我们。因此，他们的活动范围应该很小。

仅仅5万年前，地球上还行走着不同种类的古人类，他们利用脚下那片土地的方式也只是稍有不同。但是，中土世界的时代并没有持续多久。

很快，地球上就只剩下我们了。

我们不知道为什么自己是人族现存的唯一直立行走的成员。[20]我们知道现代人类的祖先没有消灭尼安德特人和丹尼索瓦人，而是和他们生儿育女，把他们吸收进了现代人类的基因库。但是，纳莱迪人以及生活在岛上的霍比特人的命运仍是一个谜。

第三篇

生命之旅：直立行走的昂贵代价

直立行走如何把我们从迈出第一步时的样子最终塑造成现在的样子？

我轻松愉快地走上大路，

健康、自由，整个世界向我敞开了怀抱，

漫长的黄土路引导我前往我想去的任何地方。

——沃尔特·惠特曼，《大路之歌》，1860 年[1]

人生第一步：
婴儿如何学会直立行走？

千里之行，始于足下。

——《道德经》，春秋战国时期

19世纪中期，法国艺术家让·弗朗索瓦·米勒创作了几幅婴儿学习走路的油画。他为这些画取名"Les Premiers Pas"，意思是"第一步"。后来，在1889年，荷兰大师文森特·凡·高在其中一幅画的照片上仔细地画上了均匀的网格线，然后在一块新的画布上重新画了这幅画。此时，凡·高已经住进了法国圣雷米的一家精神病院。

像波浪一样的草和树木，以及浓密弯曲的树叶，在这幅画作中渲染出了清晰可辨的凡·高式梦境。画中的农民穿着蓝色的衣服，帽子和鞋子都是棕色的。农民的右边是一把随意扔在那里的铁锹，左边是一辆装满干草的手推车。我们看不见他的眼睛，但很明显他在看着他的女儿。他伸出双手，双臂完全张开，我仿佛听到他说："到爸爸这儿来。"农民的妻子也穿着蓝色的衣服。

她弯着腰，扶着前倾的女儿，帮助小女孩迈出宝贵的人生第一步。小女孩调皮地笑着，眼睛里闪着光。我能想象她在迈步时发出的咯咯的笑声。

1890年1月，凡·高完成这幅画后，把它寄给了弟弟西奥。当时，西奥的妻子乔安娜即将生下他们的第一个孩子。这是一位陷入困境的天才送给他们的一份贴心的礼物。6个月后，画家自杀身亡。

现在，这幅画被纽约大都会艺术博物馆收藏。它能引起我们的共鸣，是因为它捕捉了全世界所有文化每天都在上演的那一刻，而且那一刻已经持续上演了数千年。这个场景带给我们的喜悦，以及它对看护人的重要意义，并没有因为它无处不在而有所减少。

但是，孩子们是怎么学会走路的呢？他们为什么要花那么长的时间才能学会走路呢？

经过漫长的妊娠期，宝宝即将出生。雌性在雌性亲属的陪伴和支持下完成分娩（这一过程有时会持续好几天）。临产的雌性或蹲或跪，在重力辅助下艰难分娩。这些文字描述的可能是人类的分娩，但请继续读下去。在象宝宝出生后的一个小时内，它就伸直了双腿，迈出了摇摇晃晃的第一步。在第一天快结束时，它就可以跑起来，跟上妈妈和群体其他成员的脚步了。它依偎着妈妈的鼻子，喝着妈妈的奶。象群继续前进，但成员增加了一个。

包括大象在内的许多哺乳动物，出生后几乎立即开始在它们所处的环境中活动。小海豹和小海豚一出生就开始游泳。小长颈鹿和小羚羊出生后24个小时内就能站立、行走和奔跑。这是它们生存所必需的，周围有许多掠食者正虎视眈眈。

但还有一些动物在刚出生时是需要照料的。黑熊的幼崽出生时很小，它们几乎没有毛发，闭着眼睛。它们会慢慢地爬到妈妈身边吃奶，躲在安全的洞穴里成长，直到春天到来。许多鸟类刚出生时也离不开父母的照料，会在巢中滞留数周。

大多数灵长类动物，尤其是类人猿，介于大象和熊这两个极端之间。它们生来就有皮毛，眼睛是睁开的，并且有一定的运动能力。它们可以在出生后不久就跟在母亲身边活动，很少离开母亲。

人类则不同。[1]

在最初的几周，人类婴儿就是父母的一个负担。他们不能像大象宝宝那样走路，不能像黑猩猩宝宝那样依偎在母亲身边，但他们也不像刚出生的熊或鸟那样发育不全。婴儿出生后马上就会睁开眼睛，能感知周围的环境。他们会被熟悉的声音所吸引，可以模仿一些面部表情，还可以和整个房间里的人进行社交活动。[2]然而，因为在出生和开始独立运动之间有一个很长的时间间隔，所以在生命的最初几年里需要有一个缓冲来应对威胁——这也是我们的祖先所需要的。

虽然人类新生儿不能自己走路，但他们会练习这个动作。

2017年5月，一段在巴西圣克鲁斯医院拍摄的新生儿视频在网上疯传。[3]画面上是一个刚出生的女孩，她正在走路。她的身体搭在护士的手臂上，双腿向下伸展，双脚触碰桌面。她抬起左腿，迈了一步。然后又抬起了右脚。就这样左右脚交替，重复着两个动作：抬脚、迈步。当然，她得到了支撑，但她实际上已经是在走路了，尽管她几分钟前才出生。

"仁慈的父啊！我正准备给她洗澡，但她不停地爬起来走路。"一名护士用葡萄牙语说，"天啊！如果你告诉人们刚才发生了什么，没有人会相信，除非他们亲眼看到。"

这段视频在发布后的48个小时内就有8 000万人观看了。应该说，视频很酷，但没有必要吃惊。新生儿完成走路的动作并不罕见。德国儿科医生阿尔布雷希特·佩珀就曾拍摄过婴儿在出生后6周内交替双腿进行"原始步行"。[4]其他研究人员称之为"直立踢腿"、"仰卧踏步"或"踏步反射"。这似乎确实是一种根植于哺乳动物身体结构中的反射。

怀孕七八周后，胎儿开始在子宫内踢腿。米兰大学利用超声波研究胎儿发育的亚历桑德拉·皮翁泰利称这种行为是"在子宫中行走"。[5]也有一些学者提出，从能量利用的角度来看，胎儿完成这个动作比双腿同时踢向坚固的子宫壁更有效。但是，这和走路有关系吗？

一开始，阿姆斯特丹自由大学的神经学家纳迪娅·多米尼西并不认为两者有关系。[6]据她推测，婴儿在母亲子宫里和刚出生时完成的这些踏步动作最终会被更新的、更复杂的幼儿蹒跚学步计划所替代。然而，令人惊讶的是，她对神经-肌肉回路发育过程的研究表明，这些初始的踏步动作非常重要，幼儿在几个月后学习行走时就是以此为基础逐步改进并最终完善的。

我们可以把踏步反射想象成有两个指令的电脑程序：伸直双腿，左右交替。多米尼西的研究报告称，这两个指令不仅存在于人类的神经回路中，也存在于包括大鼠在内的其他哺乳动物体内。看来，双腿交替伸展是我们与所有哺乳动物近亲共同拥有的一种古老特征。

如果新生儿的这种踏步反射为学步儿童的蹒跚学步奠定了基础，那么加强前者是否会影响后者呢？为了寻找答案，大约50年前，麦吉尔大学的心理学家菲利普·罗曼·泽拉佐和同事研究了24个新生儿。[7]

在出生后的头8周，其中8个婴儿每天都要进行一次锻炼，以练习和加强踏步反射。他们的父母让他们平躺着，然后让他们交替伸展双腿。[8]其他16个婴儿不进行这样的锻炼。平均而言，那些练习踏步反射的孩子在10个月大的时候真正地迈出了他们的第一步，比其他孩子早两个月。泽拉佐认为，与孩子的先天能力相比，后天的养育对何时开始行走的影响更大。虽然这只是一项小规模研究，但泽拉佐确实有一些发现。

婴儿出生时不会自带说明书，但父母都想知道孩子的发育进程是否正常。我们会向有孩子的亲友寻求建议。许多个晚上，我都在翻看姐姐传给我的一本破旧的《西尔斯亲密育儿练习手册》。但现在大多数新父母遇到问题时都会用谷歌搜索。在谷歌上搜索"宝宝人生第一步"，就可以进入美国疾病控制与预防中心的网站。根据网站提示"点击孩子的年龄以查看成长里程碑"后就会知道，孩子在12个月的时候就有可能迈出第一步。[9]世界卫生组织还报告说，儿童开始独立行走的平均年龄是12个月。但是，如果一个婴儿在9个月大的时候就会走路，或者在16个月大的时候还没有迈出第一步呢？有什么问题吗？大多数情况下没有问题。

美国孩子可能平均在一岁左右迈出人生第一步，但很多人可能都不知道，在8~18个月这个范围内都正常。如果1/2的健康儿童未满一周岁就能走路，那就意味着另外1/2的儿童要到一岁之后才会迈出第一步。

这些年来，一周岁开始走路这个里程碑已经发生了变化，而且因文化而异。

阿诺德·格塞尔是20世纪早期耶鲁大学的儿科医生和心理学家，儿童发展研究的先驱。尽管他认为孩子的发育速度各有不同，但他仍然支持发育里程碑的观点。在收集了大量数据后，他发现在20世纪20年代，美国儿童迈出第一步的平均年龄是13~15个月。[10]

到了20世纪五六十年代，这些发育里程碑成为儿科筛查的一项内容，包括贝利婴儿发展量表和丹佛儿童发展筛选测验在内的这些工具对儿科医生鉴别儿童发育问题起到了帮助作用，但同时也带来了两个负面影响。首先，许多父母把"平均"误认为"正常"。其次，他们错以为"早一点儿"代表"更好"。父母积极鼓励他们的孩子更早地走路，导致美国孩子开始走路的平均年龄提前到12个月。

1992年，为应对越来越多的儿童死于婴儿猝死综合征（SIDS）而开展的"重返睡眠"运动导致情况又发生了变化[11]。研究人员发现，趴着睡觉的婴儿死于SIDS的风险更大，所以儿科医生建议，婴儿应该平躺着睡觉。然而，趴着睡觉的婴儿需要不时调整身体姿态，这会让他们的核心肌肉组织变得更强壮，因此他们可能会更快地站起来，迈出第一步。站立和行走的轻微延迟是为了减少SIDS死亡人数而付出的一个小小的代价。尽管如此，为了加强宝宝的核心肌肉组织，现在人们建议宝宝每天都要有一定的"俯卧时间"。

很明显，孩子第一次站立和走路的时间会因很多因素而不同。即便如此，确定正常范围的研究几乎完全是在"WEIRD"人群上进行的，WEIRD分别指西方的（western）、受过教育的（educated）、工业化国家的（industrialized）、富裕的（rich）、平等的（democratic）。

这些研究被错误地用来划定"正常"的标准。当我们研究世界各地儿童开始走路的时间时，甚至会发现更多的差异。

阿切族（Aché）是巴拉圭东部森林中的一个游牧民族，依靠传统的狩猎采集为生。他们通常以50人左右的群体为单位生活，找到什么就吃什么，包括椰子淀粉、蜂蜜、猴子、犰狳和貘。

他们生活的森林很危险，尤其是对孩子们来说。森林的地面上有美洲虎潜行。到处都是有毒的爬行动物，包括珊瑚蛇、蝮蛇、眼镜蛇和可怕的矛头蛇。人类学家金·希尔和A.玛格达莱娜·乌尔塔多在《阿切族生命史》一书中描述了咬人的蚂蚁、跳蚤、蚊子、扁虱、蜘蛛和毛虫。在这片森林里，黄蜂的叮咬会导致呕吐，还有一种甲虫会产生一种酸性液体，灼伤皮肤，导致暂时性失明。希尔和乌尔塔多写道，胃蝇将幼虫产在人的皮肤下，留下"不断变大的疼痛难忍的伤口，里面可能长出大得令人心惊肉跳的蛆虫"[12]。还有更多肉眼无法发现的危险，例如疟疾、美洲锥虫病、利什曼病（被蚊子、锥蝽和白蛉叮咬引起的寄生虫病）。

希尔和乌尔塔多写道："如果将婴幼儿留在森林里，没人照料的话，他们是活不长的。在孩子学习需要防范哪些昆虫的过程中，森林宿营地经常会传出他们痛苦的哭声。"[13]

对于阿切族父母来说，让一岁的孩子在这种环境中学习走路是很危险的，所以他们不会这样干。在长达两年的时间里，孩子们都不会离开母亲。人类学家希拉德·卡普兰和希瑟·达夫认为，阿切族儿童平均2岁时才开始自己走路，而今天美国儿童开始走路的平均年龄大约是1岁，这是文化上的差异，而不是严格的生物学差异。[14]如果我的孩子是在阿切族生活的森林里长大的，他们可能也会到2岁才走路。

在中国的部分地区，当大人照看庄稼的时候，独自待着的孩子会被套在像豆袋一样的细沙包里，每天要套上16~20个小时。[15]在13个月大的时候，有3/4的美国孩子已经学会走路；在塔吉克斯坦的部分地区，孩子们被放在摇篮里，腿脚几乎动弹不得，他们当中几乎没有人在一岁时就能自己走路。

虽然很多国家的孩子们迈出第一步的时间比美国孩子晚，但也有一些国家的孩子开始走路的时间比美国孩子早。例如，在肯尼亚和乌干达的部分地区，9个月大就能自己走路的婴儿并不罕见。研究人员知道这些孩子走路早的原因与他们的基因无关。他们的母亲和祖母在每天洗澡时会大力按摩婴儿的腿部，这种刺激提高了肌肉力量和协调性。牙买加一些区域的类似做法也导致了类似的结果，那里的孩子10个月大就能走路了。

然而，即使在今天，用谷歌搜索时也会得到大量关于开始行走的错误信息。一家网站称："走路晚的人天生更聪明。"另一家网站指出："婴儿爬行的时间越长越聪明。"还有一家则用惊讶的语气提出了相反的观点："走路、说话早的孩子是未来的天才吗？"

发展心理学家对这个问题的研究得出了模棱两可的结果。瑞士一项针对220名儿童的研究发现，走路早的儿童在18岁时的平衡性稍好一些，但他们在智商测试或运动技能测试中的得分并不比其他人更高或者更低。[16] 2007年，一项针对英国5 000多人的更大规模的长期研究发现，孩子迈出第一步的时间与他们在8岁、23岁和53岁时的智商之间没有关系。

然而，每隔一段时间，就会有研究得出智商稍高的孩子更早开始走路的结论。[17]这类研究有一个问题：没有人清楚，除了衡量应对智商测试的应试技能外，智商到底还能代表什么。此外，这种影响即使真的存在，其强度也非常小，因此开始走路的时间与智力之间看起来并没有太大关系。即使有，因果关系的箭头也指向相反的方向。一些研究人员认为，走路本身就为蹒跚学步的孩子观察周围世界提供了一个新的视角，并为他们打开了通向新的学习机会的大门。[18]

然而，在2015年，研究人员针对英国2 000多名儿童进行的一项研究发现，那些在18个月大时更活跃的儿童，过了接近20年后小腿和髋关节的骨密度更高。[19]体育活动能促进骨骼生长。这就解释了芬兰一项针对9 000多名儿童的研究的结果。该研究发现，走路较早的儿童更有可能在青少年时期进行体育运动。

尽管如此，开始走路的时间和运动能力之间最多有一些微弱的联系，并不足以用来做预测。

当拳王阿里还是名叫小卡修斯·克莱的宝宝时，就已经能站立、走路了，甚至在10个月大的时候就能拳打脚踢了。[20]有史以来最伟大的中外野手威利·梅斯在1岁时迈出了他的第一步。前职业美式足球明星和大学美式足球名人堂成员勒鲁伊·凯斯直到3岁才开始走路。卡林·贝内特在1岁前就被诊断出患有孤独症，同样到3岁才迈出第一步。但他在三年级的时候开始打篮球，到中学高年级的时候，他已经是阿肯色州排名第16的最有前途篮球运动员了。现在他在肯特州立大学打球。

3岁才能走路并不常见，人们强烈建议满18个月还不能独立行走的孩子去看医生。但重要的是，只要没有超出8~18个月这个预期范围，何时开始走路根本不重要。

显著的差异不仅体现在孩子何时开始学习走路上，也体现在他们是怎么学习走路的。俗话说"会走之前要先会爬"，但这句话根本不对。

在世界各地的文化中，许多儿童从未经历过爬这个阶段，跳过这一阶段对他们学习走路的能力毫无影响。[21]一项针对牙买加婴儿的研究发现，近30%的婴儿从来不会爬。在英国，1/5的儿童没有爬过。21世纪早期的美国中产阶级家庭婴儿中有40%从来没有爬过，因为大多数婴儿都穿着长衣服，如果爬行，衣服就会裹住膝盖，导致他们扑倒在地。

婴儿爬的方式也不尽相同，可以分为熊式爬行、蟹式爬行、军人式爬行、蜘蛛式爬行、肚皮式爬行、膝式爬行、毛虫式爬行、圆木翻、坐姿挪动等。但最终，他们都会迈出他们人生的第一步。

纽约大学发展心理学家卡伦·阿道夫说："每个婴儿都有自己的发展道路，表达的顺序是可变的。"[22]换句话说，就如何成为两足动物而言，并没有一成不变的正确答案。

为了更好地理解孩子们如何以及为什么要站起来学习走路，我前往格林尼治村，参观了阿道夫博士在纽约大学的实验室。阿道夫当过6年的幼儿园教师，随后在埃默里大学攻读发展心理学研究生学位。从那以后，她40多次获得儿童早期发育研究资金资助，撰写了100多篇科学论文，被引用了9 000多次。没有人比她更了解孩子是如何学习走路的。

我问她："四肢着地行走对其他动物来说没问题，似乎也能满足婴儿的需要。那么，为什么孩子们要用两条腿站立和走路呢？"

阿道夫微笑着，用一双锐利的蓝眼睛盯着我。

"为什么走路？"她说，"为什么不呢？"

阿道夫的实验室收集的大量数据表明，用两条腿走路可以让婴儿走得更远、更快。通过在幼儿身上安装摄像头，从他们的角度捕捉世界，阿道夫还证明了用两条腿行走可以帮助婴儿更大范围地观察周围环境。正如安托娅尼·马尔奇克在她的《行走的生活》一书中所写的那样："当想去有趣的地方时，婴幼儿就有了走路的动力。"[23]阿道夫的研究团队还发现，会走路的婴儿每小时搬运物品43次，大约是会爬的婴儿的7倍。[24]

"有道理。"我补充道，"走路解放了双手，可以拿东西。"

"但这不是他们走路的原因。"阿道夫马上纠正我，"我们的数据显示，他们走路并不带有目的性。"

她解释说，婴儿在房间里漫无目的地走动，这个过程会耗费掉他们所有的精力。[25]他们最终会走到玩具和其他有趣的东西那里吗？肯定会。但他们并不急于赶到那里。

"为什么呢？"我问。

"婴儿走动是为了快乐。"她说。

我想起了我的儿子本第一次走路的情景。（谢天谢地，我们拍摄了他第一次走路的视频。否则，我睡眠不足的大脑几乎不可能回忆起当时的情景。）那是8月的一个炎热的下午，我和妻子正在马萨诸塞州伍斯特市的小房子里纳凉。我们的双胞胎已经爬了好几个月，现在可以自己站起来，扶着沙发或书架，拖着脚走几步了。我的儿子似乎很想走路。他伸开胖嘟嘟的腿，不安地迈出一两步，然后就会腿一软，一屁股坐到地上。他的孪生妹妹高兴地看着他，但她很少尝试自己走路。

研究儿童成长过程的科学家将第一步定义为在没有帮助的情况下迈出5步而没有跌倒。

本穿着深蓝色的红袜队连身衣，摇摇晃晃的身体顶着个硕大的光头，活像婴儿版的查理·布朗①。我妻子把他的手举过头顶，然后轻轻地朝前拉，让他跟跟跄跄地走向我张开的双臂。每抬一次腿，他就离我越近。离得越近，他就笑得越欢。走了5步后，他就摇摇晃晃没力气了，随后跌进我的怀里。

是的，婴儿走动是因为走路让他们快乐。

当然，并不是说从那一刻起本去哪儿都是走过去的。他还会爬行，坐在地上挪动，或者四处晃荡。行走只是他的运动工具箱中的又一种工具，但不久之后，就成为主导工具。我的女儿乔西密切关注着，很快就不甘示弱地加入了他的行列。能够观察和模仿他人可能与孩子学习走路有很大关系。这也可以解释为什么视力受损的儿童平均要花2倍的时间才会迈出第一步。[26]

据说，要想成为任何方面的专家（掌握一种乐器或学会一项运动）就必须投入1万个小时。学走路也差不多如此。

"你是怎么学会走路的？"阿道夫写道，"每天走几千步，摔

---

① 　和史努比同为美国漫画《花生漫画》的主角。——译者注

几十跤。"[27]

在她职业生涯的早期，阿道夫观察到孩子们并不是沿直线行走的，然而实验室设备（比如跑步机和步态地毯）都是按直线测量行走数据的。为了得到她想要的数据，她充分利用整个实验室的空间，记录孩子们的每一步。就这样，她和她的学生助理们取得了令人瞩目的发现。

蹒跚学步的孩子平均每小时走2 368步，几乎相当于8个橄榄球场的长度。[28]也就是说，他们平均每天要走大约14 000步——足以达到46次触地得分或接近3英里的距离。难怪他们每天至少需要12个小时的睡眠。

蹒跚学步的孩子不像青少年那样走路。他们步幅大小不一，左右摇晃，臀部和膝盖微微弯曲，就像体型较小的猿猴一样。他们的脚是平的，不能有效地蹬地。阿道夫的团队发现，他们平均每小时跌倒17次，但随着每天行走数千步，他们在不断改进。即便如此，他们也要到5~7岁才能像成年人一样行走。在这个过程中，他们的骨骼会发生变化。[29]

骨头是有生命的。

在科学教室里，骨骼标本又硬又脆，不易弯曲。它们通常呈米白色。但你身体内的骨头更柔韧，更有活力。骨头的一部分是活细胞，这些活细胞呼吸并依赖激素接收来自身体其他部位的信息。血液供应导致体内的骨头呈浅粉色。

凭直觉，你就能知道骨头是有生命的。当你还是一个婴儿的时候，它就在你体内生长，最终形成了你现有的这副骨骼。如果骨头断了，你知道它可以自己修复。

你和黑猩猩的骨头数量和种类都相同。通常人有206块骨头，不过根据副骨的数量不同，这个数字会稍有变化。然而，儿童的"骨头"比成年人多。以股骨为例。对于一个成年人来说，股骨就是一块骨头，是身体中最大的骨头。但对儿童来说，它由骨干和四个骨节组成——3个在臀部，1个在膝盖末端。骨干与骨节之间隔着生长板。生长板是软骨组织，随着个体的生长而增长。对于非洲猿类来说，也是如此。

那么，我们的骨骼适合直立行走，而黑猩猩却不适合，是什么原因造成的呢？

基因是其中一个原因。无论是人类还是黑猩猩，遗传密码不仅可以控制软骨组织在发育中的胎儿体内生长的位置和数量，还会帮助确定新出生宝宝的骨骼结构。在某些方面，我们骨骼的某些构造使我们生来就具备了行走的能力。

例如，因为有厚实的脚后跟，所有刚出生的人类婴儿就已经为艰难的直立行走做好了准备。[30]我们的骨盆生来就又矮又结实，位于身体两侧，固定着髋关节周围的肌肉，这有利于我们在用两条腿走路时保持平衡。新生儿的骨盆内侧甚至还有网状的骨松质组织来传递直立行走的力量。婴儿在一年之内都不需要这种结构，但他们生来就有。因此，这些是真正的针对两足行走的遗传性适应。

但是别忘了，骨头是有生命的。当你生长时，骨细胞会对施加在它们身上的力量做出反应。在某种意义上，它们会记住你移动的全部过程和所有方式。随着孩子成长，他们的骨骼不仅会增大，还会根据孩子们每天给它们带来的压力而改变形状。[31]

我们以膝盖为例。

本第一次迈步时会左右摇晃，原因之一就是他的膝盖分得很开。[32]但年龄稍大的儿童和成年人的膝盖几乎是并拢的，这会让双脚保持在臀部下方，因此有利于身体保持平衡。这是因为我们的股骨是向内弯曲的。我在第4章说过，露西和她的同类的股骨上也有这种双髁角，因此他们的股骨也是向内弯曲的，但这种结构不是人类与生俱来的，对于露西来说也并非生来就有。出生时，我们的股骨就像黑猩猩的一样，是笔直的。当我们学习走路时，我们的膝盖软骨会受到不均匀的压力，因而沿着一个角度生长，最终导致膝盖倾斜。从来没有迈出一步的瘫痪病人，膝盖就绝不会是这个角度。[33]

然而，进化始终是一种交换。双髁角虽然有利于保持身体平衡，但也会引起问题。正因为我们的股骨形成一个角度，所以当我们移动时，固定在股骨前面的股四头肌就会以某个角度收缩，从而产生一个侧向力，将膝盖骨稍稍拉向一侧。在极端情况下，它会使膝盖骨脱臼——医生称之为"髌骨半脱位"。

从物理学的角度来看，膝盖骨脱臼的发生频率应该高于实际情况（美国每年约有2万例）。之所以没有那么高，是因为髌骨外侧边缘的骨脊较大，起着防护墙的作用，使膝盖骨保持在合适的位置。这与南方古猿源泉种异常大的膝盖解剖结构相同。我们弯曲膝盖坐好，揉搓膝盖外侧，就能摸到它。

髌骨外侧边缘有一个显著特点：就像骨盆内侧的骨松质组织一样，我们出生时就有这种结构，但在开始走路之前并不需要它。[34]婴儿出生时，膝盖的髌骨外侧边缘就已经有软骨组织了，这为婴儿尚未面临的问题提前准备好了对策。

这个例子很好地说明了我们的身体是基因编码的特征和自身行为塑造的解剖学结构的结合。我们的骨骼是自然和养育共同作用的产物，两者相互碰撞，形成了现代人类的这种形态。

回到实验室后，阿道夫给我看了孩子们沿着高架轨道爬行的视频。他们的眼睛盯着一个被用来引诱他们的毛绒玩具，根本没有注意到轨道上有一个约1英尺宽的缺口。要不是有监护人员，他们肯定会掉下去。阿道夫和她的团队通过增加斜坡和其他障碍的方式，改变了爬行的难度，但结果没有变化。[35]婴儿第一次探索周围世界时是无所畏惧的，没有超限意识。但他们很快就会从错误中吸取教训，在爬行的时候更加谨慎，同时还会意识到身边有陷阱。

但是等到他们开始走路时，情况就变了。看到一段又一段视频里同一批孩子四肢着地都能顺利地爬过障碍物，站起来行走时却显得那么愚蠢，摇晃着从实验走道上掉下来，我感到非常诧异。

"哇——他们把学过的东西全忘了。"我说。

"不。"阿道夫答道，"他们在爬行的时候学会了如何通过这些障碍物，但行走时他们是从一个新的视角来看周围环境的。我们的观察视角取决于我们的运动方式。他们只记得在同一种运动方式下学到的知识。"

看到视频里一个又一个孩子从走道缺口处掉下来、从高高的走道边缘跨下来、从陡峭的斜坡上滑下来，我很庆幸时刻守护在旁边的监护人员抓住了这些刚刚加入两足动物行列的、无所畏惧的孩子。

学习走路很难，甚至很危险，除非有人能及时抓住你。

直立行走的她：
艰难的分娩与两性行走能力差异

> 这臀是强有力的臀，
>
> 这臀是有魔力的臀。
>
> ——露西尔·克利夫顿，《向我的臀致敬》，1980 年[1]

她保持着直立的姿势。分娩的阵痛使她握起了双拳，手臂肌肉绷得紧紧的，在皮肤下面显得轮廓分明。偶尔，她也会蹲着或者坐着。两个女人扶着她，一个站在她身后，双臂环绕在她的乳房下，在她呼吸并为下一波子宫收缩做准备时帮助她稳住身体。她们低声鼓励着她，告诉她孩子就要出生了。她们知道这些，因为她们以前生过孩子。

她最后一次用力。她的孩子终于在一个冰冷而危险的世界出生，但还是通过脐带连在她的身上。她的姐妹们把婴儿包起来，精疲力竭的母亲把婴儿抱到胸前喂奶。

这些事件在今天也有可能发生，但上面描述的场景发生在15 000多年前。我们知道这些，是因为有人把这个场景刻在一块石板上（这是考古记录中最古老的分娩过程描述），和刻有其他日常生活场景的石板一起，留在一个今天称作根讷斯多夫的地方。根讷斯多夫是德国伯恩南部的一个小镇，与从它东边流过的莱茵河相距不过几英里。

15 000年前，地球刚刚告别最后一次冰川期，斯堪的纳维亚和不列颠群岛仍被1英里厚的北极冰覆盖着。今天，德国的欠发达地区被森林覆盖，但在更新世晚期，那些地区往往几英里内都看不到一棵树，是和今天的西伯利亚相似的冻原。那里居住着今天在极地草原上可以看到的动物，包括北美驯鹿、北极狐和麝牛。还有一些现在已经灭绝的动物，包括猛犸象、披毛犀和穴狮。居住在那里的人制造工具、生火、打猎、烹煮食物、生孩子、进行艺术创造。

后两种活动融合在一起，产生了我们称之为59号岩画的雕刻石板。[2]对雕刻者来说，他们需要捕捉妇女分娩时收缩的三角肌和用力握紧的手。但画里也有一些东西被抽象化了，新生儿被描绘成一个简单的椭圆形，眼睛通过一条弯弯曲曲的线与母亲相连。两个马头在旁边看着，其中的意义随着这个文化灭亡而变成了永远的秘密。

分娩一直是人类生活的一部分，它与直立行走的关系（尤其是和女性行走方式之间的关系）非常密切，也非常复杂。

分娩对所有女性来说都是一种独特的经历。每一次分娩都涉及一系列复杂因素，包括胎儿头部大小和肩宽、产妇骨盆尺寸、妊娠期长度、韧带松弛度、颅骨成形情况、应激激素、分娩体位、社会支持、助产士或产科医生的建议和方法等。但这些千变万化的因素也有共性，尤其是当将人类的分娩过程与现存的和我们亲缘关系最近的猿类相比较时。

无论是人类还是类人猿，在晚期妊娠快结束时，胎儿通常头朝下，面朝前（朝向母亲的腹部）。我们对野生类人猿的分娩了解不多，因为雌性类人猿经常在树上独自分娩，而且几乎总是在夜间分娩，但在圈养环境中，这种分娩已经被密切观察。[3]

母猿的产程较短，通常约为2个小时。猿宝宝顺利通过骨产道，通常面朝前。[4]如果体位合适，猿妈妈将自己的宝宝推出阴道时，可以看到宝宝的脸。猿妈妈还可以伸出手来把宝宝从产道中拉出来。它们会舔舐并清洁宝宝的脸，帮助清理呼吸道。很快，哺乳就开始了。

人类的分娩一般不会这么简单。分娩开始时，人类婴儿通常和猿类一样头朝下，面朝前。平均而言，分娩会持续14个小时，但妇女分娩过程持续40个小时甚至更长时间的情况也并非闻所未闻。[5]其中一部分时间是用于宫颈（阴道和子宫连接处）缓慢扩张，以便人类新生儿的头部从中通过。

当我母亲生我的时候，我的头碰到了她骨盆的骨质边缘，这是我遇到的第一个障碍。骨盆在人体内向前倾斜，因此产道的骨质边缘会形成一个角度。对于人类来说，骨盆的尺寸太短，因此婴儿不能像其他灵长类动物那样分娩。我和其他所有婴儿都想到了解决办法，那就是把下巴缩到胸前，把头转向一边，这样我头部最长的方向（前后方向）就能和我母亲骨盆最宽的方向（左右方向）对齐。[6]

1951 年，宾夕法尼亚大学人类学家威尔顿·克鲁格曼在《科学美国人》杂志上发表了一篇颇具影响力的文章，题为《人类进化的伤疤》。[7]这篇文章称，包括腰酸背痛、牙齿歪斜在内的很多问题都可以归咎于进化。他说："智人的许多产科问题毫无疑问都是由该物种骨盆狭小、头部较大导致的。我们不知道这个比例失调的问题需要多长时间才能解决。我们似乎可以合理地假设，人类头部的尺寸不会有实质性缩减，因此只能是骨盆尺寸做出调整。也就是说，进化应该有利于骨盆宽大的女性。"

但问题并不是女性骨盆狭小，因为骨盆宽度是足够的。真正的问题是，人类的骨盆比较短，所以灵长类动物通常的出生方式并不适用于人类。

为什么不适合呢？

因为我们用两条腿走路。

类人猿的骨盆很高，在形状上与大多数四足哺乳动物的骨盆相似。髋关节与连接脊柱和骨盆的骶髂关节距离较远，因此产道可以轻松容纳婴儿的头部。但是，这种解剖学结构也会使猿在用两条腿站立时头重脚轻、摇摇晃晃站不稳。

随着我们的祖先越来越依赖于两足行走，他们的骨盆形状发生了变化。事实上，由宽大的长骨盆变成粗壮结实的短骨盆，变化幅度超过了我们身体的其他所有骨骼。我们两足行走的祖先的骶髂关节和髋关节之间距离缩短了，因此重心更低，这提高了直立行走的稳定性和效率。但是背部和臀部之间的距离缩短，同时也导致了产道尺寸缩减。这一结果导致婴儿在分娩时必须把头转向一边，同时开始转动身体。

根据露西的骨盆形状可以断定，这种出生机制可以追溯到300多万年前。[8]

1976年4月7日上午，在我母亲子宫收缩的持续推动下，我通过产道，进入了一个叫作中骨盆平面的区域，在那里我遇到了第二个障碍。两块凸出的骨头（坐骨棘）使产道由宽变窄。事实上，在这个位置，产道从最宽变成了最窄。对于大多数女性骨盆而言，这里是人类婴儿会遇到的最窄点。唯一的办法就是继续转动身体。[9]

人类学家卡伦·罗森堡说过："通过产道可能是我们大多数人一生中做过的最像体操的动作。"[10]

母亲产道尺寸的变化使我像开塞钻一样穿过中骨盆平面，进入骨盆下口，随着我在产道中转动身体，我现在变成了面朝母亲后背的方向。如果采用蹲位，这时产妇低头，就能看到宝宝的后脑勺已经露出来了。这被称为"枕前位"分娩，意思是后脑勺朝向前方。但有时婴儿并不像上面描述的那样旋转，而是面朝前、后脑勺贴着下脊柱出生。这被称为"正枕后位"，发生的概率约为5%。

枕前位分娩是人类最常见的分娩方式，并发症也最少。但这是有代价的。如果我的母亲像类人猿母亲那样伸出手来，帮助枕前位胎儿出产道，她就会把我的脖子往后拉，这个动作有可能让我受到严重伤害。

在出生过程进行到这一步时，我的头已经露出来了，但我得把肩膀弄出来。正如刘易斯·卡罗尔的《爱丽丝梦游仙境》中，爱丽丝看到一扇小门时说的："即使我的头能过去，但是肩膀过不去，还是无济于事。"[11]

此时发生并发症并不罕见，因为婴儿与头部垂直的宽肩膀可能卡在骨盆中。诀窍是把婴儿位于前面的肩膀伸到妈妈骨盆前部的下方，让婴儿一个肩膀一个肩膀地通过。不过，可以由助产士或产科医生协助完成这个动作。我的肩膀出来后，身体的其他部分随之轻松地出来了。我的人生就这样开始了。

因为我们古人类祖先的骨盆形状和今天的我们很像，所以她们生产时也需要帮助。罗森堡（现在是特拉华大学的教授）和新墨西哥州立大学人类学家温达·特里瓦坦（曾作为助产士协助过数百例分娩）就说过，古人类的旋转式分娩需要帮手。她们认为，就像今天的所有人类文化一样，我们古人类祖先的分娩也肯定是一项社会活动。[12]

然而，即使有助产士或产科医生的帮助，人类的生产也可能仍然危险。

《像母亲一样：女性主义视角下，怀孕背后的文化与科学》一书的作者安吉拉·加贝斯写道："分娩是美好的，但它并不美丽。它是可怕的，同时也是温馨向上的；它是光荣的，但也是致命的。"[13]

全世界每年有近30万妇女和100万婴儿死于分娩。[14]出血或感染是导致孕产妇死亡的主要原因。分娩死亡率最高的通常是最贫穷的国家，也是妇女享有生育权利最少的国家。

在普遍存在童婚习俗、女孩未到生育期年龄就分娩的地区，孕产妇死亡率特别高。根据联合国人权理事会2019年的一份报告，这是在发展中国家导致15~19岁女孩死亡的主要原因。[15] 在妇女平均结婚年龄为20岁及以上的国家，孕产妇平均死亡率为每1 500次分娩有1名产妇死亡。但在平均结婚年龄不到20岁的国家，孕产妇的平均死亡率高得惊人，每200次分娩就有1名产妇死亡，死亡率是前者的7.5倍。[16]

美国每年大约有700名妇女死于分娩，大约每5 000次分娩有1名产妇死亡。[17] 对于现代社会来说，这并不是一个很好的数字。对孕产妇而言，美国在世界上最危险的国家中排名第46位，比卡塔尔好一点儿，比乌拉圭差一点儿，而且情况越来越糟。

今天，美国妇女死于分娩的可能性比她们的母亲高出50%。产科医生说，部分原因是医疗费用飞涨，使她们难以获得负担得起的健康保险，再加上在堕胎问题上的争议导致妇女保健门诊关闭，因此妇女获取生育保健服务的难度加大了。在这个过程中，机构性的种族主义在许多方面使有色人种妇女在分娩中死亡的可能性比白人妇女高出三四倍。每发生一例死亡，就意味着出现了100次需要紧急手术和输血才能挽救孕产妇生命的紧急情况。

考虑到如此高的死亡率，人们可能会问，为什么进化没有解决这个问题。这个问题的答案既复杂又不明确，但它始于一个叫作"分娩困境"的概念。

我可能是唯一一个先知道布拉德·沃什伯恩,后知道他的哥哥舍伍德·沃什伯恩的人类学家。

布拉德·沃什伯恩是一名地图绘制员。他绘制了新英格兰的怀特山地图,还帮助绘制了珠穆朗玛峰和喜马拉雅山脉其他山峰的地图。他的妻子芭芭拉对探险的热爱不亚于他,是第一位登顶阿拉斯加州的迪纳利山(原名麦金莱山)的女性。但对我来说更重要的是,布拉德是波士顿科学博物馆的创始人。1998—2003年,我在那里从事科教工作,并在那里结识了我的妻子,重新拾起了我对科学的热爱,还发现我对古人类学情有独钟。

2001年的一天,布拉德和芭芭拉夫妇在午餐桌上向我讲述了博物馆早期的一些故事,讲到了猫头鹰"幽灵",还讲到了世界上最大的范德格拉夫起电机是如何出现在博物馆的停车场上的。然后,芭芭拉问到了我的兴趣爱好,我回答说自己刚刚对人类化石产生了浓厚的兴趣。

布拉德说:"你知道吗,我哥哥谢里生前就是一位人类学家。"当时我还不知道布拉德的哥哥舍伍德(谢里)·沃什伯恩是这一领域的传奇人物。他在哈佛大学的博士生导师恩斯特·胡顿毕生研究人类群体之间的差异,并将人划分为不同的种族类别。但是,谢里·沃什伯恩从数据中看到了不一样的东西。他认为人类的变化是连续的、无缝衔接的,不能被分成不同的类别。他在1951年的经典著作《新体质人类学》中阐述了这种研究人类学的新方法,它永远地改变了我们这个研究领域,使其朝着更好的方向发展。[18]

谢里·沃什伯恩还认为，研究现存的灵长类动物可以让我们了解人类祖先的行为。当分子生物学研究表明人类与黑猩猩的亲缘关系最密切后，他支持两足行走是由指关节着地行走演化而来的说法。他的著述涉及石器、南方古猿化石和狒狒，但他最感兴趣的是早期人类的行为。

1960年，谢里·沃什伯恩为《科学美国人》写了一篇文章。[19]虽然文章讨论的重点是古代人类技术和社会行为，但他关于人类分娩的论述对人类学领域的深远影响历经60年而不衰。他在文中写道：

> 在人类适应两足行走的同时，骨产道的尺寸缩小了，而对工具使用的迫切需要选择了更大的大脑。这种分娩困境是通过把分娩提前至胎儿发育的更早阶段来解决的。但这个方法之所以有成功的可能，仅仅是因为两足行走把母亲的双手从运动中解放了出来，使她可以抱着发育不完全且需要照料的宝宝。

几句话之后，沃什伯恩又说"行动迟缓的母亲"抱着婴儿无法狩猎。

"分娩困境"的说法由此而来，它简单明了地描述了一场经典的进化争夺战。女性的骨盆必须足够大才能生产，但如果骨盆太大，就会影响运动。进化的解决方案是让骨盆的大小足以使婴儿出生（有时会有困难），但不至于使女性无法行走。人们认为，婴儿出生得早，个头更小，这会降低分娩的难度，但同时也会导致新生儿更需要照料。

历史学家尤瓦尔·诺亚·赫拉利在他颇具影响力的《人类简史》一书中，扩充了沃什伯恩的假设。[20]他认为，两足行走要求产道必须狭窄，"与此同时，婴儿的头正变得越来越大。因此，难产成为人类女性面临的一大危险。在婴儿的大脑和头部还相对较小和柔软的时候提前分娩，分娩过程就能进行得更顺利，而保住性命的产妇还能生育更多的孩子"。

沃什伯恩的分娩困境是一个巧妙的进化假设，但这并不意味着它就是正确的。今天，新一代的研究人员提出了质疑。

为了验证将婴儿出生时间提前是为了使他们能顺利通过狭窄的产道，罗得岛大学的人类学家霍利·邓斯沃斯和同事们比较了各种灵长类动物的妊娠期。大猩猩的妊娠期大约是36周，黑猩猩和倭黑猩猩的妊娠期是31~35周，猩猩的妊娠期是34~37周。但人类的妊娠期通常在38~40周，比同样大小的灵长类动物的妊娠期长一个多月。

人类女性分娩的时间并不比其他灵长类动物更早，甚至可以说，人类的分娩时间更晚。在漫长的妊娠晚期，胎儿皮下脂肪堆积，头部变大，需要从母亲那里获得越来越多的能量。在2012年的一项研究中，邓斯沃斯和同事们假设，当成长中的胎儿的能量需求超过母亲的新陈代谢能力时，就会触发分娩。[21]

临近分娩的胎儿头部都不小。人类新生儿的平均脑容量为370立方厘米，与成年黑猩猩的脑容量相同。[22]是的，相比较而言，人类婴儿出生时更需要照料，但这并不是因为他们出生得早。

那么，为什么人类女性没有进化出更宽大的骨盆，好让分娩更容易、更安全呢？每处造成障碍的骨头只需要给胎儿让出几英寸就可以实现这个目的，比如，骨盆边缘再高一点儿，坐骨棘间距再稍微宽一些。[23]

长期以来，一种证据不是很充分的观点认为，由于女性的身体适合分娩，因此女性在走路方面不如男性。这被认为是为进化出大脑袋、大身体的婴儿而付出的代价。还有人认为，女性骨盆增大会使她们无法行走。直到最近，才有人检验了这种观点，结果似乎表明这也是一种错误观点。

当我问科罗拉多大学丹佛分校人类学家安娜·沃伦纳是否一直对女性步态因分娩而受到影响的假设持怀疑态度时，她表示自己一开始是完全接受的。但她接着说："没有人收集数据来验证这个观点。"

沃伦纳在圣路易斯华盛顿大学攻读研究生学位时，曾与赫尔曼·庞泽（现在是杜克大学的教授）合作，试图验证这个观点。沃伦纳不仅是一名人类学家，还会跳芭蕾舞，这项技能使她能敏锐地察觉到人们运动方式的细微差别。她让女性和男性实验参与者在跑步机上行走，测量他们在行走过程中呼出的二氧化碳含量。如果二氧化碳呼出量更多，就说明他们正在消耗更多的能量。她还通过磁共振成像（MRI），测量了参与者的骨盆。根据沃什伯恩提出的分娩困境假说，臀部越宽，消耗的能量越多。

但是，测量结果表明并非如此。2015年，沃伦纳报告称，臀宽与能量消耗之间并不存在预测的关系。[24]

为了了解其中的奥秘，我在2月一个寒冷的上午去了西雅图太平洋大学，拜访了人类学家卡拉·瓦尔－舍夫勒。前一天晚上，西雅图降下了约2英寸厚的雪，整个城市陷入瘫痪。作为一个新英格兰人，我对这种天气习以为常。瓦尔－舍夫勒的办公室里堆满了书籍、纸张、古人类化石的复制品，还有她的孩子的乐高玩具。桌子上放着一个塑料骨盆微缩模型。在隔壁实验室里做行走实验的几名本科生不停地走进来，向她报告实验的最新情况。

在剑桥大学读研期间，瓦尔－舍夫勒对尼安德特人（尤其是以色列卡巴拉洞穴出土的一具令人惊叹的尼安德特人骨骼）产生了浓厚的兴趣。卡巴拉尼安德特人死于大约6万年前，群体的其他成员有意埋葬了他的尸体。这具不完整的脆弱骨骼包括舌骨、肋骨和几乎完整的骨盆。

查看骨盆时，瓦尔－舍夫勒感到很困惑。

"我发现雄性尼安德特人的骨盆又大又宽。"她告诉我，"但没有人认为尼安德特人的行走能力因为骨盆宽大而受到影响。这让我很困惑，那个认为女性因受到了骨盆影响而行走能力较差的观点也让我感到困惑。于是，我想那个观点是错的。女性是进化的瓶颈，自然选择体现在照顾孩子的女性身上。为什么进化会影响她们的行走？降低她们的行走效率？从进化的角度来看，这是毫无意义的。"

此外，对狩猎采集社会的研究也揭穿了沃什伯恩提出的

"行动迟缓的母亲"这个谬论。无论是坦桑尼亚哈扎人，还是委内瑞拉的Pumé人，这些群体中的女性成员平均每天都要走约6英里。[25] 走了那么多路的女性，身体反而运动效率低，这根本说不通。

事实上，研究人员发现，自然选择对女性骨骼进行了调整，以应对哺乳动物怀孕时所面临的独特挑战。

2007年，哈佛大学人类进化生物学系的凯瑟琳·惠特科姆、丹尼尔·利伯曼和得克萨斯大学奥斯汀分校人类学家莉莎·夏皮罗研究了女性怀孕期间步态和姿势发生的变化。[26] 妊娠晚期时，体型已经相当的胎儿、胎盘和羊水聚集在孕妇的身体前部，会导致重心前移。四足哺乳动物不会遇到同样的问题，因为怀孕期间体重的增加不会改变身体的重心。

搞笑诺贝尔奖委员会表彰那些一开始看似荒谬，但后来证明很重要的研究。不过，评委们对这项研究不屑一顾，称惠特科姆的论文研究的是"为什么孕妇不会栽倒"。事实上，这是一个很好的问题：女性如何适应怀孕期间身体重心的变化？研究发现，答案就藏在女性的腰部。

人体腰椎椎体一般有5个。男性体内最下方的2块腰椎形状像楔子，使脊柱弯曲，因此躯干位于臀部正上方。但是，女性最下方的3块椎骨都呈楔形，脊柱弯曲的程度更明显。惠特科姆发现，女性的腰椎特点有助于孕妇将重心移回髋关节上方，使她们在行走时保持平衡。

男性和女性在倒数第三块腰椎形状上的差异，在人类进化史上早就出现了。惠特科姆发现，南方古猿在200多万年前就出现了这个特点。

与此同时，瓦尔-舍夫勒多次研究发现女性走路的效率和男性一样高。[27]但她也发现，在某些情况下，女性甚至做得更好。

作为一名进化人类学家，她不想把研究局限在跑步机上的人。我们并非只沿直线或平面行走，早期人类祖先的情况也是如此。我们也并非总是空手而行，这一点早期人类祖先与我们情况一致。他们通过两足行走解放了双手，以携带食物、水、工具和婴儿。瓦尔-舍夫勒测量了携带物品和婴儿时消耗的能量，测量结果从根本上改变了我们对女性骨盆和分娩困境的理解。

她发现，行走时携带一个和人类婴儿差不多大小的物体，有可能增加近20%的能量消耗。[28]但是，宽臀的人所需的能量会显著减少，而宽臀在女性身上很常见。

瓦尔-舍夫勒告诉我："不管怎么看，女性都在携带物品这方面较男性有优势。"

换句话说，宽臀与生孩子无关，而是与携带孩子有关。不仅如此，宽臀还会在其他方面产生影响。

人类可以最有效的速度行走，不用消耗太多能量就能走很远的距离。但是和一群人一起走，尤其是其中包括孩子的时候，行走时常常要减慢速度，停下脚步，然后再次加快速度。瓦尔-舍夫勒发现，如果速度不断变化，男性会消耗更多的能量，但是臀部更宽的女性则可以轻松应对速度变化。

我的妻子可以把她的臀部当支架，在家里边走动边抱孩子时，她会把孩子托在臀部上面。但如果我这样做，孩子就会顺着我的大腿滑下去。由于我的骨头不能充当支架，我只能把我的双胞胎孩子抱在怀里。仅过了一会儿，我的胳膊就酸了。携带活跃的孩子并不容易，更不要说作为现代狩猎者和采集者，每天还要走约6英里路。

宽臀并不会有损女性的步态。宽臀不仅有很强的适应性，还会影响众多女性走路的方式。

瓦尔-舍夫勒、惠特科姆和其他研究人员发现，臀部越宽，走路时转动的幅度就越大。[29]女性的腿通常比男性短，但由于宽臀这个特点，女性的步幅比我们预想的大。更宽的臀部并不会降低女性走路的效率，只会改变其中的力学原理。

显然，女性的运动能力并没有受到宽臀的影响，但是孕产妇在分娩时死亡仍然是进化未解决的一个问题。为什么？我们不知道答案，但研究人员提出了几个假设。现在，我们需要通过严格的科学方法加以检验。

一种观点认为，孕产妇死亡率居高不下，可能是最近才出现的一种现象。[30]现在，许多人的饮食中富含单糖，这会导致婴儿体型过大，还有可能阻碍青春期女孩的成长，包括骨盆的发育。更大的婴儿和更小的骨盆并不是一个好的组合。

还有一些研究人员认为，这个问题可能与我们早期祖先进化时所在地的气候有关。[31]现在，世世代代生活在寒冷气候下的人们往往又矮又结实，臀部很宽，因为这样的体型有助于他们保温。越靠近赤道，人们的身体往往越修长，因为这样的体型有助于保持身体凉爽。智人是在非洲进化而来的，而非洲大部分位于赤道附近，因此我们人类家族最早的成员可能面临着分娩困境——因为需要保持凉爽，所以产道的大小受到了限制。

另一种假说涉及产道、臀部和膝盖之间的解剖关系。[32]将髋关节分开，可以使产道更宽，但这也意味着股骨的角度必须改变，才能使膝盖保持在躯干的正下方，以便有效地直立行走。这会对膝盖造成很大的压力，使前交叉韧带撕裂的风险高到令人难以忍受的程度。[33]

最后一个假设是人类学家温达·特里瓦坦提出的。[34]她认为，在试图理解直立行走和生育力学之间的关系时，我们过多地关注了行走，而对直立关注得不够。

她的假设涉及盆腔器官脱垂。这是一种有可能使人衰弱的疾病。病人的子宫、膀胱或消化系统的下部突出到阴道内。如果骨盆底的韧带和肌肉在怀孕和分娩期间被拉伸后没有完全恢复，就会出现这种情况。一些研究表明，每三个产妇中就有一个骨盆底肌肉撕裂，而骨盆脱垂影响到全世界50%的女性。[35]这种情况也可能发生在四足动物身上，但它们的内脏器官很少脱垂，因为它们的产道与地面平行，相对而言不受重力的影响。但是，直立行走的人受重力作用影响非常大。

坐骨棘是女性产道最窄的部分，扩大坐骨棘的间距可以减轻分娩的困难，但也会增加器官脱垂的风险。由此可见，也许狭窄的坐骨棘是进化为加强骨盆底付出的代价。

也许这些假设像沃什伯恩的分娩困境概念一样，都经不起科学检验。这是当今生物人类学领域最热门的话题之一。

虽然根据分娩困境提出的预测经不起仔细审视，但是在涉及跑步的体育项目中，男性的表现显然比女性好。果真如此吗？为了探索这个问题，我们必须进一步深入研究。

20世纪50年代早期，跑步爱好者热切地期待着突破两个天花板。一个是罗杰·班尼斯特在1954年5月创造的4分钟跑完1英里的著名纪录，另一个是2小时20分钟的马拉松纪录。1953年，英国33岁的前奥运会选手吉姆·彼得斯在伦敦的理工马拉松比赛中跑出了2小时18分40.2秒的成绩。在这之前，马拉松世界纪录在2小时20分这个水平停留了近30年。目前，肯尼亚的埃鲁德·基普乔格保持着2小时01分39秒的官方世界纪录。现在，一个新的目标近在眼前：突破2小时大关。[36]

在彼得斯创造他的马拉松纪录的那一年，女子马拉松世界纪录是3小时40分22秒，是由维奥莱特·皮尔西在1926年创造的。[37]这个纪录保持了近40年。为什么？因为女性几乎一直被禁止参加比赛。

直到1967年，波士顿马拉松赛才出现了第一位女性选手凯西（凯瑟琳）·斯威策。甚至在斯威策上了跑道之后，赛事工作人员还试图将她赶下去。理工马拉松比赛直到1976年才设立女子组，而女子马拉松赛直到1984年才成为奥运会比赛项目。即便如此，1964—1980年间，一些优秀的女运动员将世界纪录缩短了一个多小时。同一时期，男子马拉松纪录只缩短了3分钟。

准入和机会很重要。今天，女子马拉松纪录保持者是肯尼亚的布里吉德·科斯盖，她在2019年芝加哥马拉松比赛中以2小时14分4秒的成绩夺冠。如果我们把时间向前推，让她和吉姆·彼得斯一起参加1953年的理工马拉松比赛，那么当她冲过终点线时，彼得斯被她甩开了1英里。不仅如此，在1964年之前，科斯盖将一直保持男女马拉松世界纪录。

可以肯定的是，优秀的男子运动员还会继续在从百米到马拉松的所有跑步比赛中胜过优秀的女子运动员，因为男子通常肌肉更发达、肺活量更大。事实上，男女世界纪录的差距几乎一直约为10%。但是，当我们撇开这些优秀运动员，把目光投向普通人时，就会发现男性和女性之间的差异被过分夸大了。

2012年的一个秋日，新英格兰风和日丽。我和1 000多名跑步者站到了同一起跑线前。我希望能在4个小时内跑完一场马拉松，这是我个人的一个目标。最终，我用时3小时50分钟冲过终点线，这是一个相当不错的成绩，比那天所有参赛者的平均速度略快一些。有128位女性参赛者比我先到达终点，大约占女性参赛者总数的30%。当然，排名靠前的男子总成绩优于排名靠前的女子总成绩，但在日常生活中，男性和女性在运动能力上的差异并不明显。比赛时间越长，两者重叠的部分就越多。

有时，情况甚至会反转。

很不幸，理查德·埃尔斯沃思就遭遇了这种情况。[38] 2019年8月，他是纽约费耶特维尔的绿湖耐力跑男子组第一名，用了4

个小时多一点儿的时间跑完了全程50千米，但终点线没有奖杯等着他。

赛事组织方认为总冠军肯定是男子，所以计划给总冠军颁发一个奖杯，给女子第一名也颁发一个奖杯。但埃莉·佩尔不想接受这个方案。她比埃尔斯沃思早8分钟完成比赛，将两个奖杯都收入囊中。这种情况已经不是第一次发生了。

2002年，帕姆·里德是恶水超级马拉松的总冠军。这是每年7月份举行的一项艰苦赛事，全程216千米，运动员要穿越死亡谷。第二年，她又夺得了该项比赛的总冠军。2017年，考特尼·道瓦尔特赢得了犹他240（Moab 240）超级马拉松比赛，用时2天9小时59分钟穿过犹他州的红色岩石峡谷。第二名是一名男子，他在10小时后冲过了终点线。2019年1月，贾斯敏·帕里斯以83小时12分23秒的成绩赢得了英国429千米山脊探险赛的冠军。在沿途4个休息站，她要为在家等她的14个月大的女儿挤奶，但她仍然以12个小时的优势打破了这项赛事的纪录。卡米尔·赫伦曾多次成为50千米和100千米超级马拉松比赛的总冠军。

优秀男女运动员之间的差距逐渐缩小，尤其是在耐力项目上。一些研究表明，女性的腿部肌肉往往比男性更能抵抗疲劳。在考验耐力而不是力量和速度的运动中，女性可能占据优势。[39]

但是，认为女性行走能力受到影响的错误观念仍然很普遍地存在着。作家丽贝卡·索尔尼称之为"《创世记》的残留"[40]。

她在2000年出版的《走路的历史》一书中指出，行走"与思想和自由有关"；在过去，男性认为女性"在这两方面都不能与男性相提并论"。

在实证基础上对分娩困境提出了质疑的罗得岛大学人类学家霍利·邓斯沃斯同意这一观点。[41] "在一个深受《创世记》影响的文化中，"她写道，"分娩困境为人类堕落的后果提供了一种令人耳目一新的科学解释。"但她接着又说，虽然分娩困境可能是一个错误假设，但是"难产、危险分娩，以及……婴儿离不开父母的照料，这些都不是夏娃的错，而是进化的错"。

一眼认出你：
步态识别和同步行走

> 最高贵的王后，伟大的朱诺来了，
>
> 从她的步履上，我辨认得出来。
>
> ——莎士比亚，《暴风雨》，1610—1611 年[1]

我和妻子在同一所大学工作，偶尔我会看到她大步走过校园绿地。即使距离很远，我看不清她的脸，也能从走路的姿势认出她。我们每个人走路的姿势都是独一无二的。无论是昂首阔步、身体略显不稳的约翰·韦恩，蹦蹦跳跳走向奥兹国的多萝西，夸张地扭动臀部的梅·韦斯特，还是《史酷比狗》里大踏步的夏奇，我们都可以通过走路姿势认出他们。

观察这些并不仅仅是为了满足一种娱乐心理。

1977 年，维思大学的心理学家詹姆斯·卡廷和林恩·科兹洛夫斯基率先进行了一项实验，测试人们是否可以通过走路姿势来识别对方。[2]他们记录下人们走路的样子，然后利用类似于今天好莱坞使用的动作捕捉技术，将被记录者的身体影像转换成一串小灯泡。通过这种方式，使研究参与者无法从头发颜色或体形等方面找到线索。研究人员发现，即使把身体影响转换成一串小灯泡，被记录者的朋友也能很好地进行辨认。

从那以后，多项研究均证实，我们擅长通过走路的姿势来认出亲朋好友。[3]研究还发现，人类大脑的某些区域特别适合完成这一任务。

例如，在2017年的一项研究中，卡丽娜·哈恩（现在是位于马里兰的美国国家标准与技术研究院的一名社会科学家）让19名参与者躺在磁共振成像仪中，观看熟悉的人朝他们走来的视频。[4]当参与者根据走路姿势认出走来的人时，他们耳朵后面的一个大脑区域（双侧后颞上沟）就会被激活。当来人离得足够近，可以通过脸部辨认时，参与者大脑的另一个区域活跃起来。[5]

但是，走路姿势并不仅仅反映一个人的身份。我们还善于根据他人走路的姿态，察觉对方的情绪、意图，甚至人格特征。肩膀耷拉、步履沉重，被认为是悲伤的表现；蹦蹦跳跳表示快乐；跺着脚走路则表示愤怒。研究表明，这些推断不仅仅是靠直觉完成的。[6]

然而，人们在解读这些信号时并不是百分之百准确，而且准确率因人而异。英国杜伦大学2012年的一项研究表明，我们通过走路姿势判断某些人喜欢冒险、热情、值得信赖、神经质、外向或平易近人，但这些人自己通常不是这么认为的。[7]看来，我们通过这种方法得出的推论有时是错误的。

但事实证明，一些特别擅长此道的人是精神病患者。在

2013年的一项研究中，加拿大安大略省布鲁克大学的心理学家安杰拉·布克让安全级别最高的监狱里关押的47名囚犯观看大学生走路的视频，让他们判断攻击这些大学生并使其受到伤害的难易程度，按10分制打分。[8] 从随后的询问看，这些囚犯（尤其是那些有精神病特征的囚犯）可以通过走路姿势找出线索，判断哪些人身体虚弱，或者说是比较容易攻击的对象。接受相同任务的大学生对这些线索却视而不见。

研究结果令人不寒而栗。布克称，承认在20世纪70年代强奸、杀害了30名女性的泰德·邦迪曾经夸口说，他可以"通过女性在街上行走的姿势、头部倾斜的角度和举止神态来寻找合适的下手目标"。[9]

所有的动物（包括人类）都可以通过运动的方式来辨别不同的物种和同一物种中的不同个体，甚至可以辨别其情绪，从进化的角度来说这是有道理的。

有证据表明，历史上不同种族的古人类行走的方式各不相同，因此，知道在远处觅食的一群古人类是否和你属于同一物种，可能是有好处的，甚至关乎生死。微妙的步态线索可能有助于实现这一目的。如果他们的步态表明他们是你的同类，你能分辨出他们是朋友、家人还是陌生人吗？这个答案可能决定了你将避开冲突还是引起冲突。

根据步态辨别对方的情绪也会有好处。我们的狩猎成功了吗？还是说他们低着头，步履蹒跚？有人一瘸一拐地走路吗？那个粗壮的雄性同类表现出顺从的姿态了吗？这可能预示着领导权发生了变化，今天的黑猩猩群体发生领导权更迭时也是如此。

步态和姿势线索可能是语言出现之前古人类的一种重要交流方式，它对人类祖先的重要性可能相当于，或者更甚于它对现代人类的重要性。

事实上，步态并不是行走给出的唯一可以暴露身份的线索。"脚印就像指纹一样。"奥马尔·科斯蒂利亚–雷耶斯说。

在一个秋高气爽的上午，他在麻省理工学院校园里的大脑与认知科学中心接待了我。他穿着一件灰色连帽衫，拉链是拉开的，可以看到里面那件T恤上印着"I ❤ NASA"①的字样。科斯蒂利亚–雷耶斯来自墨西哥郊外的小城托卢卡，在英国曼彻斯特大学获得博士学位，上学期间开发了一种通过脚印辨认身份的算法。

科斯蒂利亚–雷耶斯发现不同人的脚印有24个不同点。[10]他认为自己的算法可以通过人们留下的脚印辨认其身份，准确率高达99.3%，这是迄今为止在脚印识别方面取得的最好成绩。

我在发出赞叹的同时也有所怀疑。如果有人像《非常嫌疑犯》结尾的凯撒·索泽那样模仿科斯蒂利亚–雷耶斯走路，难道他的算法不会上当吗？科斯蒂利亚–雷耶斯表示这也有可能，但随着越来越多的数据被用来训练机器学习算法，到最后即使模仿得再像它也不会上当。

---

① NASA：美国国家航空航天局。——译者注

我开始想象如果在机场的地板上安装压力传感器会怎么样。美国联邦航空运输安全管理局的工作人员将不再需要仔细检查护照和登机牌。政府部门通过这种压力传感器或捕捉我们步态的摄像机，就能知道来来往往的是哪些人。

为了进一步了解，我给马里兰大学的工程学教授拉玛·切拉帕打了一个电话，他的专长是步态识别和机器学习。2000年，他获得了美国国防部的一笔拨款，用于研究步态识别。不过在过去20年里，研究界认为面部识别是一种更好的识别方法，因此转变了研究方向。

切拉帕说："我们行走的姿态各不相同。不过，目前这还处在学术研究阶段。"摄像机的角度不正确、路面不同或负重变化都足以改变步态识别的准确度。此外，从一群人中提取个人的步态特征难度较大。我想起了一个故事（可能是虚构的）：受过训练的美国间谍会把鹅卵石或硬币放入鞋子，以轻微改变步态，避免被辨认出来。

麻省理工学院的科斯蒂利亚-雷耶斯告诉我，由于图像和机器学习技术的进步，面部识别的成本比步态识别低，效果更好，但如果将走路姿态和面部表情结合起来，就会取得非常好的效果。

他说，不仅如此，步态识别也为卫生行业提供了可能。痴呆和阿尔茨海默病患者最先出现的症状之一是步态变化。[11]如果医生办公室和（或）疗养院配备压力感应设备，就能更早地发现这种变化。

但这还不是全部。2012年，卡内基梅隆大学的计算机工程师马里奥斯·萨维德斯开发了一款应用程序，可以让智能手机识别主人的步态。[12]智能手机内的微型陀螺仪和加速计可以探测到人们走路方式的细微差别。由于每个人的步态各不相同，如果手机没有认出使用者的速度和动作，它就会锁死。五角大楼的一些官员正在使用一款类似的应用程序，商用版本预计将于2021年面市。[①]

行走的意义不仅限于从一个地方运动到另一个地方，而是一种社会现象。今天，我们颂扬梭罗、华兹华斯和达尔文孤独而理智的脚步，但在人类进化史上，独自行走可能从来不是一个好主意。心不在焉地独自行走，肯定会成为豹子的猎物。这种状况直到不久前才得以改观。

我们经常像鱼群一样步调一致地集体行动，我们的祖先似乎也是如此。据说，人们早就知道一起走路的人会下意识地协调步态，但直到2007年才找到以经验为主的证据。

以色列巴-伊兰大学眼球运动和视觉感知实验室的阿里·齐沃托夫斯基和他的合作者、特拉维夫大学和特拉维夫索拉斯基医学中心的杰弗里·豪斯多夫邀请了14名女中学生在学校走廊里行走。[13]他们发现，当这些学生结伴成行时，她们的步态就会同步。即使让她们戴上眼罩，使她们看不到同伴，似乎也不会改变这个

---

① 可以查到2019年相关报道称顺利的话将在两年内大规模商用，但截至2022年9月未查询到更多新进展的报道。——编者注

结果。不出所料，她们手牵手走路时最容易实现同步。我不禁回想起366万年前的莱托里脚印清晰地显示出了步态同步的证据。也许留下那些脚印的南方古猿当时就是手牵着手的。

另一项比齐沃托夫斯基晚一年的研究发现，在健身房相邻跑步机上行走的人往往会同步。[14]

2018年，宾夕法尼亚大学神经科学系博士后克莱尔·钱伯斯利用发布在优兔上的近350个视频，分析了人类的步态。[15]她发现，无论是在伦敦、首尔、纽约，还是伊斯坦布尔，人们（甚至是从未谋面的陌生人）的脚步经常会同步。

然而，同步行走有时是要付出代价的。

斯蒂芬·金在18岁时就完成了他的第一本书《漫漫长路》。[16]书中描述100名青少年在美国缅因州与加拿大的边境处排成一行，以每小时4英里的速度向南行进。如果他们的速度低于这个阈值，就会被警告。三次警告后，他们就会被同行的士兵处死。街道两旁挤满了人，在为他们加油。当只剩下最后一个人的时候，这次漫长的步行才会结束。

对于像我这样研究走路的人来说，《漫漫长路》之所以如此吸引人，是因为它设立的每小时4英里这个速度阈值。心理学家罗伯特·莱文和阿拉·诺兰扎延对来自31个不同国家的2 000多人进行了一项跨文化研究，发现人们在平坦的城市街道上独自行走的平均速度几乎是每小时约3英里。[17]爱尔兰人和荷兰人走路的速度略快（每小时约3.6英里），而巴西人和罗马尼亚人走路时更加散漫（每小时约2.5英里）。

2011年，德国慕尼黑人体运动研究所的研究人员为了进行一项研究，收集了358个不同年龄的人的行走速度。[18]结果显示，他们的平均行走速度约为每小时2.8英里，而且随着年龄增长，这个速度会逐渐放缓。以这个速度（每小时3英里）运动时，人类的效率非常高，可以连续不停地行走，而且不会感到疲惫。如果斯蒂芬·金把速度阈值设定为每小时3英里，这个故事就不会那么吸引人了。

但是，人体运动的成本随着速度的增加而增加。斯蒂芬·金的小说中那些男孩不仅情绪低落，而且身心俱疲。要生存，就必须保持每小时4英里的速度，这正是《漫漫长路》让读者心惊肉跳的原因。

人类自然行走的速度各不相同，原因有很多，有文化方面的，也有身体结构方面的，但其中一个原因与能量学的基本原理有关。大家可以试着以正常的速度行走，然后加速。提升行走的速度需要能量。但如果你走得特别慢，也需要消耗一些能量，才不会恢复到你最习惯的速度。每个人都有一个适合自己的最优行走速度，那么当最优速度不同的人一起行走时，会出现什么情况呢？

假设有两个人一起走路，一个走得快，一个走得慢。那么，应该让走得慢的那个人付出能量以加快速度，还是让走得快的那个人降低速度并承担能量上的付出呢？如果一大群最优行走速度各不相同的人一起走，会怎么样呢？当披头士乐队走过艾比路的时候，林戈是承担全部还是部分的能量付出呢？答案似乎是，人们倾向于向中间靠拢，下意识地确定一个使整个群体的能量消耗降至最低的最优速度。

然而，如果一起行走的是两个恋人，情况就会有所不同。[19]西雅图太平洋大学的卡拉·瓦尔-舍夫勒教授对美国大学生的研究发现，异性恋关系中的男性会承担全部能量付出。这也许是一种骑士风度，但从生理角度来看并不完全公平。瓦尔-舍夫勒不仅发现宽臀有助于女性负重，还发现宽臀使女性最优步行速度的变化范围大于男性。女性改变步行速度时，消耗的能量比男性少。

不过，步行一直是我们所有人都在做的事情。在人类97%的历史中，以及人类在地球上行走的99%的时间里，我们都是流浪的狩猎者和采集者。我们漫步在地球上，从一个觅食区走向另一个觅食区。我们建立临时营地，当资源快要耗尽时，我们就会收拾好仅有的几件物品，一起继续前进。

一些人种（包括坦桑尼亚的哈扎人和玻利维亚的提斯曼人）仍然以这种方式生活，但今天大多数人住在永久定居点，以农产品为食，驾车或乘飞机出行。超过半数的人类居住在众多城市中，在城市中步行变成了一种困难甚至危险的运动方式。定义人类的步行已经不像以前那么常见了。

"是的，曾经有一段时间，所有人都走路，这是因为他们别无选择。"作家杰夫·尼科尔森说，"等到有其他选择的时候，他们就选择不走路了。"[20]

最终，我们的健康受到了影响。

每天一万步：
肌细胞因子和久坐不动的代价

> 我有两个医生，分别是我的左腿和右腿。
>
> ——乔治·麦考利·特里维廉，《步行》，1913年[1]

最近，我经常看到《现在就去散步的10个理由》《走路对于健康的9个令人意想不到的好处》《走路的好处：迈开双腿的15个理由》等文章。生物力学家凯迪·伯曼在2014年出版的《让基因动起来》一书中写道："走路是一种超级食品。"[2]但作为一个研究人类进化的研究人员，我对走路有不同的理解。步行是我们默认的运动方式。纵观人类历史，如果我们想填饱肚子，我们就得走路。走路对我们来说并不陌生。

想想静止不动对我们骨骼的影响吧。

我们的骨骼有两种不同的骨质。一种称为皮质骨或密质骨，就是骨头外面厚厚的一层。另一种叫作小梁骨，就是骨骼关节处的蜂窝状骨松质网，比皮质骨薄。与我们的近亲类人猿相比，人类的这两种骨质都较少。我们更多地依赖于小梁骨（像海绵一样）吸收两足行走时的巨大冲击力。

那么，为什么我们的小梁骨那么少呢？

西弗吉尼亚州马歇尔大学的生物人类学家哈比巴·彻奇尔利用CT扫描来计算现代人类、猿类和古人类骨骼中的小梁骨密度。[3]她发现黑猩猩、南方古猿、尼安德特人，甚至更新世智人关节处的小梁骨密度都相同，为30%~40%。但是今天人类的骨密度只有20%~25%。骨密度下降这个现象似乎是在最近一万年里突然发生的。哈比巴认为，这是因为我们不像我们的祖先那样频繁地走动。

宾夕法尼亚州立大学人类学家蒂姆·瑞安对此表示赞同。[4]他对四个人群（两个游牧群体和两个农耕群体）的研究发现，游牧人群的骨密度高于农耕人群。虽然饮食可能与此有关，但大多数科学家都认为，不经常走动的人的骨密度要低一些。事实上，人类在近一万年中流失的骨密度相当于宇航员在一次低重力环境下的太空旅行中流失的骨密度。[5]

随着年龄的增长，刺激骨骼的雌激素水平下降，因此我们的骨骼会自然地变薄。这种情况在绝经后的女性身上尤其突出。由于我们的骨密度本来就非常低，因此骨密度进一步降低可能会导致老年人发生骨质疏松和骨折等问题。

但是，骨质疏松可能是最不让我们担心的一个问题。

在我40岁那年，我的哥哥对我说："欢迎来到后九洞。""后九洞"这个高尔夫球术语在此处的含义是我已经到了预期寿命的后半段。因此，我开始考虑如何活得更久、更健康。

位于马里兰州贝塞斯达的美国国家癌症研究所的史蒂文·穆尔说，想活得更久、更健康，只要每天散步就可以了。[6]他的研究团队收集了65万人10年间的数据，发现那些每天运动量相当于步行25分钟的人（只要不肥胖）比那些不运动的人多活了近4年。即使每天步行10分钟，也有可能使寿命延长2年。

剑桥大学的研究人员为了研究体重超重和缺乏运动是否会带来早逝的危险，调查了30多万欧洲人。[7]他们发现缺乏运动导致的死亡人数是因肥胖死亡人数的两倍，而每天步行20分钟可以将死亡风险降低1/3。2012年，哥本哈根大学的生理学家本特·克拉伦德·彼泽森在TED演讲中说："健康而肥胖好过苗条而懒惰。"

要理解其中的道理，我们需要在这里更深入地介绍一些生理学知识。

在康奈尔大学读本科时，我先是选择了天体物理学，但很快就换了专业，毕业时我获得了生理学学位。[8]我没有研究星系天体，而是选择研究生物体。生物体的内部运作就像纽约中央车站的高峰时刻一样忙碌。我们体内的分子以稳定的速度不停地来回运动。有时它们会握手或拥抱，有时它们擦肩而过，连看都不看对方一眼。有的带礼物，有的带刀枪。在某种程度上，分子的复杂舞蹈既混乱又有序。

走路对这种舞蹈的影响十分显著。乳腺癌（特别是一种被称为雌激素受体阳性的乳腺癌，2/3的病例都患有这种乳腺癌）就是一个非常好的例子，这方面的研究非常多。乳腺癌极其复杂，但这里只涉及一些基本的东西。

雌激素在血液中循环，导致乳腺组织细胞生长和分裂，这是女性正常生理机能的一部分。细胞每次分裂时，都会复制自己的DNA，而每次复制时都有可能出错，即发生突变。通常，这并不是一个大问题，但如果限制细胞生长和分裂速度的基因发生突变，就会导致细胞生长不受控制，从而形成肿瘤。如果将这些细胞保留在乳房中合适位置的基因发生突变，就有可能导致一些细胞随血流进入肺、肝、骨骼或大脑。这个过程叫作转移，其结果就是乳腺癌IV期。

在美国，女性在其一生中被诊断出患有乳腺癌的概率为1/8。[9]每年有近3 000名男性确诊乳腺癌。美国每年有4万人，全球有50多万人，死于该疾病。

但是，每天散步可以降低患乳腺癌的概率。[10]为什么呢？一种可能的解释是，运动降低了血液循环中的雌激素水平。[11]2016年，西雅图弗雷德·哈钦森癌症研究中心的安妮·麦克蒂尔南团队的研究表明，运动会促使身体产生更多的性激素结合球蛋白。[12]这种分子附着在雌激素上，使其在血液中的浓度降低10%~15%，从而降低乳腺组织DNA突变的概率。

即使发生突变，运动似乎也能帮助受损的DNA自我修复。[13]研究发现，每天至少锻炼20分钟的参与者修复DNA复制错误的能力略有提升（1.6%），但目前还不清楚其中的原理。

即使复制错误没有得到修复并已经导致癌症，散步也仍然有益。在一项针对近 5 000 名乳腺癌女性确诊患者的研究中，克丽丝特尔·霍利克和她在弗雷德·哈钦森癌症研究中心的前同事发现，锻炼（即使每周仅散步一个小时）会使患者的死亡概率降低大约 40%。[14]沙特阿拉伯癌症研究人员的追踪研究表明，雌激素受体阳性乳腺癌患者的死亡概率降低了 50%。[15]他们还发现，运动可以将癌症缓解后复发概率降低 24%。在前列腺癌确诊后经常散步的男性中也发现了复发率下降的类似现象。[16]事实上，2016 年一项针对近 150 万人的研究发现，适度锻炼可以降低 13 种癌症风险。[17]

虽然癌症夺走了太多生命，但在工业化国家，头号杀手还是心血管疾病。美国每年死于各种心血管疾病的人口占总死亡人数的 1/4，也就是 60 万人。[18]走路也有助于预防这类疾病。经常走路的人的心率和血压比久坐不动的人低。2002 年，一项针对 4 万名美国男性的研究发现，每天散步 30 分钟可以使冠心病的风险降低 18%。[19]

冠心病在狩猎采集人群中几乎闻所未闻。[20]南加州大学人类生物学教授戴夫（戴维）·赖希伦报告称，坦桑尼亚北部哈扎人的活跃度是普通美国人的 14 倍。上年纪后，他们的血压和胆固醇都比美国人低，没有患心血管疾病的迹象。一项研究发现，玻利维亚提斯曼人的冠心病发病率同样较低，动脉堵塞率相比工业化国家的平均水平仅为 1/5。

饮食与此也有很大关系，但有证据表明，体力活动起着至关重要的作用。不过，和我们以为的可能有点儿不一样。

最近10年，杜克大学人类学家赫尔曼·庞泽一直试图了解人体是如何使用能量的。他前往坦桑尼亚北部，和哈扎人一起生活，收集他们行走距离和所消耗能量等方面的数据。包括庞泽在内的所有人都认为哈扎人消耗的能量多于普通美国人。毕竟，根据尼尔森媒体研究公司的数据，成年哈扎人每天要走6~9英里，而美国人平均每天要花6个小时盯着屏幕。[21]

但是，庞泽发现了一个让我们深感震惊（同时也迫使我们重新认识自己的身体）的事实：活跃的哈扎人和美国的"沙发土豆"们每天消耗的总能量是一样的。[22]

这怎么可能呢？

有一个线索隐藏在行走不能帮助我们实现的那个目标背后，那就是减肥。[23]研究发现，人类行走的效率很高，一个体重150磅的人至少要走70英里才能减掉1磅体重。所以，哈扎人比普通美国人多走的步数并不会消耗太多的能量。但是，哈扎人的活跃性并不仅仅表现在行走上，他们还需要劳作和奔跑。显然，他们应该消耗了更多的能量。

庞泽告诉我，对于这个谜团，目前可以接受的假设是，全世界所有人的身体日能量供给量都相同，但如何使用这些能量因文化和人的不同而不同。[24]哈扎人利用能量从一个地方前往另一个地方，采集食物，抵抗疾病，以及抱着孩子与生育新的后代。美国人也会做很多类似的事情，但因为美国人不爱运动，所以他们的身体还会把多余的能量花在其他事情上：加快身体的炎症反应。

我来告诉大家为什么这是一个健康问题。

所谓炎症反应，就是指我们的身体调集巨噬细胞以抵御感染或修复损伤的一个反应。这些细胞体型庞大，高度警惕，形似变形虫，是我们免疫系统的关键组成部分。它们会产生一种抗感染的蛋白质——肿瘤坏死因子（TNF）。TNF在我们身体里有多项职责，例如，当病毒或细菌入侵时，TNF会通知下丘脑提升体温，这被称为发烧。

但是，人们认为TNF长期居高不下与心脏病有关。[25]

2017年，德国图宾根大学的斯托扬·迪米特罗夫发现，走路可以减缓TNF的生成。[26]事实上，在快走20分钟后，TNF指标就会下降5%。

这是怎么回事呢？

答案似乎与一类蛋白质有关，但我在本科阶段学习生理学时，课本上甚至没有提到过这些蛋白质。

20世纪90年代后期，丹麦生理学家本特·克拉伦德·彼泽森领导的研究小组对白细胞相互沟通时使用的一种叫作白细胞介素–6的蛋白质产生了兴趣。[27]他们发现，比赛结束时马拉松运动员体内白细胞介素–6的浓度较比赛开始时高出100倍。

为了弄清楚其中的原因，彼泽森在6个人的脚踝处绑上重物，让他们保持坐姿。[28]他们的双腿分别接一个注射器，以便抽血。每隔几秒钟，他们就会让一条腿缓慢地向前踢出，同时保持另一条腿不动。从运动的那条腿抽取的血液中，白细胞介素-6的浓度升高，而另一条腿的血液则没有变化。彼泽森推测是肌肉自身在制造白细胞介素-6，并将其释放到血液中。

这是一个颠覆性的想法。

我们身体中的许多器官都会制造分子，然后释放到血液中，并通过它们与其他器官对话。这些内分泌器官包括胰腺、脑下垂体、卵巢和睾丸。但在彼泽森的研究之前，很少有人认为肌肉是一种内分泌器官。白细胞介素-6只是开了个头，现在科学家已经发现了肌肉制造的100多种分子。在我们行走时，肌肉制造这些分子并释放到血液中。彼泽森团队发现其中一种分子（抑癌蛋白M）可以使小鼠的乳腺组织肿瘤缩小，这可能是运动对乳腺癌患者有益的另一个原因。

2003年，彼泽森为这个神奇的分子家族起了一个名字：肌细胞因子。[29]

作为肌细胞因子，白细胞介素-6具有抗炎作用。它有助于抑制导致问题的肿瘤坏死因子，是人体天然的布洛芬。彼泽森团队还发现，白细胞介素-6可以调动被称为"天然杀手"的细胞，攻击、摧毁癌变肿瘤，至少在小鼠身上是这样的。[30]

出于某种原因，肌肉只有在运动时才能制造这种肌细胞因子。因此，要让它发挥作用，就必须运动。不过，运动并不仅限于行走。[31]坐轮椅的300万美国人能制造肌细胞因子吗？能！日本和歌山县立医科大学康复医学系的研究人员发现，坐轮椅跑半程马拉松和打篮球会提升白细胞介素-6的浓度，降低肿瘤坏死因子指标。正如2005年的美国轮椅小姐朱丽叶·里佐所说："走路就是从一个地方到另一个地方的一种方式，而我有自己的方式。"

然而，肌细胞因子并不是魔法药水，不能注射，也不能吞服。它们只有在身体运动时才会产生，而在现代社会中，人们并不经常运动。美国人平均每天走5 117步，是哈扎人平均步数的1/3。[32]我们必须走那么多路才能保持健康吗？走多少步才能预防心脏病、某些癌症和2型糖尿病呢？

根据我的智能手机的监测，答案是每天走1万步。[33]走了1万步后，我手机上的计步器应用程序就会从失望的红色或橙色变成高兴的绿色，以表示我得到了它的认可。这个神奇的1万步阈值从何而来？为了找到答案，我们必须回到在日本举行的1964年夏季奥运会。

在那一届奥运会上，埃塞俄比亚的阿比比·比基拉在马拉松比赛中蝉联冠军，创造了2小时12分11.2秒的世界纪录。[34]美国短跑运动员、未来NFL（美国职业橄榄球大联盟）名人堂成员鲍勃·海斯在煤渣跑道上以10.06秒的成绩，追平了100米短跑世界纪录。乔·弗雷泽在拳击比赛中奋力夺金。在这届奥运会上，苏联体操运动员拉里莎·拉特尼娜最后一次登上奥运赛场，获得了6枚奖牌，使她的奥运奖牌总数达到18枚，成为美国游泳运动员迈克尔·菲尔普斯之前获得奖牌数量最多的奥运选手。

这届奥运会激励了日本人民。这一年，人们第一次对奥运会进行了电视实况转播。1964年，90%的日本家庭拥有了电视机。九州大学医疗健康学教授吉城旗野认为这是一个契机。日本民众养成了不爱运动的习惯，国民肥胖问题越来越普遍，这让他当时忧心忡忡。他的步行研究表明，日本人每天走3 500~5 000步。根据他的计算，这没有达到保持健康体魄的要求。

第二年，吉城旗野和制表商山佐合作，发明了一种可以挂在人们腰上的装置，用来记录他们走的步数。[35]这个装置被称作Manpo-kei。在日语中，man的意思是"1万"，po的意思是"步"，kei的意思是"计数器"。也就是说，这是一个万步计数器。

我的智能手机步行应用程序默认的每日目标是1万步。大多数检测软件都有同样的功能。虽然1万步目标是基于吉城旗野的一些研究，但总体而言它只是一个营销噱头。然而，半个多世纪过去了，我们仍在使用这个目标。这个数字有意义吗？我们每天到底应该走多少步？

2011—2015年，波士顿布列根和妇女医院的流行病学家李义敏（音）让近1.7万名平均年龄为72岁的女性每年佩戴加速计一周时间。[36]总体而言，他们平均每天走5 499步，比美国普通成年人走的步数略多一点儿。

在接下来的4年多一点儿的时间里，参与者中有504人死亡。李义敏发现，根据研究参与者每天走的步数可以很好地预测哪些人还活着，哪些人已经死了。平均每天走至少4 400步的女性远比那些只走2 700步的女性健康。在7 500步之前，走得多的女性比走得少的更健康。但随后就进入了稳定阶段。超过7 500

步后，就没有什么影响了。

但对于年轻人来说，走 7 500 步可能不会进入稳定阶段。产生健康益处所需的步数取决于年龄和活动的程度。简单起见，李义敏建议每个人每天尽量在当前平均步数的基础上多走 2 000 步。[37]

为了在已经形成惯例的情况下多走这么多步，可以养一只狗。

狗是人类最早驯养的动物。[38] 从西伯利亚发现的犬类肋骨上的古老 DNA 来看，人类在 3 万年前和狗的狼类祖先同时生活在地球上。相比之下，近 1 万年前，猪和牛才被人类驯化。当人类在全球迁徙时，狗陪在我们身边。

即使在今天，养狗的人平均每天也比不养狗的人多走 3 000 多步，更有可能实现建议的每周步行 150 分钟的目标。[39]

除了预防某些癌症和降低死于心血管疾病的风险之外，每天散步还可以预防自身免疫病，降低血糖水平并预防 2 型糖尿病，能改善睡眠、降低血压，还能降低循环中的皮质醇水平，有助于减轻压力。[40] 一项对近 4 万名 45 岁以上女性的研究发现，每天步行 30 分钟可以使卒中（中风）风险降低 27%。尽管有这些健康益处，并且人们做出了令人钦佩的努力，希望能让那些久坐不动的人站起来，但这仍然是一场艰苦的战斗。许多关注未来的人预测，走路的时代已经过去了。

在库尔特·冯内古特的小说《加拉帕戈斯群岛》中，100 万年后的人类进化成了水生生物。他们失去了行走的能力，身体变成了适合游泳的流线型。皮克斯动画电影《机器人总动员》没有表现得这么夸张，但它也预言，未来的人类将无法行走，他们只能坐在公理号宇宙飞船上的躺椅上，由机器人满足他们的所有需求。

人类会不会停止从一开始就将我们与其他动物区别开来的活动呢？

为了我们的身体健康，我当然希望不会。研究表明，为了我们的心理健康，我们也不能停止这项活动。

边散步边思考：
达尔文和乔布斯是对的吗？

> 此外，你必须像骆驼那样行走，据说骆驼是唯一行走时还在思考的动物。
>
> ——亨利·戴维·梭罗，《散步》，1861年[1]

查尔斯·达尔文是一个内向的人。诚然，他花了近5年的时间乘小猎犬号环游世界，并把那些催生了重要科学见解的观察结果记录了下来。但当时他才20多岁，所以他利用一年的空闲期和特权，开始了一种19世纪博物学家式的环游欧洲背包旅行。1836年回国后，他再也没有踏出过不列颠群岛一步。

他逃避会议、聚会和大型集会，这类活动让他感到焦虑，加重在成年后大部分时间里一直困扰他的疾病。他住在伦敦东南约20英里的唐恩小筑，这是他安静的家，他的大部分写作都是在书房里完成的。偶尔，他会接待一两个访客，但他更喜欢通过书信与外界联络。他的书房里安装了一面镜子，工作间隙抬起头，就能从镜子里看到路上走过来的邮差——这是19世纪的邮箱刷新按钮。

但达尔文最好的想法并不是在书房里想出来的，而是在室外完成的。他的房子旁边有一条宛若小写字母d的小路，达尔文称之为"沙之小路"。今天，它被称为达尔文思考之路。两卷本达尔文传记的作者珍妮特·布朗写道：

> 作为一个做事很有条理的人，他在小路边放了一堆燧石，每走一圈就敲一块下来，这样他就可以在不打断思路的情况下走完预定的圈数。沿这条小路走5圈，就走了大约0.5英里的路。沙之小路是他沉思的地方。通过这项平心静气的日常活动，一种地方感在达尔文的科学中逐渐占据了重要地位，这塑造了他的思想家身份。[2]

在绕着沙之小路散步的过程中，达尔文提出了生物利用自然选择完成进化的理论。他边走边思考攀缘植物的运动机理，猜测他描述的那些形状奇特、色彩斑斓的兰花是通过哪些奇迹完成授粉的。他一边走，一边发展他的性选择学说；一边走，一边积累人类起源的证据。最后的散步是和妻子艾玛一起完成的，散步的同时他还在思考蚯蚓以及它们在土壤结构逐渐改变这个过程中发挥的作用。

2019年2月，为了思考行走对思考的帮助作用，我完成了走达尔文思考之路的元体验。正逢伦敦的学校放假，无数家庭蜂拥而至，前来参观达尔文生活和工作过的地方。达尔文书房里的书桌上仍然堆满了书、信件和一盒盒用别针固定的昆虫标本。旁边的椅子上挂着他的黑色夹克、黑色圆顶礼帽和一根木制手杖。手杖有一个螺旋形设计，就像攀爬的卷须蔓，看起来最近才抛光过。但手杖的底部已经磨损得很厉害了，这是在沙之小路上走了好久后留下来的证据。

我走出这幢乳白色房子的后厨房，走过绿色的格架和后门廊里爬满藤蔓的柱子，穿过漂亮的花园，进入了沙之小路。沙之小路上空无一人。天气比较冷，风很大。灰色的云一直接到地平线上，头顶上的云正在快速移动。毛毛雨断断续续地下着。阳光从云层零星的间隙中透过，雨滴闪闪发光。

我能听到附近伦敦比根希尔机场的飞机声，以及卡车沿A233公路行驶时发出的轰隆声。但这些现代社会的声音转瞬即逝，并不影响我发挥想象，让自己回到1871年，和达尔文本人一起散步。我能听到灰松鼠的啁啾声，但我也把这些声音过滤掉，因为灰松鼠是1876年引入英国的一种北美入侵物种。

我计划走5圈，因此我在入口处堆放了5块燧石，然后开始散步。我先沿着草地走，然后按逆时针方向进入树林。沙之小路上生机勃勃。椋鸟和乌鸦从头顶飞过，空中充斥着它们留下的颤音和咕咕声。常青藤沿着桤木和橡树的粗壮树干爬向阳光。脚下，真菌正在分解潮湿的叶子，散发出新鲜泥土的气味。我从路边捡起一丛苍耳，让它们吸附在我的手背和夹克上。每走一步，砾石都会嘎吱作响。经过无数脚步（其中包括达尔文本人的脚步）的打磨，这些石头已经非常光滑，被雨水打湿后，走在上面偶尔会打滑。

唐恩小筑没有魔法，也不是礼拜场所。在沙之小路上每走一圈拿一块燧石，并没有赋予我继续科学研究所需的智慧。事实证明，任何户外散步都有可能解锁我们的大脑，而沙之小路的特别之处在于，在这里解锁的那个19世纪的大脑帮助改变了世界和人类在其中的位置。

但是为什么呢？为什么散步有助于思考呢？

你肯定熟悉这样一种情况：你遇到一个难题（比如，艰巨的工作、超难的学校作业、复杂的人际关系、跳槽的前景展望），在苦苦思索之后仍然茫然无措。于是，你决定出去走走。在走路的过程中，你突然就找到了答案。[3]

据说，19世纪英国诗人威廉·华兹华斯一生走了约18万英里。[4]那些舞动的水仙花肯定就是他在一次散步时看到的。法国哲学家让-雅克·卢梭曾经说过："散步能刺激、活跃我的思想。如果待在一个地方不动，我就几乎不能思考。我的身体必须运动起来，我的思想才会运转起来。"[5]拉尔夫·瓦尔多·爱默生和亨利·戴维·梭罗在新英格兰森林里的散步启发了他们的写作，其中包括梭罗关于这个主题的散文《散步》。约翰·缪尔、乔纳森·斯威夫特、伊曼努尔·康德、贝多芬和弗里德里希·尼采都痴迷于散步。每天上午11点到下午1点拿着笔记本散步的尼采说："所有真正伟大的思想都是在散步中产生的。"[6]查尔斯·狄更斯喜欢在夜间的伦敦长距离散步。狄更斯写道："夜晚的道路是如此孤独，我在自己单调的脚步声中睡着了。我以每小时4英里的固定速度一直走。我丝毫没有劳累的感觉，而是昏昏欲睡，还在不停地做梦。"[7]不久前，散步成了苹果公司联合创始人史蒂夫·乔布斯创新过程中的重要组成部分。

我们有必要停下来，好好想一想这些喜欢散步的著名人物。他们都是男的。我们几乎没读到过关于著名女性经常散步的文章。弗吉尼亚·伍尔夫是一个例外。她显然经常散步。还有罗宾·戴维森，她带着她的狗和四头骆驼，徒步穿越了澳大利亚，并在她的书《沙漠驼影》中写到了这件事。[8]1999年，来自新罕布什尔州都柏林市的89岁祖母辈人物多里斯·哈多克步行3 200英里，从东海岸走到西海岸，抗议美国的竞选财务法律。

然而，从历史上看，散步一直是男性白人的特权。[9]黑人散步时可能会被逮捕，甚至更糟。女性即使出门散步，也会受到骚扰，甚至更糟。当然，纵观人类进化史，独自行走几乎都无安全可言。

这么多伟大的思想家都痴迷于散步，这也许只是一个巧合。可能也有很多杰出的思想家从不散步。威廉·莎士比亚、简·奥斯汀、托妮·莫里森每天散步吗？弗雷德里克·道格拉斯、玛丽·居里或者艾萨克·牛顿散步吗？才华横溢的史蒂芬·霍金患肌萎缩侧索硬化（ALS）后瘫痪了，肯定不会去散步。所以散步对思考而言不是必要的，但肯定是有帮助的。

斯坦福大学的心理学家玛莉丽·奥佩佐常常和她的博士导师

在校园里散步，讨论实验结果，进行新项目头脑风暴。一天，他们想出了一个实验，用来观察行走对创造性思维的影响。行走和思考有某种关系这个古老的观点有什么道理吗？

奥佩佐的实验设计十分巧妙，她让斯坦福大学的一些学生尽可能多地列出一些常见物品的创造性用途。[10]例如，飞盘可以用作狗的玩具，但它也可以用作帽子、盘子、鸟的浴盆或小铲子。学生列出的新用途越多，其创造力得分就越高。一半的学生在测试前静坐了一个小时，另一半学生在跑步机上行走。

测试结果令人震惊：行走后创造力得分提高了60%。

几年前，艾奥瓦大学心理学教授米歇尔·沃斯研究了行走对大脑连通性的影响。[11]她招收了65名年龄在55—80岁的"沙发土豆"志愿者，并利用磁共振成像仪获取了他们大脑的影像。第二年，1/2的志愿者每周散步3次，每次40分钟。其他参与者作为对照组，继续观看《黄金女郎》的重播（这里没有评判的意思，我喜欢多萝西和布兰奇），只做一些伸展性的活动。一年后，沃斯让所有人再次接受颅脑磁共振成像。对照组没有太大变化，但散步组大脑中某些区域的连通性得到了显著改善，而这些区域通常被认为对创造性思维能力起着重要作用。

行走会改变我们的大脑，它不仅会影响创造力，还会影响记忆力。

2004年，波士顿大学公共卫生学院的珍妮弗·沃伊弗针对18 766名年龄在70—81岁的女性，研究了行走和认知能力下降之间的关系。[12]她的团队让这些研究参与者在一分钟内尽可能多地说出动物的名字。与那些不爱运动的女性相比，经常走路的女性能想到更多的动物，诸如企鹅、熊猫、穿山甲之类。接着，沃伊弗读出一组数字，让参与者倒序复述一遍。经常走路的人在这项任务上的表现优于那些不经常走路的人。沃伊弗发现，即使每周只步行90分钟，也可以减缓认知能力随年龄下降的速度。鉴于认知能力下降发生在痴呆的早期阶段，因此沃伊弗认为行走可能有助于抵御这种神经退行性疾病。

但相关性并不等于因果关系。否则，人们可以将墓地解释为那里有巨石从天而降，人们（主要是老年人）猝不及防，被这些石头砸死了。也许因果关系的箭头指错了方向：思维活跃的人更愿意去散步。因此，研究人员必须进一步深入研究。

为此，我带领大家参观一下我的学生们解剖人类尸体的实验室。

每年8月之前，我的学生们都会在实验室度过8周紧张的时间，仔细探索那些生前捐献给达特茅斯学院医学院以供预科生解剖的人的遗体。他们将组织切开，寻找肌肉虬扎的心脏瓣膜和钙化的动脉。他们看到血管错综复杂，就像波士顿周围那些设计很不巧妙的道路。当他们看到人工髋关节或网状支架时，严肃、寂静的解剖室里顿时响起了兴奋的嗡嗡声。不过，当他们看到恶性肿瘤或意外划伤遗体的小肠时，就没有那么高兴了。

每次解剖后，学生们都会把器官归位，然后把组织和皮肤层盖好，就像合上神圣的经文一样。当学生们切开他们的第一个病人像纸一样薄的皮肤时，我看到他们的同学轻轻地握住了这位病人的手。尸体是学生们最好的老师。

一个研究化石的人还教医学院预科生解剖学，你感到惊讶吗？无须惊讶。古生物学家都学过解剖学。一块化石可能来自人体中200多块骨头中的任何一块，也可能来自曾经生活在这片土地上的几十种动物中的一种。当我捡到一块化石时，我需要迅速确定它可能是什么骨头。是肱骨、椎骨，还是下颌骨的一部分？来自远古的羚羊还是斑马？是猴子还是早期人类？从骨骼化石上曾经附着肌肉和韧带的小凸起可以找到线索。有的骨头上有凹槽和洞。数百万年前，当这些远古动物的心脏还在跳动的时候，这些凹槽和洞中有血管和神经通过。所有这些都需要用到解剖学知识，这意味着要在解剖实验室泡很长时间。

到了第9周，就要用到锯子了。前几周是识别肌肉、神经和血管，学生们把组织搬到一边时动作都很小心，而现在他们需要通过残忍的动作取出大脑。锯掉头骨的顶部让许多学生感到不安。这也情有可原，因为锯头骨确实很残酷。当嗡嗡作响的电锯被关掉时，房间里一片寂静。几乎没有人说话，更没有人开玩笑。空气中萦绕着一股烧焦的气味，让人想起烧焦的头发。碰到无法下锯的部位，有时还需要用锤子和凿子。

捧着心脏时，学生们的脸上通常露出复杂表情，但是当他们捧起大脑时，他们都充满敬畏。一个人的大脑就代表着这个人。我的学生经常惊讶于大脑是多么轻、多么柔软、多么脆弱。他们的手指滑过褶皱，探入脑沟。我的一个学生拿着一把长刀，像切哈密瓜一样切开大脑，把它等分成左右两半。在脑干的顶端，有一圈厚厚的组织，大约有我的小指那么长。在我看来，它就像一只蠕虫。在早期的解剖学家看来，它就像海马的尾巴，所以他们称之为"hippocampus"（海马）——这个词的原意是一种希腊神话中的海怪，长着马的身体、鱼的尾巴。海马区域是大脑的记忆中心。我们解剖的尸体生前的许多记忆，就储存在这一小块大脑中的神经元。

也许在他生命的最后几年，他已经不记得三年级老师的名字了，却能清楚地记得老师眼镜的形状和颜色。也许他还能想起小时候养的那条叫赛迪的狗钻完树林后散发出的泥土气息。他可以让他的大脑海马区回忆起，暗恋了三年的女孩在中学英语老师奥斯汀先生朗诵《死亡随想录》这首诗时对他微笑的那一刻。他还能记得他们结婚那天她头上插着的那朵娇嫩的兰花。他还记得1964年卡尔·雅泽姆斯基打出了多少个本垒打。但有些日子，他记不起妻子的名字，这使他感到困惑、沮丧，甚至气愤。当他平静下来时，她握着他的手，他对着一个自己已经忘记了名字的女人，一字不漏地唱出了他们婚礼上播放的那首《烟雾弥漫你的眼睛》。也许，在他死的那天，他还让他的儿子打开电视看红袜队的比赛，再去后院把小狗赛迪带过来。

遗忘带来的痛苦和沮丧肯定会让我们想要尽自己所能维护大脑的这一区域，这是我们记忆的中央存储设施。诚然，其他类型的记忆，包括识别面孔的能力、内隐记忆（例如，如何骑自行车）以及外显记忆（例如，第二次世界大战开始的日期），都储存在大脑的其他部位，但是在海马区储存着我们生活中的那些故事。

然而，随着年龄的增长，我们的大脑变得越来越小。在我们的晚年，海马区体积以每年1%~2%的速度萎缩，我们越来越难以想起以前能立刻想起的事情。一位即将退休的同事曾经开玩笑说，他大脑里的小人儿在记忆的文件柜里寻找他要找的东西时，耗费的时间越来越长了。这是因为文件柜里的文件变多了，摆放得不再那么整齐有序，而且这个小家伙还得拄着拐杖。

我们该怎么办呢？

答案是走路。

2011年，匹兹堡大学的心理学家面向全社会，找了120个上了年纪但其他方面都很健康的人，给他们做了磁共振成像，并测量了他们海马区的大小。[13] 然后，让他们中1/2的人每周散步三次，每次40分钟。另外1/2的人只做伸展性的活动，而不进行长时间的散步。一年后，拉伸组的海马区体积减小了1%~2%。这并不出乎人们的意料，但散步组身上发生了不寻常的变化。他们的海马区体积不仅没有变小，反而有所增加。散步组的海马区体积平均增长了2%，他们的记忆力也相应地有所改善。

事实证明，海马区可以再生，甚至每天散步还可以促进其生长。散步不仅可以延缓衰老，还可以逆转衰老。这是怎么回事呢？

一种解释是，散步或任何运动都有助于血液流动。确实如此。2018年，利物浦约翰摩尔斯大学的索菲·卡特对两组人进行了脑部磁共振成像扫描，其中一组每半小时左右走动2分钟，另一组整天坐着不动。[14]她发现那些不时站起来走动的人的大脑中动脉和颈动脉血流量明显增加。但血液只是一种载体，它肯定把某种至关重要的东西带入大脑。

血液携带的就是肌细胞因子。肌肉收缩释放出肌细胞因子后，血流将这些分子输送到它们的目的地——大脑。其中一种肌细胞因子名为鸢尾素（irisin），是以希腊神话中赫拉的私人信使彩虹女神（Iris）的名字命名的。2019年，巴西里约热内卢联邦大学的研究人员发现，阿尔茨海默病（65岁以上人群中有1/10的人患有这种疾病）患者体内鸢尾素的水平低得惊人。[15]

巴西的研究人员发现，如果阻止小鼠产生鸢尾素，然后测试它们是否能记住迷宫中奶酪的位置，它们就会表现得非常糟糕。鸢尾素恢复正常水平后，小鼠也恢复了常态。表现最好的是那些运动的小鼠。至少在小鼠身上，鸢尾素会直接进入海马区，阻止神经元退化。

另一种肌细胞因子被称作脑源性神经营养因子，简称BDNF。它的名字没有鸢尾素那样有趣，但它可能更重要。在匹兹堡大学的研究中，散步组的海马区体积增加了2%，他们的BDNF水平也比非散步组高。哈佛医学院的临床精神病学教授约翰·拉蒂称BDNF为"大脑的营养素"。[16]

但是，行走不仅仅对海马区和记忆有益。有证据表明，它还有助于缓解抑郁和焦虑的症状。

英国作家杰夫·尼科尔森在《失落的步行艺术》中写道："我曾告诉自己，我不散步，是因为我沮丧、无力。但是，后来我又有了一个想法。也许我感到沮丧、无力，正是因为我没有散步。"[17]

那些与抑郁症做斗争的人称，抑郁症是一个令人精疲力竭的绝望深渊。当你置身其中时，你会觉得自己永远也出不去了。每12个美国人中就有一个人有这种感觉。[18]虽然许多研究表明，定时散步可以缓解抑郁和焦虑的症状，但这并不是对每个人都有效。此外，是否有好处取决于你在哪里散步。要理解其中的原因，我们需要回到解剖实验室，再次观察大脑。

对外行来说，大脑的褶皱和脑沟似乎是呈不规则分布的。但在神经学家的眼中，它们是一幅地图，揭示了我们体内最伟大器官的作用原理。大脑后部的褶皱是处理视觉线索的地方。顶部那条长长的神经组织有助于协调运动。大脑前部的凸起部分是我们制订计划的地方。20世纪早期，德国神经学家科比尼安·布罗德曼发现并命名了52个大脑区域，现在每个区域的名称里都包含他的名字，例如，处理声音的布罗德曼22区、帮助你说话的布罗德曼44区和45区。

在鼻梁后面大约3英寸处是布罗德曼25区，也就是现代神经学家所说的膝下前额皮质（sgPFC）。它在调节我们的情绪方面起着重要作用，在悲伤和沉思时表现得更加活跃。

在斯坦福大学的玛莉丽·奥佩佐让学生们列出飞盘的多种用途的同时，她的同行卡迪纳尔·格雷格·布拉特曼正在想，在树林中散步为什么能改善心情。当时，布拉特曼还是一名对环境和心理学交叉领域感兴趣的博士生。[19]他让38人填写了一份调查问卷，其中一些问题与情绪以及消极的自我反省有关。他特别感兴趣的是他们当中是否有人正在受到某个问题的困扰。他根据这项调查计算出所谓的沉思得分。接着，布拉特曼对他们的sgPFC区域进行了磁共振成像扫描，评估该区域的血流情况。然后，他让这些参与者出去散步。

1/2的人在斯坦福大学校园的绿地上走了3.5英里。这里空气新鲜，加州栎绿树成荫，还能听到西丛鸦的尖叫声。另外1/2的人则沿着国王大道的人行道走同样的距离。国王大道是一条穿过帕洛阿尔托市中心的繁忙多车道大街。在这条道路上行走时，他们必须时刻警惕，防止有汽车从加油站、酒店、停车场和快餐店蹿出来。参与者返回后，再一次接受问卷调查和磁共振成像扫描。

那些沿着繁忙道路散步的人，他们的沉思得分和流向sgPFC区域的血流量都没有变化。但是那些在树林里散步的人的沉思得分降低了，并且流向sgPFC区域的血流量明显减少了。

为了心理健康，我们似乎应该在绿树成荫、鸟语花香、清风拂面的地方散步。[20]

这让我们回想起斯坦福大学的另一项研究——玛莉丽·奥佩佐的研究。在发现跑步机组的创造力测试成绩高于静坐组之后，她又增加了一个户外散步组。在想出新点子这个方面，沿人行道散步的那些人的表现优于在跑步机上行走的人。

遗憾的是，我们不仅减少了步行，由于我们中有很多人生活在城市地区，因此散步对健康的益处也打了折扣。

雷·布拉德伯里对未来的预测也许是正确的。

他在1951年发表的短篇小说《暗夜独行客》描写的是100年后发生的事。[21]一位名叫伦纳德·米德的作家每天晚上都会去散步。布拉德伯里写道：

> 在11月份晚上8点，双手插在口袋里，走进静谧的薄雾中，沿着弯曲的混凝土小路，踩着从裂缝中长出来的小草，在沉寂的夜色中漫步，这是伦纳德·米德先生最喜欢做的事。

像往常一样，米德独自走在街上。邻居们都在看电视，窗户透着光亮。一个机器警察拦住了他，问他在干什么。

"随便走走。"他回答道。

"去哪儿？要干什么？"警官问道。

"就是为了透透气，随便看看，随便走走。"他回答道。

"你经常这样吗？"

"几年来每天晚上都这样。"米德说。

"上车。"警官命令道。

在故事的最后，米德坐上了一辆警车，被带到了退行性精神病研究中心。

直立行走之痛：
我们脆弱的腰椎、膝盖和脚踝

久走脚跟痛。

——格劳乔·马克斯，电影《走向西部》，1940年[1]

无论有什么危险，我都要走路。

——伊丽莎白·巴雷特·勃朗宁，《奥萝拉·莉》，1856年[2]

在列奥纳多·达·芬奇1490年创作的画作《维特鲁威人》中，一个人伸直两只胳膊和两条腿，正好嵌入一个圆形和矩形。这幅画的目的之一是表现一世纪罗马建筑师维特鲁威猜想的理想人体比例，但画中的维特鲁威人远达不到理想标准。事实上，这幅画体现了我们进化史上的一个伤疤。

2011年，伦敦帝国理工学院的讲师胡坦·阿什拉斐恩博士注意到维特鲁威人的左腹股沟上方有一个奇怪的凸起。[3]他立刻意识到这是腹股沟疝，超过1/4的男性都会患有这种病。[4]如果不及时治疗，腹股沟疝有可能致命——达·芬奇这幅画中的这个男子就是死于这种疾病。

腹股沟疝是直立行走的直接结果。[5]

人类的睾丸在出生时位于男性腹部，与泌尿系统的器官距离较近，但在出生后的第一年，它们就会经腹腔进入阴囊。迁移时会形成一个叫作腹股沟管的结构，这是腹壁上的一个薄弱点。许多哺乳动物身上也有这种结构，但没有负面影响。然而，由于我们是直立行走的，重力会把我们的内脏往下拉，有时我们的肠子会被挤进腹股沟管并堵在那里，非常危险，有时甚至会致命。

大多数哺乳动物睾丸迁移的这种奇怪路径是发育限制和深层进化史的副产品。[6]一些哺乳动物的睾丸仍留在体内，例如海豚、大象和犰狳，但由于大多数哺乳动物的精子在较低温度下才能发挥正常功能，它们的睾丸位于温度较低的体外。但鱼的睾丸也在体内。因为哺乳动物和鱼类有共同的祖先——一条生活在3.75亿年前的鱼，所以我们的睾丸保留了在腹部开始发育这个特点，这是过去的水生生活留下来的一个残迹。

步行对身体和精神都有好处，但它也有坏处。原因之一就是人类并不是凭空出现的，而是由类人猿演变而来的。我们的祖先花了大约600万年的时间来调整我们的身体，使其能够直立行走，但进化并没有创造出完美的形态，仅仅满足了生存、繁殖和延续血统的需要。化石中保留有大量灭绝动物的记录，这些动物曾经很好地适应了生活环境，但是当不可避免的环境变化把它们拖垮后，它们就灭绝了。即使是最适应环境的幸存者，包括人类，也成了前期物种的废品堆放场，不仅接受了自然选择的改造，还接受了历史留下来的大量进化残迹。

如果我们从一开始就是两足动物，也许我们未来会长成机器人凯西那个样子。

俄勒冈州立大学机械工程和机器人学教授乔纳森·赫斯特带我参观他的实验室时，告诉我："未来，机器人能做人类所做的所有事情，而且会做得更好。"[7]根据他的设想，在不远的将来，两足机器人就能递送包裹、上菜、执行搜救任务。

我不相信两足行走是最佳移动方式，于是问赫斯特为什么要设计两足机器人。为什么不设计成四足行走呢？见鬼，为什么不给它们轮子呢？赫斯特告诉我，机器人将会在一个为人类设计的世界中移动，所以让它们像我们一样移动是有道理的。

但是，赫斯特设计的机器人看起来不像人类。

2019年2月，我见到了机器人凯西。赫斯特的学生们把凯西带到跑步机上，让它用带护垫的小脚以每小时3英里的稳定速度行走，这是人类步行的平均速度。凯西看上去和机器人C-3PO、Bender、终结者、Johnny 5都不一样。它一点儿也不像人类。相反，这个机器人高4英尺，重70磅，它的整个身体几乎就是两条腿。但与我的直腿不同，凯西的腿是弯曲的，并且很细，提供动力的马达位于臀部附近。我以前在大型陆生鸟类身上见过这种结构。事实上，凯西这个名字（CASSIE）就是"cassowary"（食火鸡）的缩写——这是新几内亚的一种不会飞的鸟，体重约100磅。

但是，赫斯特在设计凯西时没有有意地以任何动物为模型。

20年来，他的研究团队一直在研究两足行走背后的物理学原理，赫斯特称之为关于行走的"普遍真理"。[8]正是这些原理，而不是任何预想的设计，引导了他的这些机器人的发展历程，形成了不同于我们的外观。

进化残迹带来的另一个问题对女性的影响远大于男性。要理解它，我们必须追溯到3 000万年前。

正如人类不是从黑猩猩进化而来，猿也不是从猴子进化而来，而是与猴子拥有共同的祖先。古生物学家通过3 000万年前的北非沉积物知道了这个共同祖先的样子。它是一种跟猫科动物差不多大小的灵长类动物，叫作埃及猿。这个名字似乎表明它是埃及的一种猿，但埃及猿肯定不属于猿类。它长着跟猿类一样的牙齿，却像猴子一样用四足爬行。与猿类不同的是，埃及猿有一条长尾巴。

在接下来的1 000万年里，这个谱系逐渐一分为二。其中一种保留了尾巴，进化出形状不同的牙齿，并演化成了今天的非洲猴和亚洲猴。另一种失去了尾巴，最终进化成了今天的猿类。包括长臂猿、猩猩、大猩猩、黑猩猩、倭黑猩猩和人类在内的这些灵长类动物没有尾巴，但保留了曾经用于摆动尾巴的肌肉。

这些肌肉仍然附着在我们退化的尾骨上，它们形成的带状结构变成了我们骨盆的底部。[9]这些肌肉帮助狗摇尾巴，使猴子可以用尾巴把自己挂在树上，而在猿类身上，这些肌肉的用途发生了变化——用于支持内脏器官抵抗地心引力。但是，对于直立行走的人类身上的这些肌肉来说，重力的作用有时是它们无法抗衡的。

这种情形导致了盆腔器官脱垂，即内脏器官有时会突出到阴道中的衰弱性疾病。

波士顿科学博物馆中饲养了大量活体动物（有的是受伤的野生动物，有的是没收的宠物），用于教授生态学、动物行为和进化课程。我在那里从事教学工作时，最喜欢的动物之一是一只小型美洲鳄亚历克斯。亚历克斯只有几岁，体重不超过10磅，但每次我把它从水箱里拿出来，让游客们近距离观看时，它都能吸引大量观众。

亚历克斯脾气温和，但是一旦它焦躁不安，我就会知道，因为在它想要挣脱我的控制之前，它的尾巴根部的肌肉就会绷紧。只要感觉到它尾巴上的肌肉紧绷，我就会把它直立起来，让它的头朝向天花板，尾巴朝向地板。这个姿势会让血液从头部流出，使它平静下来。几秒钟后，我就可以继续爬行动物教学活动了。

短吻鳄的静脉中有瓣膜，但这些瓣膜似乎只有在水平状态下才足以阻止血液回流，在垂直状态下就不能发挥这个作用。因此，我怀疑更能直立的卡罗来纳屠夫的瓣膜比现代的鳄鱼和短吻鳄更有力。

人类和许多其他哺乳动物也有这些瓣膜，这是有充足理由的。例如，长颈鹿的颈部有大量瓣膜，以防血液从大脑流走。但两足行走使我们体内的瓣膜承受了很大压力。随着年龄的增长，它们可能会渗漏，导致血液在下肢淤积。对人类来说，这可能会导致静脉曲张。这种情况在怀孕的女性中尤为常见，原因之一是在平均历时39周的孕期，循环系统要承受更大的压力。

两足行走还会影响我们的窦腔。发生感染时，窦腔会充满液体、黏液和各种肮脏的东西。这些脏东西从鼻窦流到咽部后，我们只要清一下嗓子就可以排空。然而不幸的是，位于眼睛下方的上颌窦导管是向上引流的。因此，在患重感冒时，你会感到一种让人不舒服的压力，如果病情严重，还会有类似偏头痛的疼痛感。

对于我们身体奇怪结构的这些认识，得益于一项山羊和人类比较研究。伦敦国王学院眼科专家丽贝卡·福特博士发现，山羊的上颌窦引流没有问题。[10]这就是为什么许多临床医生建议患有慢性上颌窦炎（一种让人很不舒服的疾病，被黏液阻塞的鼻窦发炎）的人像站立的山羊那样四肢着地。人类两足行走的时间还不够长，对于四足行走这段历史留下来的影响，进化还未来得及提供一个更好的解决方案。

然而，两足行走最明显的副作用也许还是它对我们的肌肉和骨骼造成的损害。

四足动物的背部结构就像悬索桥，内脏悬挂在沿水平方向稳固排列的椎骨上。但是，两足动物把脊椎骨旋转了90度。人类的脊柱是由24块椎骨和椎间盘相互堆叠形成的。凯斯西储大学的古人类学家布鲁斯·拉蒂默把它们想象成堆在一起的24套杯碟，尽管摇摇欲坠，还要平衡身体的大部分重量。[11]更糟糕的是，这些杯碟堆得不直，有三个弯曲的地方：腰部向内弯曲，中间向外弯曲，肩膀上方与头相接的颈椎向内弯曲。

这些弯曲有其优点。它们就像弹簧一样，有助于在奔跑时吸收压力，还能帮助脊柱底部远离产道。[12]然而，我们的脊椎必须承受整个上半身的重量，因此可能会在毫无征兆的情况下折断。

我们是唯一一种仅因为自身体重就可能导致脊柱骨折的动物，这种风险会随着年龄的增长而增加。[13]这些骨折大多发生在脊柱的薄弱部位，也就是脊柱弯曲的顶点，这也许并不令人惊讶。据估计，每年有75万美国人遭受脊柱压缩骨折的折磨。

但是，脊柱弯曲的影响还不止于此。身体的重量压在弯曲的脊柱上，会导致脊椎骨上突出的部位（用手指触摸背部中间位置就能摸到）从脊椎骨上断开，使一根脊椎骨滑离它下面的那根脊椎骨。这种情况被称为滑椎（腰椎滑脱），似乎是人类特有的，它会压迫神经并引起严重的疼痛。

更常见的是椎间盘突出。椎间盘是在椎骨之间起填充作用的软骨盘和凝胶状物质。这种损伤是由于多年直立行走的压力导致填充物溢出椎间盘并挤压神经造成的。结果很可怕，常常使人衰弱和疼痛。腰部的椎间盘突出会压迫坐骨神经的根部，导致疼痛向腿部延伸，这种情况比较常见，叫作坐骨神经痛。

随着年复一年地磨损，椎间盘会进一步受损，椎骨之间的填充物消耗殆尽后，椎骨就会相互摩擦。这可能会导致脊柱关节炎，进而导致骨刺压迫脊神经，引起手臂、腿部疼痛和无力。其他动物的椎骨发生骨刺的情况比较罕见，但在成年人类身上这很常见。把这24套杯碟叠在一起，还有可能导致脊柱向一侧弯曲，形成脊柱侧凸。大约3%的学龄儿童会出现这种情况，但在其他哺乳动物中很少见，甚至闻所未闻。

即使你的背部现在没有问题，你也可能会感到膝盖不舒服。人类的膝盖与其他哺乳动物的膝盖并没有太大的不同。它由大腿骨（股骨）末端的两个圆形球头组成，在相对平坦的胫骨顶部滚动。此外还有膝盖骨（髌骨）为股四头肌提供力量。

人类的不同之处在于，我们把几乎所有的体重都直接放在两个膝盖上，而不是像四足动物那样分散在四肢上。我们走路时，来自地面的力量传到腿上，就像有锤子在敲打一样。膝盖承受的力量大得惊人。每走一步，膝盖就要承受相当于我们体重2倍的力量。[14] 奔跑时，这个力甚至超过我们体重的7倍。其中一些力量被我们通过肌肉收缩的方式吸收，另外一些力量则是通过骨骼之间的软骨消解的。随着时间推移，这些软骨有可能受损。由于没有血液供应，它们不能轻易地自我修复，软骨损伤最终导致疼痛难忍的关节炎。仅在美国，每年就有70多万例膝盖置换手术，两足行走对膝关节造成的损伤就是其中一个原因。[15]

膝盖不仅容易逐渐退化，也容易突然严重损伤。1951年，纽约洋基队在世界职业棒球大赛的第二场比赛中主场迎战纽约巨人队。[16]巨人队的传奇人物威利·梅斯击出一个飞球。在球飞向右中外野时，洋基队的中外野手乔·迪马吉奥向他的左边跑去，而新秀右外野手米奇·曼特尔则迎着球，向他的右边跑去。当曼特尔看到迪马吉奥已经跑到球的下方后，他停了下来。就在这时，他的右脚卡到了自动洒水系统的格栅里。曼特尔右膝一弯，瘫倒在地。

曼特尔很可能撕裂了他的前交叉韧带（ACL）、内侧副韧带（MCL）和内侧半月板，整形外科医生称这种损伤为"膝关节三联损伤"。在传奇性的名人堂生涯中，曼特尔击出了536支本垒打，但他的膝盖再也不能恢复如初了。很多人认为，正是因为这次受伤，曼特尔没能成为史上最好的球员。

足球明星阿莱克斯·摩根、奥运会滑雪选手林赛·沃恩、前爱国者队四分卫汤姆·布拉迪和篮球职业选手苏·伯德都有前交叉韧带断裂的经历。这是一种常见伤，受伤的运动员会缺席比赛长达一年时间。每年，发生膝盖韧带断裂的普通人比受到这种伤害的体育明星多成千上万倍。

膝盖的功能很简单，就是弯曲和伸展。但它的结构很复杂，四条交叉的韧带使整个关节连成一体，同时使股骨与小腿的骨头相连。其中两条韧带（在膝盖前面交叉的前交叉韧带和在膝盖背面交叉的后交叉韧带）防止股骨从胫骨上滑下，另外两条韧带（位于膝关节内侧的内侧副韧带和位于外侧的外侧副韧带）防止膝关节脱臼。这种类似于橡皮筋的解剖结构是在所有哺乳动物身上都能见到的奇妙适应性特征，但是与四足动物相比，两足动物身上的这种结构会受到更大的压力。

每年有近20万美国人出现前交叉韧带撕裂的情况。[17]这种损伤在女性中更常见，在篮球、足球、曲棍球和橄榄球等需要大量左右移动的运动中尤为普遍。[18]发生频率这么高，很可能是因为我们用两条腿而不是四条腿移动，尽管我们还不清楚野生动物发生这种损伤的频率。

因为直立行走的需要，我们的骨盆和膝盖发生了一些适应性变化，这进一步增加了我们膝盖韧带的脆弱性。与类人猿相比，人类的臀部很宽，膝盖外翻，这使我们能够有效地行走。然而，这种关节结构使大腿骨的末端与膝盖形成一个角度。成角度的物体受力后容易弯曲、断裂。因此，我们的膝盖韧带承受了更大的压力。进化总是要权衡取舍的，而膝盖就是我们为两足行走付出代价的一个痛苦例子。

1976年，亚利桑那州立大学的一名21岁学生范·菲利普斯，在滑水时发生了严重的事故，导致他的左腿膝盖以下被截肢。医生给他装上了标准假肢，然后让他出院回家。

2010年，他在接受路虎品牌杂志采访时说："我讨厌这个东西。我们已经把人类送上了月球，我却戴上了这个垃圾。我想，我们可以做得更好。"[19]

范·菲利普斯离开了亚利桑那州立大学，成为西北大学假肢矫形中心的一名学生。后来，他受猎豹和撑竿跳启发，开始研究一种更好的假肢设计。数年后的2012年，南非短跑运动员奥斯卡·皮斯托瑞斯在伦敦奥运会上使用了基于菲利普斯设计的假肢，震惊了全世界。

我们的两只脚总共有52块骨头，占人体骨头总数的1/4。这些骨头被韧带捆绑在一起，并被众多横跨足部的肌肉牢牢地固定住。与之形成鲜明对比的是，菲利普斯设计的片状假肢只包含一个由可塑性材料制成的运动元件，其硬度足以推动身体向前，同时又有足够的弹性，可以弯曲和回弹。

与这个出自实验室的片状结构不同，人的脚是漫长、复杂和非线性进化历史的产物。然而，片状结构的脚在生物世界中十分常见。鸵鸟和鸸鹋等大型陆生鸟类的脚就像奥斯卡·皮斯托瑞斯的假肢一样。它们的踝骨和足骨融合成一块坚硬的骨头，叫作跗跖骨。它们也有长而粗的肌腱，在两足运动时可以储存弹性势能并回弹，为它们的步伐注入反冲力。这种身体结构使得鸵鸟每小时能跑45英里，是人类短跑速度的两倍。

现存的哺乳动物都没有加入人类的大踏步两足行走实验，但如果不是6 600万年前一颗小行星导致恐龙灭绝（有证据表明大规模的火山爆发也起到了一些作用），科学家应该能更好地分析两足行走的趋同进化。[20]包括霸王龙在内的许多恐龙都是两足行走的，而今天的鸵鸟和鸸鹋的两足行走可以追溯到大约2.4亿年前的一些最早期的恐龙。这个谱系两足行走的历史比人类长50倍。

不同于人类（我们不过是两足行走街区里的新面孔），陆生鸟类的骨骼已经针对这种运动方式进行了充分的调整。

最早生活在两足恐龙阴影下的哺乳动物是四足动物，它们中有许多住在洞穴里或森林树冠里。在哺乳动物的进化过程中，骨骼早期发生的变化就是进化出了距下关节。[21]这个关节位于踝关节（距骨）和跟骨之间，因此脚可以向内、向外转动。这些动作使哺乳动物的脚在左右移动时更加灵活。鸟类的距骨和跟骨融合在一起，而在哺乳动物的爬行动物祖先和现代爬行动物体内，距骨和跟骨彼此相邻。但在最早的哺乳动物体内，距骨迁移到了跟骨的顶部，形成了这个新的足关节。

试着单腿站立几秒钟。在你尽力不让自己摔倒时，有没有感觉脚在摇晃？支撑你直立的肌肉收缩最终会让你精疲力竭，因此你需要休息。但是，火烈鸟可以长时间单腿站立而不感到疲劳。它们不会摇晃，是因为它们没有距下关节，足骨和踝关节融为一体。

人类的脚踝非常灵活，是因为我们从生活在树上的祖先那里继承了身体结构，而灵活性在树上生活中占据显著优势。但对于陆地上的两足动物来说，灵活性需要付出巨大的代价。

在2013年对阵亚特兰大老鹰队的一场比赛的最后几秒钟，洛杉矶湖人队已故球星科比·布莱恩特运球到右底线，然后后仰跳投。落地时，他的左脚踩在防守球员的脚上。科比的脚很别扭地向内翻，踝骨朝着远离他的腿的方向扭转，使连接距骨和腓骨的距腓前韧带过度拉伸。科比在极度的疼痛中小心翼翼地离开了球场。

在1996年亚特兰大奥运会上，美国体操运动员克里·斯特鲁格的踝关节韧带撕裂。片刻之后，在使用了大量医用胶带和肾上腺素后，她咬紧牙，帮助美国队夺得金牌。在距腓前韧带撕裂的情况下，大多数人都不能行走，更不用说跳马了。

当我们说"扭伤脚踝"时，通常是距腓前韧带过度拉伸，有时甚至撕裂。距腓前韧带连接距骨与腓骨，是人体中受伤频率最高的韧带。每年有100万美国人距腓前韧带受伤，有的是因为打篮球，有的只是路面不平扭到了脚。[22] 距腓前韧带受伤，可能需要几周才能痊愈。

因为两足行走，人类的脚踝很容易受伤。为了理解其中的原因，我去了乌干达西部的基巴莱森林国家公园。

在热带雨林中，永远不可能保持身体干爽。即使不下雨，空气也很潮湿。汗水无处可去，只能浸湿衣帽鞋袜。大象在茂密森林中踩出来的小路上藤蔓纵横交错，两足动物一不小心就会被绊倒。毒蛇、大蜘蛛、引起皮疹的植物、咬人的蚂蚁和偷猎者的陷阱无处不在。对新英格兰人来说，这不是一个受欢迎的地方，但为了研究黑猩猩的自然栖息地，我不得不来到这里。

努迦黑猩猩群落有150只强壮的黑猩猩，密歇根大学的约翰·米塔尼和耶鲁大学的戴维·瓦茨已经对它们进行了20年研究。我想在那里看到黑猩猩走路和爬山时是如何用脚的。没等多久，我就如愿以偿了。

进入森林里的第一天上午，群落里高大、威严的雄性首领巴托克，指关节着地走到一棵正在结果的常乔木下面，直勾勾地仰望树冠。然后，它像爬楼梯一样，毫不费力地爬上了约1英尺宽的树干。我死死地盯着它的脚。眼前的情景让我简直不敢相信自己的眼睛。只见巴托克把脚背贴到胫骨上，然后转动脚，用脚掌抓住树干。第一个动作就会让我的跟腱断裂，第二个动作则会让我的距腓前韧带撕裂。

在一个月的时间里，我跟踪这群黑猩猩，拍摄了近200次攀爬过程。如果把黑猩猩的脚每次完成的动作换成人来完成，大多数人的肌腱和韧带都会受到严重损伤。[23]

人类的跟腱从小腿背面向上延伸至大约小腿1/2的高度，止于小腿肌肉根部。跟腱很长，储存弹性势能，在我们移动特别是奔跑时，为我们注入反冲力。但黑猩猩的跟腱只有大约1英寸长。它们腿的背面主要是肌肉，比肌腱灵活得多，这使得它们在攀爬时脚踝更加灵活。换句话说，黑猩猩和我们不同，不必担心跟腱断裂。

它们也不用担心扭伤脚踝，甚至没有距腓前韧带。

最早的猿类可以自如地爬树，这不仅仅是因为它们的足关节非常灵活，还因为它们像今天的黑猩猩一样有一个可以抓握的大脚趾。猿类的脚（是人类脚进化的原材料）在自然选择的巨大压力下成为有抓握能力的灵活附肢。它们的足部肌肉可以帮助控制脚趾的精细动作，这对抓住森林树冠高处的树枝而言很重要。

直立行走时，人类的脚必须更加僵直、稳定才能蹬离地面。在我们的进化史上，足部有很多曾经可以灵活活动的部位都因为韧带、肌肉和一些细微的骨骼变化而变得更加稳定。这些改良起到了生物学回形针和胶带的效果，是进化修补作用的绝妙例子。[24]

当然，人类的脚能够很好地履行职责。自然选择将其塑造成了一种可以消减力量的结构，在步态的推进阶段它可以保持挺直，它还有足弓和跟腱这样的弹性结构。内在肌之前的作用是控制我们祖先有抓握能力的脚去完成一些精细动作，现在的作用是支持足弓。如果没有进化出这些变化，我们的祖先很可能变成了豹子的食物，而我们所知道的人类也就不存在了。

但是，由于进化在原有结构的基础上进行一些微小的、渐进的修改，因此我们继承的是一种比较粗劣的两足行走解决方案——足够有效，能让我们站立起来，但不能确保我们不会感到疼痛和不会受伤。

例如，足底筋膜是从脚跟沿脚掌延伸到脚趾根部的强力纤维组织。如果过度拉伸，它就会发炎，导致骨刺和疼痛难忍的足底筋膜炎。如果没有足底筋膜，我们的脚就会因为太过灵活而无法正常工作，但有了它会让我们更容易受伤。我们也特别容易受到足弓塌陷、拇趾滑囊炎、槌状趾、高位踝关节扭伤和其他多种伤病的困扰。事实证明，正是鞋这项人类赖以生存的技术加剧了许多脚部疾病。

鞋帮助人类迁移到北纬地区，并最终进入美洲。今天，鞋让我可以舒服地和孩子们在柏油路上打篮球，以及风暴过后在树林里远足。在澳大利亚和撒哈拉以南非洲地区的草原上，高踝靴可以防止蛇虫咬伤。在沙滩或城市人行道上，鞋可以防止脚被碎玻璃扎伤。或者它只是让人们可以进商店里买东西，因为"衣冠不整者禁止入内"。没有鞋子，人类就不会登上珠穆朗玛峰，也不会在月球上行走。鞋子过去和现在都是一项重要的技术创新。但正如我们许多聪明的发明一样，我们在受益的同时也要付出成本。

人的脚底有10块肌肉，分成4层。这些肌肉中有的作用是维持足弓，有的在推动我们连续迈步这个方面发挥关键作用。[25]但大多数的鞋，即使是听起来很健康的"支撑足弓"的鞋，也会导致这些肌肉变弱。其结果是脚更容易受伤。

塔拉乌马拉人是墨西哥的原住民，以其非凡的长跑能力而闻名。[26]他们的凉鞋通常用一块汽车轮胎橡胶制成，用绳子固定在脚上。他们的脚让哈佛大学人类进化生物学家丹尼尔·利伯曼（他还是一名长跑爱好者）惊叹不已。因此，他前往墨西哥西北部的塔拉乌马拉山脉，研究塔拉乌马拉人是如何走路和奔跑的。他还用超声波测量了他们脚部肌肉的体积。2018年，利伯曼和两名博士后研究人员——尼古拉斯·霍洛卡、伊恩·华莱士发表的文章表明，与普通美国人相比，塔拉乌马拉人的足弓更高，脚更僵直，脚部肌肉的体积更大。[27]

也许塔拉乌马拉人天生就有强壮的脚部肌肉呢？并非如此。辛辛那提大学人类学系的伊丽莎白·米勒与利伯曼团队合作，测量了33名跑步者双脚肌肉的体积。[28] 1/2的跑步者穿着正常的、有缓冲的跑鞋进行训练，另外1/2的跑步者慢慢换成简易鞋，类似塔拉乌马拉人穿的鞋。仅仅12周后，穿简易款鞋的人的双脚肌肉增加了20%，而足弓僵直的提升程度则达到了惊人的60%。我们的脚会因为穿什么鞋或者不穿鞋而改变。

不仅如此，如果没有强壮的足部肌肉，足底筋膜（纵贯脚底的组织）就有可能过度紧张，我们的脚就会因为足底筋膜炎而产生刺痛感。[29]不过，正如哈佛大学生物力学家艾琳·戴维斯所说的那样："我们认为脚必须有减震能力，我们才能生存下来。其实这是在骗我们自己。"[30]

此外，鞋的作用不再仅限于保护脚，它们还是社会地位、财富和权力的象征，而且有性别之分。我们的脚也要为鞋的这些作用付出代价。高跟鞋会缩短小腿肌肉，收紧跟腱，改变我们走路的方式。[31]脚尖不停地挤向又尖又窄的鞋头，会提升患拇趾滑囊炎和槌状趾的概率。[32]这些损伤对女性足部的影响尤为严重，有时需要手术干预。

"赫克特博士有最好听的音乐。"手术室护士对我说。

我身着蓝色的手术服，戴着口罩，穿着短靴，是保罗·赫克特博士的客人，他是一位经验丰富的足部和踝关节矫形医生。一个40多岁的男子正躺在达特茅斯希契科克医疗中心的手术台。去年冬天，他在冰上滑倒，右脚踝骨折。[33]为了帮助愈合，医生在骨头里植入了螺丝钉，但效果并不好。他需要做踝关节融合术。

头顶上的扬声器传来史提夫·汪达演唱的《不要担心》。

手术的第一阶段很精细，赫克特医生小心地分开表皮组织（皮肤、皮下脂肪和肌肉），露出踝关节。

然后，现场开始看起来更像是家装市场，而不是手术室。他们首先使用钻头，取出胫骨上的旧螺丝钉。

"你知道拉力螺钉是什么吗？"赫克特医生问我。

"嗯……知道。"我说。我曾经用拉力螺钉把孩子们的树屋固定在后院的一棵大橡树上。我没想到手术室里会有这么大的复纹钢螺钉。

在这种手术中，小静脉不可避免地会受到创伤，因此他们利用电灼笔，进行精细切割和止血，房间里充斥着组织烧焦的气味。距骨从与胫骨结合的地方被切开，就像准备更换轮胎的汽车。

关节暴露后，场面有点儿乱了。软骨被一个像挖球器一样的工具从关节上剥离。然后，赫克特博士用电钻在关节上钻孔，并促使小孔流血。血液会将造骨细胞带到该区域，使关节融合。在钻头的嗡嗡声中，骨头碎片四溅，于是我后退了几步。接着，赫克特用锤子和凿子将骨骼的外层分割成类似鱼鳞的小块，以增加愈合面的面积。最后，将一些用活的骨细胞和微型骨支架调成的类似电影《捉鬼敢死队》中的黏液一样的东西涂抹到断骨上，以加速愈合和新骨的生长。赫克特博士在成为骨科医生之前，曾接受过木工训练。这就说得通了。

那天的晚些时候，我看到一位中年妇女的脚后跟被电锯锯掉，以去除疼痛的骨刺。还有一个病人，为了治疗关节炎，大脚趾的关节被电钻磨圆了。

矫形外科是一个价值数十亿美元的产业，它的成功要归功于人类的进化史。

可以肯定的是，一些足部疾病是由我们习惯久坐的生活方式和我们穿的鞋子造成的。但足部疾病在远早于鞋子发明时间的古人类化石中就很常见了。直立行走的负面影响已经伴随我们很长时间。

事实证明，这些古老的、有病态表现的骨头揭示了人类的其他一些特征——这些特征有助于我们回到起点，去解开猿类最初如何用两条腿行走的谜题。

有同理心的类人猿

> 赤裸的人体是多么脆弱，多么容易受伤，多么可悲
> 啊！不知为何，它还是一件不完整的未成品！
>
> ——戴维·赫伯特·劳伦斯，
> 《查泰莱夫人的情人》，1928年[1]

两足行走开启了人类谱系中所有主要的进化事件，包括工具的使用、合作养育后代、贸易网络和语言，并最终使曾经站立在中新世森林中的地位卑微的猿，在地球上定居了下来。

但是，人类能走到现在仍然是一个奇迹。我们移动的速度慢得可怜，至多是同等体型的普通四足动物的1/3。在一块南方古猿后脑勺化石上有两个形如豹子尖牙的孔，这个可怕的发现提醒我们，进化对于行动速度不快的我们来说意义重大。用两条腿走路是不稳定的，每年全世界有超过50万人死于意外摔倒。[2] 从

生物力学的角度看，短而宽的骨盆使人类适应了高效的两足行走，同时也迫使婴儿在分娩过程中以螺旋的方式通过产道，这使分娩变得很困难，有时甚至很危险。出生后，爱冒险的孩子在没有人监督时，会勇敢而愚蠢地从实验跑道的缺口处摇摇晃晃地走下去。随着年龄增长，两足行走会给我们的背部、膝盖和双脚带来痛苦。

显然，两足行走是利大于弊的。否则，人类早就灭绝了。但考虑到直立行走的诸多缺点，而且这种运动方式在动物世界如此罕见，我一直在思考：是什么让人类向着生存而不是灭绝的方向发展的呢？

也许我们可以在人类身体状况最奇妙、最神秘的一个方面找到答案。要理解这一点，我们必须重新审视人类化石记录。

有的化石有"露西"、"苏"或者诸如此类的名字，但大多数都只有KNM-ER 2596这类编号。

"KNM"代表"肯尼亚国家博物馆"，表示这块化石当前的位置。"ER"代表"东鲁道夫"，表明该化石是在鲁道夫湖东岸发现的——鲁道夫湖是肯尼亚北部图尔卡纳湖在殖民地时期的名称。2596这个数字意味着它是该地区发现的第2 596块化石（1974年发现）。从那以后，该地区又发掘出了更多的化石，目前的总数接近7万块。

KNM-ER 2596是一小块胫骨末端碎片。这块化石在它曾经与踝关节相接的那个部位变粗了，里面都是骨松质，这清楚地表明它来自直立行走的古人类。

根据骨头的大小，我们可以估计这个古人类的体重略低于70磅，和露西的体重差不多。骨骼周围有一条模糊的线，表明生长板已经闭合，也表明这个古人类在死亡前不久完成发育。综合来看，这些线索表明这是一个处于青春期晚期的雌性古人类。根据化石周围灰层中放射性物质的含量可以断定，她死于190万年前。一些食肉动物的牙印则表明了可能的死因。

　　我们不确定KNM-ER 2596属于什么物种，因为当时生活着几种不同的古人类。[3]但这块骨头有点儿不对劲。它看起来不像露西骨骼上的胫骨，也不像其他两足行走古人类的胫骨。这块化石显示内踝（踝关节内侧的圆形结构）异常地小，而且已经退化。踝关节很奇怪地形成了一个角度。这些奇怪的解剖结构有时会出现在那些童年时脚踝骨折，之后骨头一直没有复位的现代人的身上。[4]

　　当然，190万年前没有医生，也没有医院。这个矮小的古人类脚踝骨折后，在一个到处都是捕食者的世界里是那么无助，但她没有马上死亡，而是恢复了健康，并一直活到了成年。

　　化石只是石头，但它们讲述了不同寻常的故事。想象一下190万年前图尔卡纳湖东岸的景象。太阳升起，金色的阳光洒在广阔的草原上。在河边画廊般的森林里，猴子们在一阵喧闹中醒来。斑马、羚羊和大象的祖先咀嚼着它们的早餐，偶尔抬起头来，寻找潜伏在高茎草丛中的捕食者。

　　古人类躲在安全的树上，注视着这一幕。他们不敢到地面上来。捕食者饥肠辘辘，而古人类出现在它们的菜单上。但一旦太阳升得足够高，大型猫科动物躲到阴暗处，古人类就会爬下来寻找食物。古人类采集蛴螬、植物块茎、果实、种子、尚未成熟的叶子，甚至可能是猫科动物夜间猎杀的动物骨头上粘着的肉。

KNM-ER 2596就是其中一个古人类。和她在一起的亲朋好友有二三十人。她的妈妈不再喂她了，因为还有一个宝宝需要妈妈的照顾，但KNM-ER 2596在觅食时会帮妈妈抱着宝宝。太阳落山，KNM-ER 2596回到树上过夜。也许她会抬起头，好奇地看着天上的亮点。

有一天，KNM-ER 2596的生活发生了重大变化。也许是从树上摔了下来，也许跌进了沟里，但结果都一样：她的脚踝扭伤，韧带撕裂，骨头粉碎。她躺在地上痛苦地哭喊着，大声呼救。妈妈跑过去帮忙，但不能放下自己的宝宝——孩子不能放在开阔的草地上，因为附近有捕食者。他们那个群体的其他成员一脸担忧地走了过来，他们知道这些动静很快就会引来大型猫科动物和鬣狗。

最安全的做法是把KNM-ER 2596丢在那里，但他们没有那样做。

也许他们中的一些人把她带到了树丛中，并帮助她爬上树。也许这棵树正在结果实，她可以躲在树上吃东西。也许其他人给她带来了蛴螬、一块羚羊肉，或者一把种子。也许正是雨季，她可以舔舐树叶上的雨水。

如果我们能找到她的更多骨头，就可以进一步揭示KNM-ER 2596的故事，但一块珍贵的胫骨碎片是我们找到的唯一能证明她存在过的证据。我们真的知道在她康复的时候有其他成员照顾她吗？我们不知道，但如果没有人照顾，很难想象她是怎么活下来的。KNM-ER 2596的身体慢慢好转，但从此以后她就一直拖着一条瘸腿。

受重伤的四足动物（如斑马或羚羊）会一瘸一拐，仍能行走。两足动物受重伤后，就无法行走了。两足行走使我们的腿和脚容易受伤，而且一旦腿脚受伤，我们就会变得特别虚弱。

如果KNM-ER 2596是唯一一个受到灾难性伤害后幸存下来的古人类，那么我们会惊叹她是多么幸运，并为她添加一个注脚。但她并不是唯一一个需要帮助才能从受伤或疾病的困境中活下来的人。这样的人还有很多。

约赫内斯·海尔–塞拉西在埃塞俄比亚沃朗索–米勒遗址发现的一具340万年前的南方古猿阿法种骨骼的脚踝，就在骨折后愈合了，就像KNM-ER 2596的腿一样。[5]大约在KNM-ER 2596在图尔卡纳湖岸边康复的同时，一个被命名为KNM–ER 738的古人类的左股骨骨折了。[6]KNM-ER 1808遭遇的是螺旋形骨折，今天的急诊医生经常在车祸和滑雪事故后看到这种骨折。通常情况下，受伤后需要6周的石膏全固定才能再次行走。KNM-ER 738应该难逃厄运。但是，理查德·利基团队在1970年发现的这块化石上有一块厚厚的骨痂，这个证据证明KNM-ER 1808骨折愈合并存活了下来。

KNM-ER 1808是一具直立人骨骼，身体周围的骨头都是环状，因此显得更加粗壮。[7]起初，科学家把这归咎于过量的维生素A，20世纪早期遭遇海难的水手们吃了太多的海豹肝脏，就会出现类似的情况，并最终死亡。还有一些人认为这是雅司病引起的。

雅司病是一种细菌感染，现在很少致命，但会使人毁容。无论什么原因，患有骨炎的KNM-ER 1808都会感到疼痛，体质虚弱。如果没有其他帮助，很难想象这个直立人仍能进食、运动和呼吸。[8]

这样的例子不胜枚举。149万年前的那个纳利奥克托米直立人男孩看起来像是得了脊柱侧凸。[9]在坦桑尼亚奥杜瓦伊峡谷发现了一块180万年前的部分足化石，从骨骼生长来看它的主人患有严重的关节炎。[10]在附近发现的古人类腿骨显示出严重踝关节扭伤造成的病变。[11]在南非250万年前的洞穴沉积物中发现的椎骨中，有与严重的腰椎关节炎相符的环状骨头结构。[12]在这些洞穴沉积物中，研究人员还发现了发生压缩性骨折后愈合的南方古猿脚踝。[13]9岁的马修·伯杰和他的狗塔乌发现了一具南方古猿源泉种骸骨——卡拉博，其椎骨上有一个肿块，可能会导致阵发性疼痛。[14]在所有这些例子中，伤者应该都得到了帮助。

我们的祖先生活不易，用两条腿走路更是雪上加霜。每天，他们都在躲避可怕的掠食者的同时，与其他占人类物种争夺食物。面对所有这些威胁，他们需要凶狠地保护自己，对抗危险的"其他人"，同时用同理心对待自己人。

哈佛大学灵长类动物学家理查德·兰厄姆称之为"人性悖论"。[15]人类怎么能既残忍又富有怜悯心呢？学者们就人性的本质争论了几个世纪。[16]人类是天性暴力，通过规则和群体规范来抑制我们的攻击性倾向，还是生来和平，在残酷暴虐、崇尚暴力和父权制的社会中变得好斗呢？

所有哺乳动物（包括人类）的习性都是可变的，可能这一刻还在养育后代，下一刻就变得暴力。可爱的水獭手牵着手，亲切地为对方梳理毛发，但它们会攻击并强行与幼海豹交配。大象这一刻还在养育新出生的宝宝，下一刻就会践踏一个狩猎的人类。家狗是美国5 000多万个家庭中的一员。狗会帮人拿东西、依偎在人的脚边、舔人，但它们也会咬人。美国每年有450万人被狗咬伤，导致1万人就医，2019年有46人被狗咬伤后死亡。[17]

哺乳动物表演的是敌意与和谐交织而成的舞蹈。

我们的近亲黑猩猩和倭黑猩猩，通常被认为习性相反。黑猩猩有时候是残忍的杀手，而倭黑猩猩通常是自由奔放的和平主义者。认为人类天生暴力的人经常引用对黑猩猩的研究来支持他们的观点，相信人类天生爱好和平的人则会引用倭黑猩猩相关研究。但现实要微妙得多。

2006年，在乌干达的基巴莱森林国家公园，我看到迈尔斯（群体中地位较高的雄性黑猩猩之一）凶残地殴打一只雌性黑猩猩。迈尔斯抓住雌性黑猩猩的腿，把它拖回来，握紧拳头使劲儿打它。雌性黑猩猩拼命想要逃跑，但每次都失败了。然而就在两天前，我看到迈尔斯平静地侧躺在那里，和一个小黑猩猩玩耍。它很温柔，表现得很有爱心。

一年后，我和这群黑猩猩一起巡查领地。十几只雄猩猩指关节着地走向它们的领地边界。它们嗅着空气，有时两足站立，倾听、寻找敌人。它们在令人不安的沉默中移动。这一天平静地结束了[18]，但在我到达之前的一个星期，这群黑猩猩在遇到来自附近群体的一只黑猩猩后，把它打死了[19]。

倭黑猩猩则从未参与过领地厮杀。遇到邻居时，它们会给邻居梳理毛发，与对方分享食物，甚至与之交配。在它们资源丰富的森林里，最好的行为策略似乎是做爱，而不是战争，但这并不意味着倭黑猩猩是和平主义者。[20]它们狩猎、吃肉，在它们雌性主导的群体中，成员之间的争吵偶尔也会演变成暴力冲突。有时，雌性倭黑猩猩会结成联盟，攻击并制服好斗的雄性倭黑猩猩。

理查德·兰厄姆在《人性悖论》一书中写道："善与恶在所有个体的身上都会发生。"[21]化石记录是否能帮助我们理解人类谱系中侵略和友好之间的平衡呢？

一些古人类学家从西班牙北部阿塔普埃尔卡山上有50万年历史的西玛遗骸洞穴（Sima de los Huesos）中发现了7 000块古人类化石。他们将这些杂乱的残骸整理成了28具不完整的骨骼。从这些保存有DNA的最古老的化石看，阿塔普埃尔卡人是尼安德特人的祖先。[22]

其中一具骨骼被研究人员称为"本杰明娜"。她是一个小孩，死亡时大约7岁。畸形的头骨表明她患有严重的颅缝早闭，这种病会导致精神障碍。[23]只有挚爱，才有可能照顾一个孩子7年，但本杰明娜需要的照料远远超出这个范围。另一方面，距离本杰明娜的尸骨不远处的另一具骨骼提供了暴行的证据。这个人是被石头打死的，两记重击落在前额，就在左眼上方，头骨被击穿，露出了大脑。[24]他的尸体被沿着一个天然的落水洞扔进了这个遗址里。

3.6万年前，有人拿着一块锋利的石头（可能是一把手斧），在今天法国圣塞萨尔附近砍破了一个尼安德特人的头盖骨。但化石显示伤口周围的骨头愈合了，这证明伤者活了下来。[25]

15万年前，住在法国尼斯附近拉扎雷洞穴里的一个年轻女孩头部右侧遭到重击。[26]也许她是在四处溜达时摔了一跤，也许是朋友不小心扔了块石头砸到了她，又也许是她所在群体（或者附近某个群体）的成员故意打破了她的头。无论发生了什么，留下的化石都表明她伤得很重。头上留下那样的伤口，一定流了很多血，但最终还是痊愈了。在康复之前，肯定有人照料过她。

2011年，中国科学院的吴秀杰发表了她对中国南方一块近30万年的头骨的分析结果。[27]这块头骨的主人头顶受伤后痊愈了。吴秀杰和同事还记录了在我们祖先的化石上发现的更多暴力创伤——40多个头部受伤的例子。[28]但几乎在所有案例中，伤者都活了下来并痊愈了，如果没有其他帮助，他们中的大多数人可能都无法存活。

人类是排外的。就像黑猩猩一样，我们的无私仅限于对待我们群体中的成员。对那些我们定义为"其他人"的个体，我们有可能施以可怕的暴力，有时是为了夺取财富或领土，但通常只是因为他们崇拜不同的神、拥有不同的肤色、说不同的语言，或生活在不同的旗帜下。是的，人类擅长相互合作，但我们最擅长的是杀死大量的其他人。[29]

从《2001太空漫游》中挥舞着棒子的猿类到尽管错误但仍然无处不在的"男人是猎人"的观点（该观点认为，我们进化的驱动力之一是渴望吃到大型动物的肉），不可否认的暴力和好斗倾向在我们描述的人类历史中一直占有主导地位。然而，我们的进化之旅也使我们具备了非常强的同理心。很多时候，我们忽视了人性中善良的一面，忽视了这样一个事实：就像吴秀杰记录的那40名头部受伤后活了下来的古人类一样，在我们身上，战斗和同理心是相互关联的。[30]

斯坦福大学心理学家罗伯特·萨波尔斯基在他的著作《行为》中写道："无论你是处于凶残的愤怒中还是处于高潮中，你都会有大致相同的心理。爱的反面不是恨，而是冷漠。"[31]但是，我在人类化石记录中看到的并非冷漠。

回想一下366万年前的莱托里脚印。最小的那个人似乎跛得很厉害，她的脚与行走的方向成近30度角。但她不是独自一人，有人跟她在一起并且帮助了她。[32]

露西肯定也得到了帮助。她的股骨有一块受了感染，形成了尖锐的弧形，这是她臀部肌肉附着的地方。[33]也许是一根刺从一侧深深地扎在她的身体里造成的，也许是她拼命逃脱捕食者的利爪时肌腱从骨头上被撕扯了下来。她虽然逃脱了，但臀部受了伤，因此走路一瘸一拐。

露西的背部也有问题。[34]尽管她很年轻，但4根脊椎骨已经长出了奇怪的赘生物，与今天舒尔曼病（骨骼系统的一种疾病）患者身上发现的骨骼赘生物相似。这有可能使她驼背，还会影响走路的能力。对于这位古人类学的代表来说，生活是艰难而痛苦的。

更能说明问题的是露西所属物种的生育方式。

2017年，我与人类学家纳塔莉·劳迪奇纳、卡伦·罗森堡和温达·特里瓦坦合作，再现了露西所属物种的生育方式。[35]根据露西的骨盆形状，我们可以确定南方古猿不可能像大多数猿类出生时那样面朝前。相反，胎儿会旋转着进入产道。到达中骨盆平面后，胎儿必须继续旋转才能让肩通过。虽然我们的模拟并不要求胎儿旋转180度，但仍然可以确定宝宝出生时只能是面朝后的枕前位，就像今天大多数人出生时一样。因此，对露西所属物种来说，独自生育非常危险。

对古人类学家来说，这意味着露西得到了帮助，助产术的出现至少要追溯到320万年前的南方古猿时代。正如罗森伯格所写，"助产术……是'最古老的职业'"[36]。

黑猩猩骨盆宽大，不需要它们的宝宝在产道中旋转，因此它们通常是独自分娩的。倭黑猩猩是我们另一个有着宽大骨盆的近亲，但它们并不总是独自分娩。

2018年，法国里昂大学博士后研究人员埃莉萨·德穆鲁[37]发表了对3只圈养倭黑猩猩出生过程的观察结果。如果分娩现场有其他雌性倭黑猩猩，在小倭黑猩猩出生时它们甚至会帮忙抱着它。几年前，位于德国莱比锡的马克斯·普朗克进化人类学研究所的科学家帕梅拉·海蒂·道格拉斯，在刚果民主共和国的森林里罕见地观察到了野生倭黑猩猩白天分娩的过程。同样地，现场有其他雌性倭黑猩猩。

在人类、黑猩猩和倭黑猩猩这三个分支中，黑猩猩独树一帜。也许在进化过程中，它们的分娩从群体活动变成了单独行动。

这样看来，当人类最后的共同祖先、黑猩猩以及倭黑猩猩生产时，其他雌性很有可能出现在现场并随时准备提供帮助。也许两足行走的古人类分娩时的社会支持早于身体上对帮助的需要。也许旋转分娩（这是两足行走时骨盆发生的变化提出的必然要求）之所以成为可能，只是因为女性助产已经成为我们古人类祖先行为的一部分。

在无法确定助产和旋转分娩孰先孰后的情况下，合乎逻辑的结论是先有助产者。

直立行走与我们作为社会性物种的进化密切相关。有证据表明，我们的两足祖先不仅会对分娩提供帮助，还会在母亲觅食时照顾婴儿。他们结成群体，在孩子们大脑发育时提供保护，还学会了群体的生活方式。他们逃跑的速度太慢，体型太小，无法独自抵挡攻击，为了生存，他们必须互相照顾。

今天，我们把信任、宽容和合作的这一古老基础视为理所当然，即使我们的孩子无畏地蹒跚学步，我们也相信附近有看护者，会帮助他们避开危险。我们下意识地做出调整，与旁边的人步调一致，数千年来一直如此。

两足行走与同理心一起进化，并推动了技术的发展。随着智能的发展，它最终带来了现代医学、医院、轮椅和修复学。[38]正是因为体格健全条件下类人猿的行走能力是在一个有社会性和同理心的物种身上进化出来的，才使得近当代的300万名残疾美国人不走路也能生存。

灵长类动物学家弗朗斯·德瓦尔曾说过，同理心始于"身体的同步"[39]。当我们与周围的人步调一致时，我们自然而然就会设身处地为他人着想。

和许多其他观点一样，认为两足行走和群居倾向相互关联的观点可以追溯到达尔文。1871年，他写道：

> 就体型或力量而言，我们不知道人类是由黑猩猩这样体型小的物种进化而来，还是由大猩猩这样强壮的物种进化而来。因此，我们不能说人类与他的祖先相比变得更大、更强了，还是变得更小、更弱了。然而，我们应该记住，如果一种动物身强力壮，非常凶猛，像大猩猩一样能够保护自己免受所有敌人的攻击，那么它也许不会变得习惯群居；这将有效地阻止它获得更高的精神品质，如同情心和对同伴的爱。因此，从相对弱小的生物进化而来，对人类来说可能是一个巨大的优势。[40]

虽然总体而言他的观点很有道理，但在这段文字中有一些事实错误。黑猩猩并不弱小，而是非常强壮。大猩猩没有达尔文描述的那么凶猛，而且更喜欢群居。认为一个有爱心的群居物种是"弱小的"，也是不正确的。

臭名昭著的黑帮老大阿尔·卡彭可能说过："不要把我的善良误认为是软弱。"[41]这很好地说明人类的行为极具灵活性。我们既和平又暴力，既合作又自私，既有同理心又冷漠无情。[42]德瓦尔写道："我们用两条腿走路：一条社会性的腿，一条自私的腿。"[43]

我们往往把聚光灯对准我们的自私倾向，视我们的社会性为理所当然。每天，人们在不经意间就会完成无数次宽容、体贴、善良、足以改变人生的行为。但是，当我们偏离了我们天性中合作的一面，犯下贪婪和暴力的行为时，就会被认为是有新闻价值的异常行为。

在24小时滚动的新闻中，充斥着人类残忍成性的例子，我们常常忽视了自己可以多么有合作性、多么宽容。相互帮助对我们来说是很自然的：为邻居开门，给乞丐零钱，传递盘子与他人分享食物。这些都是日常发生的事情，人类的善良就像走路一样，已经被我们习以为常了。

值得注意的是，人类和我们的古人类祖先绝不是仅有的愿意合作或者表现出同理心的生物。这些能维持社会凝聚力的行为在动物界已经被广泛观察。例如，蚂蚁和蜜蜂的合作比我们更充分、更有效。在大象、海豚和狗等多个物种身上，就能观察到同理心。

人类富有怜悯心的天性在近亲类人猿身上也有体现。

1974年，在俄克拉何马州灵长类动物研究所，3岁的黑猩猩佩妮掉进了环绕它所在岛状圈养区的水里，眼看就要淹死。一只名叫沃肖的9岁雄性黑猩猩跳过带电的栅栏，将跟它没有亲缘关系的佩妮拉到了安全的地方。[44]1996年，在芝加哥郊外的布鲁克菲尔德动物园，一个3岁的人类小孩掉到了大猩猩的圈栏里。雌性西部低地大猩猩宾提朱瓦将他抱了起来，然后送到了安全的地方。2020年年初，有人拍到一只猩猩向一名站在齐腰深的水中的人伸出援手的情景。倭黑猩猩是最具同理心、最无私的类人猿，它们甚至经常和陌生的对象分享食物。

合作和利他的种子之所以在人类谱系中迸发出活力，是因为直立行走带来了巨大的挑战。

2011年，古人类学家唐纳森·约翰森、理查德·利基与神经外科医生兼医学记者桑贾伊·古普塔在纽约的美国自然历史博物馆举行了一次公开活动。这两位古人类学家上一次同台是在1980年，但是那一次他们在解释非洲古代沉积物中发掘的古老骨头时意见不合，最终利基愤然离场。但几十年后，作为我们这个领域的两名"银背大猩猩"，他们终于可以坐下来，一起回顾他们的职业生涯了。

在问答环节，古普塔提问是什么造就了人类。利基首先谈起了他在1993年的一次飞机失事中失去双腿，现在用假肢行走。他说：

> 如果你是用两条腿走路的生物，失去腿后，你不会走得很远……剩一条腿并不比一条腿都不剩好多少。但是，黑猩猩、狒狒、狮子和狗有四条腿，即使失去一条腿也能活得很好。现在，一旦我们变成了两足动物……人际关系和社会互动就被赋予了完全不同的意义和价值。如果两足灵长类动物在用两条腿行走之外，没有在利他主义以及社交网络、社会关系这些方面改变自己的思维方式，那么我不相信它们能像现在这样存活下来。[45]

由此可见，人类最神秘的一个方面——我们的无私能力，可能源于我们的脆弱性：作为两足动物，生活在一个危险的世界中。是的，我们的生存曾经是，而且对许多人来说仍然是一场斗争，但作为两足行走古人类的后代，我们的进化旅程仍在继续，因为同理心、合作和宽容与我们独特的运动方式是同步进化的。

　　我认为，除非我们是从具有同理心的群居类人猿进化而来，否则人类进化实验不可能成功——直立行走只可能从一个具有宽容、合作和相互照顾等能力的谱系进化而来。只有自私倾向、过分好斗、对群体内其他成员不宽容的类人猿，如果直立行走，必将导致灭绝。

　　在电影《超时空接触》中，卡尔·萨根这样描述人类："人类真是一个有趣的物种，一个有趣的组合。我们能做如此美丽的梦，同时又能做如此可怕的梦。我们感到如此失落，如此孤独，却不知道地球上不是只有我们这些居民。我们四处寻觅，最终发现能让我们忍受空虚孤独的，正是彼此。"[46]

　　经过几十轮历时数百万年的进化实验，人类成为地球上最后的两足行走猿类。当我们作为一个物种大步迈向令人不安的不确定时代时，回头看看我们留下的足迹会对我们有所裨益。我们一起走过了很远的路，克服了很多困难。

　　现在，我们很有必要从我们祖先的骨骼中汲取教益，重新描述人类的起源，把这些不同寻常的直立猿类在进化道路上取得成功的大部分原因归于我们的同理心、宽容和合作能力。

如果没有这个世界上我最爱的两足动物的支持，这本书是不可能完成的。感谢本和乔西，在你们的爸爸忙着写书的时候，你们的耐心、幽默、爱心和建议给了他莫大的帮助。你们走自己的路吧，但要一直互相支持。愿你们迈出的每一步都引导你们走向幸福，走向一个更公正的世界。我还要感谢埃琳，你一直信任我，鼓励我。我不可能找到比你更好的伴侣陪我度过这一生。

我很庆幸自己有一个充满爱的家庭，从始至终他们都在不停地鼓励我。谢谢你们，里奇、梅尔、德亚娜、克里斯、妈妈、基尼和玛丽阿姨、基蒂、戴多、帕特丽莎、迈克、洛莉、亚当、艾什莉、亚历克斯、莉莉安、杰克、埃拉、安东尼、伊恩、詹姆森和怀伊特。感谢我最喜欢的四足动物露娜，在我努力写作时陪我散步。

我上六年级的时候，有一次和老师发生了矛盾，我被惩罚在黄色的横格纸上逐字抄写课本。我的父亲一贯认为淘气的孩子应该受到管教。在我把老师的处罚措施告诉他后，他非常生气。

他联系了学校，要求换一种处罚措施。对我父亲来说，写字并不是一种惩罚，而是一份礼物。他是对的。谢谢您，爸爸，谢谢您把这本书逐字逐行阅读了好几遍，您的许多有益的修改帮助我表达了心声。和您谈论写作和科学，是我写这本书时最喜欢的一个环节。

我在（图书代理机构）艾维塔斯的经纪人埃斯蒙德·哈姆斯沃斯早在我之前就相信这本书能取得成功。感谢你与我在波士顿大学共进午餐，感谢你的指导和智慧。感谢艾维塔斯的团队——切尔西·海勒、艾琳·菲尔斯、莎拉·莱维特、谢内尔·埃基奇–莫林和玛吉·库珀，你们的业务能力都很强，和你们一起工作很愉快。

感谢哈珀柯林斯出版社的优秀编辑盖尔·温斯顿，感谢艾莉莎·坦、萨拉·豪根、贝卡·普特曼、尼古拉斯·戴维斯和整个哈珀柯林斯团队，感谢你们在写作过程的每个阶段都给我带来了愉快的体验。我希望这次合作只是一个开始。感谢文字编辑弗雷德·威默娴熟又细心的工作。

作为一名科学工作者和科学传播者，我所做的一切都是因为露西·科什纳和劳拉·麦克拉奇。露西，你现在正站在一个维恩图的交汇点上，这个维恩图包括了科学、科学素养、博物馆教育、莱托里、非洲、安娜堡、阿克顿，以及众多诸如此类对我产生了深远影响的地方和思想。劳拉，我找不到比你更好的科学和生活顾问了。感谢你在2003年给我的那个机会，感谢你一直以来的指导和友谊。

许多科学家、作家、教师和学者慷慨地抽出时间与我谈论他们的工作，在此向他们表示感谢！他们是：凯伦·阿道夫、泽雷·阿莱姆塞吉德、胡坦·阿什拉斐恩、凯·贝伦斯迈耶、莱利·布莱克、玛德琳·伯梅、格雷格·布拉特曼、米歇尔·布吕内、克里斯·坎皮桑诺、苏珊娜·卡瓦略、拉玛·切拉帕、哈比巴·彻奇尔、扎克·科弗兰、奥马尔·科斯蒂利亚–雷耶斯、埃莉萨·德穆鲁、托德·迪索特尔、霍利·邓斯沃斯、柯克·埃里克森、迪恩·福尔克、西蒙尼·吉尔、约赫内斯·海尔–塞拉西、卡丽娜·哈恩、肖恩·霍洛维奇、威尔·哈考特–史密斯、索尼娅·阿尔芒、卡特琳娜·哈瓦蒂、保罗·赫克特、阿曼达·亨利、金姆·希尔、肯·霍尔特、乔纳森·赫斯特、克里斯丁·贾尼斯、史蒂芬·金、约翰·金斯顿、布鲁斯·拉蒂默、李义敏、萨利·勒·佩奇、丹·利伯曼、佩奇·麦迪森、安托妮亚·马尔奇克、埃莉·麦克纳特、安妮·麦克蒂尔南、弗雷德里克·曼提、斯特凡妮·梅利洛、乔安·蒙特佩尔、史蒂芬·摩尔、W. 斯科特·佩尔森、本特·克拉伦德·彼泽森、马丁·皮克福德、赫尔曼·庞泽、斯蒂芬妮·波兹、莉迪亚·派恩、戴夫·赖希伦、菲尔·里奇斯、蒂姆·瑞安、布里吉特·瑟努特、莉莎·夏皮罗、桑德拉·谢菲尔拜恩、斯科特·辛普森、坦妮娅·史密斯、迈克尔·斯特恩、伊安·塔特索尔、兰德尔·汤普森、埃里克·特林考斯、佩格·范·安德尔、米歇尔·沃斯、卡拉·瓦尔–舍夫勒、卡罗尔·沃德、安娜·沃伦纳、杰奎琳·沃尼蒙特、珍妮弗·沃伊弗、凯瑟琳·惠特科姆、伯纳德·伍德、林赛·赞诺、伯恩哈德·齐普费尔和阿里·齐沃托夫斯基。以上名单如有遗漏，谨致歉意。

特别感谢向我开放实验室、现场、手术室和动物园的同行们：凯伦·阿道夫、玛德琳·伯梅、奥马尔·科斯蒂利亚-雷耶斯、托德·迪索特尔、保罗·赫克特、乔纳森·赫斯特、内撒尼尔·基切尔、查尔斯·穆斯巴、马丁·皮克福德、菲尔·里奇斯、迈克尔·斯特恩、卡拉·瓦尔-舍夫勒和林赛·赞诺。特别感谢我的同事伯恩哈德·齐普费尔、李·伯杰、查尔斯·穆斯巴和约赫内斯·海尔-塞拉西：你们的工作启发了我，你们的友谊意义更重大。感谢我的朋友、家人和同事：内撒尼尔·基切尔、西蒙尼·吉尔、凯伦·阿道夫、戴夫·赖希伦、布莱恩·海尔、斯科特·辛普森、布莱恩·马利、雪莉·鲁宾、梅兰妮·德席尔瓦、保罗·赫克特、亚当·范·艾斯戴尔、卡拉·瓦尔-舍夫勒和林赛·赞诺，你们每个人都阅读了本书的很大一部分内容，并帮助提高了它的准确性和可读性。

我很庆幸，得到了达特茅斯学院人类学系聪明体贴的同事们的支持。特别感谢内特·多米尼和赞恩·塞耶，你们总是提出正确的问题，用你们永不停止的好奇心激励我。本书的初稿是在达特茅斯学院才华横溢的"学习设计"团队帮助下，在慕课《两足行走：直立行走的科学》的发展过程中完成的。特别感谢亚当·内梅洛夫、索耶·布罗德利、乔希·吉姆和迈克·高兹瓦德。

特别感谢我的学生们，他们的观察和问题让我时刻保持警觉。书中有很多观点都来自我和我在伍斯特州立大学、波士顿大学以及达特茅斯学院教过的学生的对话。我以前和现在的研究生和本科生，在研究中不断用创新的眼光和独到的见解来挑战我的想法。非常感谢埃莉·麦克纳特、凯特·米勒、卢克·范宁、安贾丽·普拉巴、莎伦·古、伊芙·博伊尔、赞恩·斯旺森、科里·吉尔、珍妮尔·乌伊和艾米·Y.张。

最后，特别感谢亚历克斯·克拉克斯顿。这本书涉及了主龙、古人类、早期哺乳动物和安氏兽，没有人能比你更博学，更熟练地核查这些内容。你的渊博学识和无尽的好奇心令我敬佩。我迫不及待地希望读到你的第一本书。

尽管我做了很多努力，希望能准确地表现我们目前对两足行走进化过程的理解，以及人类用两条腿行走的诸多下游效应，但书中肯定还会有一些错误。书中所有错误，责任都在我。

引言　我们为什么会走路？

1. Duncan Minshull, *The Vintage Book of Walking* (London: Vintage, 2000), 1.

2. "New Jersey Division of Fish & Wildlife," last modified October 10, 2017, https://www.njfishandwildlife.com/bearseas16_harvest.htm.

3. Daniel Bates, "EXCLUSIVE: Hunter Who Shot Pedals the Walking Bear with Crossbow Bolt to the Chest Is Given Anonymity over Death Threats," *Daily Mail*, November 3, 2016, https://www.dailymail.co.uk/news/article-3898930/Hunter-shot-Pedals-bear-crossbow-bolt-chest-boasting-three-year-mission-given-anonymity-death-threats.html.

4. "Pedals Bipedal Bear Sighting," last modified June 22, 2016, https://www.youtube.com/watch?v=Mk-HHyGRSRw.

5. "New Jersey's Walking Bear Mystery Solved," August 8, 2014, https://www.youtube.com/watch?v=kcIkQaLJ9r8&t=3s.

6. See Frans de Waal, *Mama's Last Hug: Animal Emotions and What They Tell Us About Ourselves* (New York: W. W. Norton, 2019). Video of encounter: https://www.youtube.com/watch?v=INa-oOAexno.

7. "Gorilla Walks Upright," CBS, January 28, 2011, https://www.youtube.com/watch?v=B3nhz0FBHXs. "Gorilla Strolls on Hind Legs," NBC, January 27, 2011, http://www.nbcnews.com/id/41292533/ns/technology_and_science-science/t/gorilla-strolls-hind-legs/#.XllgdpNKhQI. "Walking Gorilla Is a YouTube Hit," BBC News, January 27, 2011, https://www.bbc.co.uk/news/uk-england-12303651.

8. "Strange Sight: Gorilla Named Louis Walks like a Human at Philadelphia Zoo," CBS News, March 18, 2018, https://www.youtube.com/watch?v=TD25aORZjmc. I visited Ambam in February 2019 and Louis in October of that year. Their keepers were very helpful and knowledgeable about the gorillas, and I had a marvelous time watching these magnificent cousins of ours. For the several morning hours I observed them, both gorillas

knuckle-walked from one spot in their enclosure to another. I never saw them walk bipedally. Even those individual apes who are more comfortable moving on two legs still only do it occasionally.

9. "Things You Didn't Know a Dog Could Do on Two Legs," Oprah.com, https://www. oprah.com/spirit/faith-the-walking-dog-video.

10. "Bipedal Walking Octopus," January 28, 2007, https://www.youtube.com/ watch?v=E1iWzYMYyGE.

第一篇　无毛的两足动物：直立行走的起源

1. Ovid, *Metamorphoses, Book One*, trans. Rolfe Humphries (Bloomington: Indiana University Press, 1955).

第 1 章　有信念地向前倒：人类的怪异行走方式

1. Paul Salopek, "To Walk the World: Part One," December 2013, https://www. nationalgeographic.com/magazine/2013/12/out-of-eden.

2. From Diogenes Laërtius, *The Lives and Opinions of Eminent Philosophers*, trans. C. D. Yonge (London: G. Bell & Sons, 1915), 231.

3. I've discovered that this trope of listing off names and metaphors for walking is a common practice. Variants on it are in Rebecca Solnit, *Wanderlust: A History of Walking* (New York: Penguin Books, 2000); Antonia Malchik, *A Walking Life* (New York: Da Capo Press, 2019), 4; Geoff Nicholson, *Lost Art of Walking* (New York: Riverhead Books, 2008), 17, 21–22; Joseph Amato, *On Foot: A History of Walking* (New York: NYU Press, 2004), 6; and Robert Manning and Martha Manning, *Walks of a Lifetime* (Falcon Guides, 2017).

4. The average nondisabled American takes slightly more than 5,000 steps a day and has a life expectancy of seventy-nine years, meaning that most of us will take about 150 million steps. There are about 2,000 steps per mile, resulting in just under 75,000 miles. The circumference of the Earth is just under 25,000 miles, meaning that each of us, on average, will take enough steps to circle the Earth three times.

5. John Napier, "The Antiquity of Human Walking," *Scientific American* 216, no. 4 (April 1967), 56–66.

6. Timothy M. Griffin, Neil A. Tolani, and Rodger Kram, "Walking in Simulated Reduced Gravity: Mechanical Energy Fluctuations and Exchange," *Journal of Applied Physiology* 86, no. 1 (1999), 383–390.

7. Dan Quarrell, "How Fast Does Usain Bolt Run in MPH/KM per Hour? Is He the Fastest Recorded Human Ever? 100m Record?" Eurosport.com, https://www.eurosport. com/athletics/how-fast-does-usain -bolt-run-in-mph-km-per-hour-is-he-the-fastest-recorded-human-ever-100m-record_sto5988142/story.shtml.

8. Cheetahs are often said to run seventy miles per hour, but the fastest ever recorded cheetah ran sixty-four miles per hour. N. C. C. Sharp, "Timed Running Speed of a Cheetah (*Acinonyx jubatus*)," *Journal of Zoology* 241, no. 3 (1997), 493–494.

9. "Accidents or Unintentional Injuries," Centers for Disease Control and Prevention,

National Center for Health Statistics, January 20, 2017, https://www.cdc.gov/nchs/fastats/accidental-injury.htm.

10. Humans are apes. We are a member of a family of largebodied, fruit-eating, tailless primates called hominoids, which includes gorillas, chimpanzees, bonobos, orangutans, and gibbons. Hominoid is sometimes shorthanded to "ape." However, it is useful to have a word for us (human) and a word for nonhuman hominoids (ape). Even though I acknowl-edge that we are, in fact, apes, throughout this book, I use the word "ape" as a substitute for nonhuman hominoid, and when I use it, I am referring to chimpanzees, gorillas, bonobos, orangutans, and/or gibbons.

11. Throughout the book, I use the word "man" when it is a direct quote, as it is in this sentence from Darwin's *Origin of Species*, or when I am referring to actual men. This is not a useful or inclusive word to describe all humankind. The anthropologist Sally Linton (Slocum) wrote, "A theory that leaves out half of the human species is unbalanced" (in "Woman the Gatherer: Male Bias in Anthropology," in *Toward an Anthropology of Women*, ed. Rayna R. Reiter [New York: Monthly Review Press, 1975]). A word that does the same is similarly problematic.

12. Charles Darwin wrote on p. 199 of *The Descent of Man*, "It is somewhat more probable that our early progenitors live on the African continent than elsewhere." He then wrote, "But it is useless to speculate on the subject."

13. In 1864, William King, a professor of geology in Ireland, named a new extinct human species on the basis of a partial skeleton from Feldhofer Cave in the Neander Valley in Germany. He called it *Homo neanderthalensis*. Neandertal fossils had also been found in Belgium and the Gibraltar peninsula. In 1864, Darwin even held the Gibraltar Neandertal in his hands but did not appreciate its significance. The Cro-Magnon *Homo sapiens* fossils were also known, having been discovered in 1868.

14. See Raymond Dart, *Adventures with the Missing Link* (New York: Harper & Brothers, 1959), and Lydia Pyne, *Seven Skeletons* (New York: Viking, 2016), for more details on the backstory of Dart's discovery. In short, Dart's only female student, Josephine Salmons, spotted a baboon skull in the possession of a family friend, Mr. E. G. Izod. Izod was the director of the Northern Lime Company, which had been mining in the Buxton Limeworks Quarry in Taung, South Africa. Retellings of the story differ as to whether the fossil skull was on his mantelpiece or being used as a paperweight on his desk. Either way, Salmons brought the fossil to Dart. Dart was enthralled and reached out to Izod, requesting that additional fossils from the quarry be delivered to him for study. Dart recalls in his book that the boxes that contained the Taung child arrived the day he was in a tuxedo, hosting a friend's wedding.

15. In 1931, Dart brought the Taung child to London so that it could be studied by paleoanthropologists there. One day, Dart gave this box, with the Taung child inside, to his wife Dora to bring back to their apartment. But she mistakenly left it in a taxi. It spent much of the day riding around London, until the taxi driver noticed the box, opened it, and was shocked to find a child's skull inside! He immediately brought it to the police. Dora, by this time, had realized the box was missing and went to the London police, where she reclaimed

the irreplaceable fossil. Close call.

16. The geological age of Taung is uncertain. McKee (1993) dates it to 2.6–2.8 million years old. More recently, Kuhn et al. (2016) age Taung to 2.58–3.03 million years old. Jeffrey K. McKee, "Faunal Dating of the Taung Hominid Fossil Deposit," *Journal of Human Evolution* 25, no. 5 (1993), 363–376. Brian F. Kuhn et al., "Renewed Investigations at Taung; 90 Years After the Discovery of *Australopithecus africanus*," *Palaeontologica africana* 51 (2016), 10–26.

17. Raymond A. Dart, "*Australopithecus africanus*: The Man-Ape of South Africa," *Nature* 115 (1925), 195–199.

18. Robyn Pickering and Jan D. Kramers, "Reappraisal of the Stratigraphy and Determination of New U-Pb Dates for the Sterkfontein Hominin Site, South Africa," *Journal of Human Evolution* 59, no. 1 (2010), 70–86.

19. Raymond A. Dart, "The Makapansgat Proto-human *Australopithecus prometheus*," *American Journal of Physical Anthropology* 6, no. 3 (1948), 259–284.

20. Raymond A. Dart, "The Predatory Implemental Technique of *Australopithecus*," *American Journal of Physical Anthropology* 7, no. 1 (1949), 1–38. The term "osteodontokeratic" appeared in 1957.

21. Dart served as a medical officer at the Royal Prince Alfred Hospital before he was promoted to captain in the Australian Army Medical Corps (1918–1919). While I speculate that Dart may have seen the effects of the war, he never directly saw any action and wrote nothing that I could find about his experiences during World War I. See Phillip V. Tobias, "Dart, Raymond Arthur (1893–1988)," *Australian Dictionary of Biography*, vol. 17 (2007).

22. Robert Ardrey, *African Genesis* (New York: Atheneum, 1961).

23. Phillip Tobias would have a long and celebrated career, remaining active until his death in 2012. He excavated at Sterkfontein, worked with Louis Leakey in naming *Homo habilis*, and trained Lee Berger, who becomes an important part of this book in Chapters 7 and 9. Tobias fought against the apartheid regime from within South Africa, speaking at protest rallies for equal treatment of all South Africans. By the time I met him, the already-short Tobias had shrunk a few more inches and walked with a cane. He was wise and kind. I thought of him as paleoanthropology's Yoda.

24. The scientific way to write a species name is to capitalize the genus, lowercase the species, and to write it in italics. Thus, we humans are *Homo sapiens*. The Taung child is *Australopithecus africanus*. To avoid writing *Australopithecus* over and over again, the proper way to abbreviate a species would be to write the first initial of the genus and then the species. Thus, we are *H. sapiens* and Taung is *A. africanus*. However, throughout this book, I have taken the liberty to shorten species even more and drop the genus, referring to them as *africanus*, *afarensis*, or *sapiens*. Scientifically, this is a no-no, but for readability, it makes more sense to bend the rules of taxonomic nomenclature.

25. John T. Robinson, "The Genera and Species of the Australopithecinae," *American Journal of Physical Anthropology* 12, no. 2 (1954), 181–200. On the basis of the partial skeleton StW 573, nicknamed "Little Foot," Ron Clarke has resurrected the species

Australopithecus prometheus. This is controversial, however, and it is an open question whether the fossils from Sterkfontein and Makapansgat represent a single, variable species, or whether there are two different species of *Australopithecus* in the sample. See Ronald J. Clarke, "Excavation, Reconstruction and Taphonomy of the StW 573 *Australopithecus prometheus* Skeleton from Sterkfontein Caves, South Africa," *Journal of Human Evolution* 127 (2019), 41–53. Ronald J. Clarke and Kathleen Kuman, "The Skull of StW 573, a 3.67 Ma *Australopithecus prometheus* Skeleton from Sterkfontein Caves, South Africa," *Journal of Human Evolution* 134 (2019), 102634.

26. Charles K. Brain, "New Finds at the Swartkrans Australopithecine Site," *Nature* 225 (1970), 1112–1119.

27. At the time of my visit, it was still called the Transvaal Museum. The Transvaal was the name of the South African province that included Pretoria (the administrative capital city) and Johannesburg from 1910 to 1994. With the fall of the apartheid regime, part of the district was renamed Gauteng, which means "place of gold" in the Sotho language. The museum was renamed "Ditsong," a Tswana word meaning "a place of heritage," in 2010.

28. Since 2016, Stephany Potze is no longer at the Ditsong National Museum of Natural History, but now is the lab manager for the La Brea Tar Pits and Museum in Los Angeles, California.

29. SK 48 is a heavy, limestone-infused skull of a *Paranthropus robustus*, discovered at Swartkrans by Broom and J. T. Robinson in 1949. Sts 5, or Mrs. Ples, was found at Sterkfontein by Broom and Robinson in 1947 and is one of the best-preserved skulls of an adult *Australopithecus africanus*.

30. The jaw has the catalogue number SK 349.

31. Charles K. Brain, *The Hunters or the Hunted? An Introduction to African Cave Taphonomy* (Chicago: University of Chicago Press, 1981). Also see Donna Hart and Robert W. Sussman, *Man the Hunted: rimates, Predators, and Human Evolution* (New York: Basic Books, 2005).

32. The best example of this can be found in Matt Carmill, "Human Uniqueness and Theoretical Content in Paleoanthropology," *International Journal of Primatology* 11 (1990), 173–192.

第 2 章　两足动物的黄金时代：从蜥蜴、主龙、鳄鱼到霸王龙

1. George Orwell, *Animal Farm* (London: Secker & Warburg, 1945).

2. Hang-Jae Lee, Yuong-Nam Lee, Anthony R. Fiorillo, and Junchang Lü, "Lizards Ran Bipedally 110 Million Years Ago," *Scientific Reports* 8, no. 2617 (2018), https://doi.org/10.1038/s41598-018-20809-z. The date of the tracks is between 110 million and 128 million years old.

3. David S. Berman et al., "Early Permian Bipedal Reptile," *Science* 290, no. 5493 (2000), 969–972. *Cabarzia trostheidei* was discovered in Germany in 2019 and is 15 million years older than *Eudibamus*. Frederik Spindler, Ralf Werneburg, and Joerg W. Schneider, "A New Mesenosaurine from the Lower Permian of Germany and the Postcrania of *Mesenosaurus*:

Implications for Early Amniote Comparative Ostology," *Paläontologische Zeitschrift* 93 (2019), 303–344.

4. See Axel Janke and Ulfur Arnason, "The Complete Mitochondrial Genome of *Alligator mississippiensis* and the Separation Between Recent Archosauria (Birds and Crocodiles)," *Molecular Biology and Evolution* 14, no. 12 (1997), 1266–1272, and Richard E. Green et al., "Three Crocodilian Genomes Reveal Ancestral Patterns of Evolution Among Archosaurs," *Science* 346, no. 6215 (2014), 1254449. A colleague of mine pointed out that comparative anatomists and paleontologists have long known that birds and crocodiles are related and did not need genetics to tell us that. See Robert L. Carroll, *Vertebrate Paleontology and Evolution* (New York: W. H. Freeman, 1988).

5. "God Must Exist...Because the Crocoduck Doesn't," *Nightline Face-off with Martin Bashir*, ABC News, https://www.you tube.com/watch?v=a0DdgSDan9c. Funny thing, though, a Cretaceous crocodile discovered in the early 2000s had a duck bill and probably skimmed the water for food like ducks do. It was named *Anatosuchus*, which means "crocoduck." Paul Sereno, Christian A. Sidor, Hans C. E. Larsson, and Boubé Gado, "A New Notosuchian from the Early Cretaceous of Niger," *Journal of Vertebrate Paleontology* 23, no. 2 (2003), 477–482.

6. Lindsay E. Zanno, Susan Drymala, Sterling J. Nesbit, and Vincent P. Schneider, "Early Crocodylomorph Increases Top Tier Predator Diversity During Rise of Dinosaurs," *Scientific Reports* 5 (2015), 9276. See also Susan M. Drymala and Lindsay E. Zanno, "Osteology of *Carnufex carolinensis* (Archosauria: Pseudosuchia) from the Pekin Formation of North Carolina and Its Implications for Early Crocodylomorph Evolution," *PLOS ONE* 11, no. 6 (2016), e0157528.

7. In 2020, researchers described fossil footprints left by bipedal walking crocodiles in 106-millionyear-old sediments in South Korea. See Kyung Soo Kim, Martin G. Lockley, Jong Deock Lim, Seul Mi Bae, and Anthony Romilio, "Trackway Evidence for Large Bipedal Crocodylomorphs from the Cretaceous of Korea," *Scientific Reports* 10, no. 8680 (2020).

8. From Riley Black (formerly Brian Switek), *My Beloved Brontosaurus* (New York: Scientific American/Farrar, Straus & Giroux, 2013).

9. In his book, Steve Brusatte discusses the work of colleague Sara Burch, who determined that *T. rex* arms were "accessories to murder." Like giant meat hooks, they would have held on to prey trying to escape the jaws of a *T. rex*. Steve Brusatte, *The Rise and Fall of the Dinosaurs: The Untold Story of a Lost World* (New York: William Morrow, 2018), 215.

10. W. Scott Persons and Philip J. Currie, "The Functional Origin of Dinosaur Bipedalism: Cumulative Evidence from Bipedally Inclined Reptiles and Disinclined Mammals," *Journal of Theoretical Biology* 420, no. 7 (2017), 1–7. Persons wrote to me in an email, "The big tail muscles aren't unique to bipedal dinosaurs (nearly all dinosaurs have them). But having the tail muscles means that, when you do start to evolve towards speed, you are naturally inclined to go bipedal." In other words, because of these muscles, the back legs outperform the front. To maximize the power of the tail muscles, selection would therefore favor

elongated back legs in fast dinosaurs and front legs that are tucked out of the way.

11. Turns out, *T. rex* probably could not have run as quickly as Hollywood would have us believe. See Brusatte, *The Rise and Fall of the Dinosaurs*, 210–212.

12. Exceptions to this are the South American atelid monkeys, which through convergent evolution have obtained apelike shoulder mobility. These include spider monkeys, howler monkeys, woolly monkeys, and muriquis.

13. This landmass, which connected mainland Australia to Tasmania and New Guinea, is called Sahul.

14. Robert McN. Alexander and Alexandra Vernon, "The Mechanics of Hopping by Kangaroos (Macropodidae)," *Journal of Zoology* 177, no. 2 (1975), 265–303.

15. As I would discover later, Riley Black joked in a blog on the ten best fossil mammals that *Andrewsarchus* was a "real life version of Gmork from *The Neverending Story*." See https://www.tor.com/2015/01/04/ten-fossil-mammals-as-awesome-as-any-dinosaur-2. In an email, Black called this a case of convergent comedic evolution!

16. Christine M. Janis, Karalyn Buttrill, and Borja Figueirido, "Locomotion in Extinct Giant Kangaroos: Were Sthenurines Hop-Less Monsters?" *PLOS ONE* 9, no. 10 (2014), e109888.

17. Aaron B. Camens and Trevor H. Worthy, "Walk Like a Kangaroo: New Fossil Trackways Reveal a Bipedally Striding Macropodid in the Pliocene of Central Australia," *Journal of Vertebrate Paleontology* (2019), 72.

18. Footprints found at the site of Pehuén-Có, Argentina, have indicated to some researchers a slow, bipedal gait for *Megatherium*. R. Ernesto Blanco and Ada Czerwonogora, "The Gait of *Megatherium* CUVIER 1796 (Mammalia, Xenartha, Megatheriidae)," *Senckenbergiana Biologica* 83, no. 1 (2003), 61–68. Another team attributes the bipedal prints to *Neomegatherichnum pehuencoensis*, a different type of giant sloth. Silvia A. Aramayo, Teresa Manera de Bianco, Nerea V. Bastianelli, and Ricardo N. Melchor, "Pehuen Co: Updated Taxonomic Review of a Late Pleistocene Ichnological Site in Argentina," *Palaeogeography, Palaeoclimatology, Palaeoecology* 439 (2015), 144–165.

19. Mark Grabowski and William L. Jungers, "Evidence of a Chimpanzee-Sized Ancestor of Humans but a Gibbon-Sized Ancestor of Apes," *Nature Communications* 8, no. 880 (2017).

第 3 章　人类是如何站起来的：关于直立行走的 *N* 个假设

1. Jonathan Kingdon, *Lowly Origin: When, Where, and Why Our Ancestors First Stood Up* (Princeton, NJ: Princeton University Press, 2003), 16.

2. Plato, *The Symposium*, trans. Christopher Gill (New York: Penguin Classics, 2003).

3. Russell H. Tuttle, David M. Webb, and Nicole I. Tuttle, "Laetoli Footprint Trails and the Evolution of Hominid Bipedalism," in *Origine(s) de la Bipédie chez les Hominidés*, ed. Yves Coppens and Brigitte Senut (Paris: Éditions du CNRS, 1991), 187–198.

4. Napier (1964) wrote: "Occasional bipedalism is almost the rule among Primates." John R. Napier, "The Evolution of Bipedal Walking in the Hominids," *Archives de Biologie (Liège)* 75 (1964), 673–708. In other words, the capacity is there to a degree, but the incentive often

is not. Paleontologist Mike Rose also argued that bipedalism was part of the locomotor repertoire of the last common ancestor and what is at issue is what caused the increase in frequency of the behavior in hominins. Michael D. Rose, "The Process of Bipedalization in Hominids," in *Origine(s) de la Bipédie chez les Hominidés*, eds. Yves Coppens and Brigitte Senut (Paris: Éditions duCNRS, 1991), 37–48. Anthropologist Jon Marks also pointed out that this is not something new, but the evolution of exclusive bipedalism. He would argue that behavior preceded morphology, making bipedalism Lamarckian to some degree. Jon Marks, "Genetic Assimilation in the Evolution of Bipedalism," *Human Evolution* 4, no. 6 (1989), 493–499. Tuttle also argued that "bipedalism preceded the emergence of the Hominidae," given that every ape is occasionally bipedal. Russell H. Tuttle, "Evolution of Hominid Bipedalism and Prehensile Capabilities," *Philosophical Transactions of the Royal Society of London B* 292 (1981), 89–94.

5. Tuttle came up with other great names for the various hypotheses, including schlepp, trenchcoat, all wet, tagalong, hot to trot, two feet are better than four, swingers go further, upward mobility, and hit 'em where it hurts. Tuttle, Webb, and Tuttle, "Laetoli Footprint Trails," 187–198.

6. Jean-Baptiste Lamarck, *Zoological Philosophy, or Exposition with Regard to the Natural History of Animals* (Paris: Musée d'Histoire Naturelle, 1809).

7. Nina G. Jablonski and George Chaplin, "Origin of Habitual Terrestrial Bipedalism in the Ancestor of the Hominidae," *Journal of Human Evolution* 24, no. 4 (1993), 259–280.

8. A. Kortlandt, "How Might Early Hominids Have Defended Themselves Against Large Predators and Food Competitors?" *Journal of Human Evolution* 9 (1980), 79–112.

9. Kevin D. Hunt, "The Evolution of Human Bipedality: Ecology and Functional Morphology," *Journal of Human Evolution* 26, no. 3 (1994), 183–202. Craig B. Stanford, *Upright: The Evolutionary Key to Becoming Human* (New York: Houghton Mifflin Harcourt, 2003). Craig B. Stanford, "Arboreal Bipedalism in Wild Chimpanzees: Implications for the Evolution of Hominid Posture and Locomotion," *American Journal of Physical Anthropology* 129, no. 2 (2006), 225–231.

10. Richard Wrangham, Dorothy Cheney, Robert Seyfarth, and Esteban Sarmiento, "Shallow-Water Habitats as Sources of Fallback Foods for Hominins," *American Journal of Physical Anthropology* 140, no. 4 (2009), 630–642.

11. Sir Alister Hardy, "Was Man More Aquatic in the Past?" *New Scientist* (March 17, 1960). Elaine Morgan, *The Aquatic Ape: A Theory of Human Evolution* (New York: Stein & Day, 1982). Elaine Morgan, *The Aquatic Ape Hypothesis: Most Credible Theory of Human Evolution* (London: Souvenir Press, 1999). Morgan's TED Talk, "I Believe We Evolved from Aquatic Apes," TED.com, https://www.ted.com/talks/elaine _morgan_i_believe_we_ evolved_from_aquatic_apes. David Attenborough, "The Waterside Ape," BBC Radio, https:// www.bbc.co.uk/programmes/b07v0hhm. See also Marc Verhaegen, Pierre-François Puech, and Stephen Murro, "Aquarboreal Ancestors?" *Trends in Ecology & Evolution* 17, no. 5 (2002), 212–217. Algis Kuliukas, "Wading for Food the Driving Force of the Evolution of Bipedalism?" *Nutrition and Health* 16 (2002), 267–289.

12. What this hypothesis lacks in data it makes up for in a relentless marketing campaign. Proponents of this idea use Twitter, email, the comments section of YouTube, and Amazon book reviews to promote some version of the aquatic-ape hypothesis. For example, I encountered dozens of Amazon book reviews giving only two stars to books, including textbooks, that fail to adopt the aquatic-ape hypothesis as *the* explanation for bipedal origins. In fact, I'm betting that *First Steps* will receive at most two stars from one particular reviewer because I don't believe in the aquaticape hypothesis. "Believe" is indeed the operative word here. If the predictions that emerge from the aquatic-ape hypothesis were supported with the evidence we currently have, I would be happy to support this idea. But proponents of aquatic ape are more interested in bullying the scientific community into adopting this narrative than they are in framing aquatic ape as a testable hypothesis and attempting to refute it. They cherry-pick data to support their idea and ignore, or attack, legitimate critiques of this hypothesis. In other words, they aren't interested in doing science. For a dismantling of the aquatic ape, see John H. Langdon, "Umbrella Hypotheses and Parsimony in Human Evolution: A Critique of the Aquatic Ape Hypothesis," *Journal of Human Evolution* 33, no. 4 (1997), 479–494.

13. Björn Merker, "A Note on Hunting and Hominid Origins," *American Anthropologist* 86, no. 1 (1984), 112–114. Kingdon, *Lowly Origin* (2003). R. D. Guthrie, "Evolution of Human Threat Display Organs," *Evolutionary Biology* 4, no. 1 (1970), 257–302. David R. Carrier, "The Advantage of Standing Up to Fight and the Evolution of Habitual Bipedalism in Hominins," *PLOS ONE* 6, no. 5 (2011), e19630. Uner Tan, "Two Families with Quadrupedalism, Mental Retardation, No Speech, and Infantile Hypotonia (Uner Tan Syndrome Type-II): A Novel Theory for the Evolutionary Emergence of Human Bipedalism," *Frontiers in Neuroscience* 8, no. 84 (2014), 1–14. Anthony R. E. Sinclair, Mary D. Leakey, and M. Norton-Griffiths, "Migration and Hominid Bipedalism," *Nature* 324 (1986), 307–308. Edward Reynolds, "The Evolution of the Human Pelvis in Relation to the Mechanics of the Erect Posture," *Papers of the Peabody Museum of American Archaeology and Ethnology* 11 (1931), 255–334. Isabelle C. Winder et al., "Complex Topography and Human Evolution: The Missing Link," *Antiquity* 87, no. 336 (2013), 333–349. Milford H. Wolpoff, *Paleoanthropology* (New York: McGraw-Hill College, 1998). Sue T. Parker, "A Sexual Selection Model for Hominid Evolution," *Human Evolution* 2 (1987), 235–253. Adrian L. Melott and Brian C. Thomas, "From Cosmic Explosions to Terrestrial Fires," *Journal of Geology* 127, no. 4 (2019), 475–481.

14. See also Carolyn Brown, "IgNobel (2): Is That Ostrich Ogling Me?" *Canadian Medical Association Journal* 167, no. 12 (2002), 1348.

15. And more reasons to be skeptical of them. In 2008, Ken Sayers and C. Owen Lovejoy adopted a philosophy known as "Jolly's paradox" to argue against using bipedal behavior in other primates to speculate on its origins in hominins. They argued that the circumstances behind bipedal locomotion in other primates cannot be the reasons hominins began moving on two legs, otherwise these other primates would also have adopted full-time upright walking as a way to move. Ken Sayers and C. Owen Lovejoy, "The Chimpanzee Has No

Clothes: A Critical Examination of *Pan troglodytes* in Models of Human Evolution," *Current Anthropology* 49, no. 1 (2008), 87–114.

16. Not long after our interview, Disotell accepted a new position at the University of Massachusetts, Amherst.

17. I insert the word "fully" here because lineages rarely experience rapid speciation, and instead the splitting of lineages is often a slow, messy process in which hybridization continues to occur before lineages become reproductively isolated. See Nick Patterson, Daniel J. Richter, Sante Gnerre, Eric S. Lander, and David Reich, "Genetic Evidence for Complex Speciation of Humans and Chimpanzees," *Nature* 441 (2006), 1103–1108. Alywyn Scally et al., "Insights into Hominid Evolution from the Gorilla Genome Sequence," *Nature* 483 (2012), 169–175. Furthermore, there is a downstream effect of a deeper (i.e., 12-million-year) human-chimpanzee divergence, which would push the monkey-ape divergence into the early Oligocene. This is at odds with the fossil record, which has produced evidence of common ape-monkey ancestors as early as 29 million years ago.

18. Anthropologists Henry McHenry and Peter Rodman said that bipedalism was "an ape's way of living where an ape could not live." Roger Lewin, "Four Legs Bad, Two Legs Good," *Science* 235 (1987), 969–971.

19. Peter E. Wheeler, "The Evolution of Bipedality and the Loss of Functional Body Hair in Hominids," *Journal of Human Evolution* 13, no. 1 (1984), 91–98. Peter E. Wheeler, "The Thermoregulatory Advantages of Hominid Bipedalism in Open Equatorial Environments: The Contribution of Increased Convective Heat Loss and Cutaneous Evaporative Cooling," *Journal of Human Evolution* 21, no. 2 (1991), 107–115.

20. Michael D. Sockol, David A. Raichlen, and Herman Pontzer, "Chimpanzee Locomotor Energetics and the Origin of Human Bipedalism," *Proceedings of the National Academy of Sciences* 104, no. 30 (2007), 12265–12269.

21. In the original Sockol et al. 2007 paper, the researchers reported a value of four times as much energy use in chimpanzees as in humans. This number has since been updated to twice as much energy. See Herman Pontzer, David A. Raichlen, and Michael D. Sockol, "The Metabolic Cost of Walking in Humans, Chimpanzees, and Early Hominins," *Journal of Human Evolution* 56, no. 1 (2009), 43–54. Herman Pontzer, David A. Raichlen, and Peter S. Rodman, "Bipedal and Quadrupedal Locomotion in Chimpanzees," *Journal of Human Evolution* 66 (2014), 64–82.

22. See Herman Pontzer, "Economy and Endurance in Human Evolution," *Current Biology* 27, no. 12 (2017), R613–R621. Lewis Halsey and Craig White, "Comparative Energetics of Mammalian Locomotion: Humans Are Not Different," *Journal of Human Evolution* 63 (2012), 718–722.

23. Susana Carvalho et al., "Chimpanzee Carrying Behaviour and the Origins of Human Bipedality," *Current Biology* 22, no. 6 (2012), R180–R181. There are two kinds of nuts that the chimpanzees consume and that I combine under the name "African walnuts"—oil palm nuts (*Elaeis guineensis*) and coula nuts (*Coula edulis*).

24. Gordon W. Hewes, "Food Transport and the Origin of Hominid Bipedalism,"

American Anthropology 63, no. 4 (1961), 687–710. Gordon W. Hewes, "Hominid Bipedalism: Independent Evidence for the Food-Carrying Theory," *Science* 146, no. 3642 (1964), 416–418.

25. C. Owen Lovejoy, "The Origin of Man," *Science* 211, no. 4480 (1981), 341–350. C. Owen Lovejoy, "Reexamining Human Origins in Light of *Ardipithecus ramidus*," *Science* 326, no. 5949 (2009), 74–74e8.

26. See papers in Lori Hager, *Women in Human Evolution* (New York: Routledge, 1997).

27. Nancy Tanner and Adrienne Zihlman, "Women in Evolution, Part I: Innovation and Selection in Human Origins," *Signs* 1, no. 3 (1976), 585–605. Adrienne Zihlman, "Women in Evolution, Part II: Subsistence and Social Organization Among Early Hominids," *Signs* 4, no. 1 (1978), 4–20. Nancy M. Tanner, *On Becoming Human* (Cambridge: Cambridge University Press, 1981).

28. Thibaud Gruber, Zanna Clay, and Klaus Zuberbühler, "A Comparison of Bonobo and Chimpanzee Tool Use: Evidence for a Female Bias in the *Pan* Lineage," *Animal Behavior* 80, no. 6 (2010), 1023–1033. Many of the innovating primates discussed are female in Frans de Waal, *The Ape and the Sushi Master: Cultural Reflections of a Primatologist* (New York: Basic Books, 2008). Klaree J. Boose, Frances J. White, and Audra Meinelt, "Sex Differences in Tool Use Acquisition in Bonobos (*Pan paniscus*)," *American Journal of Primatology* 75, no. 9 (2013), 917–926. At Fongoli, a study site in Senegal,chimpanzees—mostly females— hunt with sharpened sticks. Jill D. Pruetz et al., "New Evidence on the Tool-Assisted Hunting Exhibited by Chimpanzees (*Pan troglodytes verus*) in a Savannah Habitat at Fongoli, Sénégal," *Royal Society of Open Science* 2 (2015), 140507.

第 4 章　露西的祖先：类人猿和人类之间缺失的一环

1. Charles Darwin, *The Descent of Man, and Selection in Relation to Sex*, vol. I (London: John Murray, 1871), 199.

2. It appears that Dubois was right, but for the wrong reasons. In 2015, Chris Ruff and colleagues reexamined the Trinil femur and concluded that it derived from a much more recent time period than the skull, and likely belongs to *Homo sapiens*. However, Dubois discovered four other femurs at Trinil in 1900 and described them in the 1930s. Ruff 's reassessment of them found that they are consistent with the anatomy of *Homo erectus*. Thus, Dubois's conclusion that *Pithecanthropus erectus* was bipedal turns out to have been based on a *Homo sapiens* femur, though additional femurs he discovered show he was right. Christopher B. Ruff, Laurent Puymerail, Roberto Machiarelli, Justin Sipla, and Russell L. Ciochon, "Structure and Composition of the Trinil Femora: Functional and Taxonomic Implications," *Journal of Human Evolution* 80 (2015), 147–158.

3. See Pat Shipman, *The Man Who Found the Missing Link: Eugène Dubois and His Lifelong Quest to Prove Darwin Right* (Cambridge, MA: Harvard University Press, 2002).

4. The La Chapelle individual was elderly and arthritic when he died. In life, therefore, he was hunched over not because the species lacked a fully erect posture, but rather because La Chapelle had lived long enough to develop a pathological skeleton.

5. At the time of the discovery, Donald Johanson's appointment was with the Cleveland Museum of Natural History. Throughout this book, I generally try to acknowledge where scientists are currently working rather than where they were when the work being discussed was done.

6. Throughout this book, I do my best to acknowledge the great work being done by my fellow scientists. However, science is rarely done alone, and usually large teams contribute to all of the studies I discuss. In these pages of endnotes, the term "et al.," which is used for any study with more than five authors, appears over 120 times. I'm inspired to mention this by Robert Sapolsky, who, in the footnotes of his recent book *Behave*, wrote, "Whenever I describe work done by Jane Doe or Joe Smith, I actually mean 'work done by Doe and a team of her postdocs, technicians, grad students, and collaborators spread far and wide over the years.' I'll be referring solely to Doe or Smith for brevity, not to imply that they did all the work on their own—science is utterly a team process."

7. Donald C. Johanson, *Lucy: The Beginnings of Humankind* (New York: Simon & Schuster, 1981).

8. See John Kappelman et al., "Perimortem Fractures in Lucy Suggest Mortality from Fall out of Tall Tree," *Nature* 537 (2016), 503–507.

9. This, it turns out, is complicated. Human infants are already born with some S-shaped curvature of the spine. See Elie Choufani et al., "Lumbosacral Lordosis in Fetal Spine: Genetic or Mechanic Parameter," *European Spine Journal* 18 (2009), 1342–1348. However, the spine becomes more lordotic developmentally, particularly at the age when kids begin to take their first steps. M. Maurice Abitbol, "Evolution of the Lumbosacral Angle," *American Journal of Physical Anthropology* 72, no. 3 (1987), 361–372. But it appears as though this would happen no matter what. Children who never walk still develop an S-shaped spine. Sven Reichmann and Thord Lewin, "The Development of the Lumbar Lordosis," *Archiv für Orthopädische und Unfall-Chirurgie, mit Besonderer Berücksichtigung der Frakturenlehre und der Orthopädisch-Chirurgischen Technik* 69 (1971), 275–285.

10. The muscles I'm referring to here are gluteus medius and gluteus minimus, the so-called lesser gluteals, compared with the much more massive gluteus maximus, our butt muscle.

11. See C. Owen Lovejoy, "Evolution of Human Walking," *Scientific American* (November 1988), 118–125. When I write that the hips are on the side of the body, this is shorthand for the iliac blades having rotated to the side of the body, where they are in humans, in contrast to apes who possess flat iliac blades that face the back of the body.

12. Christine Tardieu, "Ontogeny and Phylogeny of Femoro-Tibial Characters in Humans and Hominid Fossils: Functional Influence and Genetic Determinism," *American Journal of Physical Anthropology* 110 (1999), 365–377.

13. This specimen has the catalogue number A.L. 129–1 and is a different individual from Lucy. Details of discovery and the importance of the anatomy can be found in Johanson, *Lucy: The Beginnings of Humankind*. Donald C. Johanson and Maurice Taieb, "Plio-Pleistocene Hominid Discoveries in Hadar, Ethiopia," *Nature* 260 (1976), 293–297.

14. Probably. Francis Thackeray has raised the possibility that the head of the partial skeleton Sts 14 is Sts 5, Mrs. Ples. He also has proposed that Mrs. Ples is a juvenile male. Francis Thackeray, Dominique Gommery, and Jose Braga, "Australopithecine Postcrania (Sts 14) from the Sterkfontein Caves, South Africa: The Skeleton of 'Mrs Ples'?" *South African Journal of Science* 98, no. 5–6 (2002), 211–212. But also see Alejandro Bonmatí, Juan-Luis Arsuaga, and Carlos Lorenzo, "Revisiting the Developmental Stage and Age-at-Death of the 'Mrs. Ples' (Sts 5) and Sts 14 Specimens from Sterkfontein (South Africa): Do They Belong to the Same Individual?" *Anatomical Record* 291, no. 12 (2008), 1707–1722.

15. Credit for planting this idea in my brain goes to Boston University geologist Andy Kurtz, with whom I had the pleasure of coteaching in the winter of 2015.

16. Throughout this section, I write about potassium and argon. However, researchers have developed a shortcut that improves the accuracy of this technique, known as 40Ar/39Ar (argon-argon) dating.

17. Robert C. Walter, "Age of Lucy and the First Family: Single-Crystal 40Ar/39Ar Dating of the Denen Dora and Lower Kada Hadar Members of the Hadar Formation, Ethiopia," *Geology* 22, no. 1 (1994), 6–10.

18. Juliet Eilperin, "In Ethiopia, Both Obama and Ancient Fossils Get a Motorcade," *Washington Post*, July 27, 2015.

19. Meave G. Leakey, Craig S. Feibel, Ian McDougall, and Alan Walker, "New Four-Million-Year-Old Hominid Species from Kanapoi and Allia Bay, Kenya," *Nature* 376 (1995), 565–571.

20. Brigitte Senut et al., "First Hominid from the Miocene (Lukeino Formation, Kenya)," *Comptes Rendus de l'Académie des Sciences—Series IIA—Earth and Planetary Science* 332, no. 2 (2001), 137–144.

21. I studied casts of *Orrorin tugenensis* in Senut and Pickford's lab in the fall of 2019. What is preserved of the most complete femur has all of the hallmarks of an upright walking hominin. From this bone alone, I, too, would have concluded—as these researchers did—that *Orrorin* was bipedal. I'm eager to see what the rest of this hominin looked like!

22. See Ann Gibbons, *The First Human: The Race to Discover Our Earliest Ancestors* (New York: Anchor Books, 2007). Perhaps the quote that best sums up the saga of the *Orrorin* fossils was uttered by Brigitte Senut, who had an unexpected response to the discovery of the oldest hominin femur: "I told Martin to throw it in the lake. It would only bring us trouble." (From Gibbons, p. 195.)

23. In 2018, I corresponded with Eustace Gitonga, the director of the Community Museums of Kenya (CMK), who is in possession of the *Orrorin* fossils. I requested to study the *Orrorin* material and was told that "the original *Orrorin* fossils are unavailable until the details of the new MOU are finalized." Here, Gitonga is referring to a memorandum of understanding between the CMK and the Baringo County government, which, according to Gitonga, feel as though foreign researchers have reneged on previous MOUs.

24. Yohannes Haile-Selassie, "Late Miocene Hominids from the Middle Awash, Ethiopia," *Nature* 412 (2001), 178–181.

25. Michel Brunet et al., "A New Hominid from the Upper Miocene of Chad, Central Africa," *Nature* 418 (2002), 145–151. Patrick Vignaud et al., "Geology and Palaeontology of the Upper Miocene Toro-Menalla Hominid Locality, Chad," *Nature* 418 (2002), 152–155.

26. Milford Wolpoff, Brigitte Senut, Martin Pickford, and John Hawks, "Palaeoanthropology (Communication Arising): *Sahelanthropus* or *'Sahelpithecus'*?" *Nature* 419 (2002), 581–582. Brunet et al., "Reply," *Nature* 419 (2002), 582. Milford Wolpoff, John Hawks, Brigitte Senut, Martin Pickford, and James Ahern, "An Ape or *the* Ape: Is the Toumaï Cranium TM 266 a Hominid?" *PaleoAnthropology* (2006), 35–50.

27. Christoph P. E. Zollikofer et al., "Virtual Cranial Reconstruction of *Sahelanthropus tchadensis*," *Nature* 434 (2005), 755–759. Franck Guy et al., "Morphological Affinities of the *Sahelanthropus tchadensis* (Late Miocene Hominid from Chad) Cranium," *Proceedings of the National Academy of Sciences* 105, no. 52 (2005), 18836–18841.

28. Though at the time it was not identified as a primate femur. In 2004, Aude Bergeret, then a graduate student at the University of Poitiers, was studying the faunal fossils from the Toros-Menalla locality when she identified the bone as belonging to a large primate. The only large primate known from Toros-Menalla is *Sahelanthropus tchadensis*. In 2018, Bergeret and her former mentor Roberto Macchiarelli proposed to present their work on the femur to the Anthropological Society of Paris, but, to the bewilderment of the entire paleoanthropological community, the abstract was rejected by the meeting organizers. See Ewen Callaway, "Controversial Femur Could Belong to Ancient Human Relative," *Nature* 553 (2018), 391–392. Franck Guy and colleagues published a preprint description of the femur in late September 2020, meaning a peer-reviewed publication should be forthcoming.

29. Robert Broom, "Further Evidence on the Structure of the South African Pleistocene Anthropoids," *Nature* 142 (1938), 897–899. More than a decade later, Broom and his student J. T. Robinson wrote: "In South Africa we have been making important discoveries so fast recently that it is quite impossible to publish memoirs on them within a year or even two. We might withhold publication for many years as is so often done in the Northern Hemisphere, or we might issue preliminary descriptions and render ourselves liable to the criticism that our descriptions are inadequate. We think it much preferable to issue even inadequate descriptions and let other workers know something of our finds than to keep them secret for 10 years or more." Robert Broom and John T. Robinson, "Brief Communications: Notes on the Pelves of the Fossil Ape-Men," *American Journal of Physical Anthropology* 8, no. 4 (1950), 489–494. Four months later, Broom died at the age of eighty-four.

30. An educational supply company called Bone Clones, Inc., has sculpted versions of *Ardipithecus* and *Sahelanthropus* from published measurements and photographs. With these as our only options for hands-on teaching, many of us anthropologists have purchased the Bone Clones versions—for $295/skull—for our teaching labs. I, and my colleagues, would prefer to send that money to Chad and Ethiopia for actual casts of fossils, but that is not an option currently. Now that I have seen the original foot bones from *Ardipithecus ramidus* and proper casts of *Sahelanthropus*, I can report that the Bone Clones versions—despite their best efforts—are woefully inaccurate and, in some ways, even misleading. The actual

Sahelanthropus cranium, for instance, is about 20 percent larger than the Bone Clones replica.

31. Daniel E. Lieberman, *The Story of the Human Body: Evolution, Health, and Disease* (New York: Pantheon, 2013), 33. He wrote, "You could fit all the fossils from *Ardipithecus*, *Sahelanthropus*, and *Orrorin* in a single shopping bag." I added the "and still have plenty of room for the groceries" part.

第 5 章 地猿阿迪，迈步向前：从古人类学"曼哈顿计划"到多瑙韦斯猿

1. Rick Gore, "The First Steps," *National Geographic* (February 1997), 72–99.

2. Tim D. White, Gen Suwa, and Berhane Asfaw, "*Australopithecus ramidus*, a New Species of Early Hominid from Aramis, Ethiopia," *Nature* 371 (1994), 306–312. The type specimen—a collection of associated teeth—was found by a local Afar man, Gada Hamed.

3. Tim D. White, Gen Suwa, and Berhane Asfaw, "Corrigendum: *Australopithecus ramidus*, a New Species of Early Hominid from Aramis, Ethiopia," *Nature* 375 (1995), 88.

4. Rex Dalton, "Oldest Hominid Skeleton Revealed," *Nature* (October 1, 2009). Donald Johanson and Kate Wong, *Lucy's Legacy: The Quest for Human Origins* (New York: Broadway Books, 2010), 154.

5. Giday WoldeGabriel et al., "The Geological, Isotopic, Botanical, Invertebrate, and Lower Vertebrate Surroundings of *Ardipithecus ramidus*," *Science* 326, no. 5949 (2009), 65–65e5. As with many seemingly simple statements in paleoanthropology, this one is contentious. Some scholars have argued that the Aramis locality would not have been as wooded as White and his colleagues suggest. Thure E. Cerling et al., "Comment on the Paleoenvironment of *Ardipithecus ramidus*," *Science* 328 (2010), 1105. Additionally, a second *Ardipithecus ramidus* fossil locality, at Gona, Ethiopia, does appear to be more of a grassland environment, implying that *Ardipithecus* was able to live in varied environments. Sileshi Semaw et al., "Early Pliocene Hominids from Gona, Ethiopia," *Nature* 433 (2005), 301–305. Interestingly, there is a second *Ardipithecus* partial skeleton from the more open Gona locality and it appears to have better-developed (i.e., more humanlike) skeletal adaptations for bipedal walking than the *Ardipithecus* from the more wooded Aramis locality. Scott W. Simpson, Naomi E. Levin, Jay Quade, Michael J. Rogers, and Sileshi Semaw, "*Ardipithecus ramidus* Postcrania from the Gona Project Area, Afar Regional State, Ethiopia," *Journal of Human Evolution* 129 (2019), 1–45.

6. This refers to the fossils themselves. In life, Lucy and Ardi would have had similar bone density to their skeletons.

7. The late J. Desmond Clark formed this group in 1981. Other project directors are the previously mentioned geologist Giday WoldeGabriel and Yonas Beyene, who specializes in archaeology.

8. In 2019, Scott Simpson of Case Western Reserve University published his team's analysis of another partial skeleton of an *Ardipithecus ramidus* discovered in the Gona region of Ethiopia. Although I have not yet studied the original fossil, it looks to me like it is even better adapted for bipedal locomotion than Ardi. If this turns out to be the case, then at this

time (4.4 million years ago), there was variation in bipedal abilities in *Ardipithecus*—natural selection could have favored those individuals better suited for bipedal walking to eventually evolve a habitually bipedal *Australopithecus* from a facultatively bipedal *Ardipithecus*.

9. This stepwise, gradual, left-toright imagery of human evolution long precedes Zallinger. Benjamin Waterhouse Hawkins drew standing skeletons of modern apes in Thomas Henry Huxley, *Evidence as to Man's Place in Nature* (London: Williams & Norgate, 1863). Such imagery also appeared in William K. Gregory, "The Upright Posture of Man: A Review of Its Origin and Evolution," *Proceedings of the American Philosophical Society* 67, no. 4 (1928), 339–377. It appears again on the inside cover of Raymond Dart, *Adventures with the Missing Link* (New York: Harper & Brothers, 1959).

10. C. Owen Lovejoy, Gen Suwa, Scott W. Simpson, Jay H. Matternes, and Tim D. White, "The Great Divides: *Ardipithecus ramidus* Reveals the Postcrania of Our Last Common Ancestors with African Apes," *Science* 326, no. 5949 (2009), 73–106. Tim D. White, C. Owen Lovejoy, Berhane Asfaw, Joshua P. Carlson, and Gen Suwa, "Neither Chimpanzee Nor Human, *Ardipithecus* Reveals the Surprising Ancestry of Both," *Proceedings of the National Academy of Sciences* 112, no. 16 (2015), 4877–4884.

11. The discoverer of this fascinating ape is Laura MacLatchy, my thesis advisor at the University of Michigan. See Laura MacLatchy, "The Oldest Ape," *Evolutionary Anthropology* 13 (2004), 90–103.

12. James T. Kratzer et al., "Evolutionary History and Metabolic Insights of Ancient Mammalian Uricases," *Proceedings of the National Academy of Sciences* 111, no. 10 (2014), 3763–3768. An important distinction here: Kratzer et al. use the uricase mutation as an explanation for how African apes were able to migrate back to equatorial Africa, whereas I'm suggesting that this mutation would have helped these apes live in modern Europe. There is also evidence that uric acid helps regulate blood pressure and keep it stable, even during times of starvation. Benjamin De Becker, Claudio Borghi, Michel Burnier, and Philippe van de Borne, "Uric Acid and Hypertension: A Focused Review and Practical Recommendations," *Journal of Hypertension* 37, no. 5 (2019), 878–883.

13. Matthew A. Carrigan et al., "Hominids Adapted to Metabolize Ethanol Long Before Human-Directed Fermentation," *Proceedings of the National Academy of Sciences* 112, no. 2 (2015), 458–463. For more on aye-aye alcohol metabolism, see Samuel R. Gochman, Michael B. Brown, and Nathaniel J. Dominy, "Alcohol Discrimination and Preferences in Two Species of Nectar-Feeding Primate," *Royal Society Open Science* 3 (2016), 160217.

14. Madelaine Böhme et al., "A New Miocene Ape and Locomotion in the Ancestor of Great Apes and Humans," *Nature* 575 (2019), 489–493.

15. See Scott A. Williams et al., "Reevaluating Bipedalism in *Danuvius*," *Nature* 586 (2020), E1–E3. Madelaine Böhme, Nikolai Spassov, Jeremy M. DeSilva, and David R. Begun, "Reply to: Reevaluating Bipedalism in *Danuvius*," *Nature* 586 (2020), E4–E5.

16. Dudley J. Morton, "Evolution of the Human Foot. II," *American Journal of Physical Anthropology* 7 (1924), 1052. Also see Russell H. Tuttle, "Darwin's Apes, Dental Apes, and the Descent of Man," *Current Anthropology* 15 (1974), 389–426. Russell H. Tuttle, "Evolution

of Hominid Bipedalism and Prehensile Capabilities," *Philosophical Transactions of the Royal Society of London B* 292 (1981), 89–94.

17. Personal communication with biologist Warren Brockelman.

18. Carol V. Ward, Ashley S. Hammond, J. Michael Plavcan, and David R. Begun, "A Late Miocene Partial Pelvis from Hungary," *Journal of Human Evolution* 136 (2019), 102645. Some scholars have also proposed that *Oreopithecus* was bipedal, though many have rejected this claim. A recent examination of its skeleton finds that the anatomies of the torso would have made *Oreopithecus* "certainly more capable of bipedal positional behaviors than extant great apes." See Ashley S. Hammond et al., "Insights into the Lower Torso in Late Miocene Hominoid *Oreopithecus bambolii*," *Proceedings of the National Academy of Sciences* 117, no. 1 (2020), 278–284.

19. For example, Kevin E. Langergraber et al., "Generation Times in Wild Chimpanzees and Gorillas Suggest Earlier Divergence Times in Great Ape and Human Evolution," *Proceedings of the National Academy of Sciences* 109, no. 39 (2012), 15716–15721.

20. In his 2007 book, Aaron Filler hypothesizes that bipedal locomotion goes back even farther to the very beginning of the ape lineage 20 million years ago. He uses a backbone from *Morotopithecus bishopi* as evidence. However, nothing about the femur or hip joint of that species would indicate bipedal locomotion in that taxon. Aaron G. Filler, *The Upright Ape: A New Origin of the Species* (Newburyport, MA: Weiser, 2007).

21. Susannah K. S. Thorpe, Roger L. Holder, and Robin H. Crompton, "Origin of Human Bipedalism as an Adaptation for Locomotion on Flexible Branches," *Science* 316 (2007), 1328–1331.

22. Leif Johannsen et al., "Human Bipedal Instability in Tree Canopy Environments Is Reduced by 'Light Touch' Fingertip Support," *Scientific Reports* 7, no. 1 (2017), 1–12. This light touch might have also helped our ancestors find food. My Dartmouth College colleague Nate Dominy found that just as we humans squeeze fruit in the grocery store to assess ripeness, chimpanzees apply a light touch to figs to find the ones that are ready to eat. If chimpanzees, with their long fingers, can do this, then the earliest bipedal hominins, with more humanlike hand proportions, also did while they foraged for fruit as they walked in the trees. Nathaniel J. Dominy et al., "How Chimpanzees Integrate Sensory Information to Select Figs," *Interface Focus* 6 (2016).

23. I have a significant number of colleagues whom I deeply respect who support a short-backed, knuckle-walking ape model for the body form from which bipedalism evolved. David Pilbeam, Dan Lieberman, David Strait, Scott Williams, and Cody Prang have all written in favor of this as the body plan of the last common ancestor. See, for example, David R. Pilbeam and Daniel E. Lieberman, "Reconstructing the Last Common Ancestor of Chimpanzees and Humans," in *Chimpanzees and Human Evolution*, ed. Martin N. Muller, Richard W. Wrangham, and David R. Pilbeam (Cambridge, MA: Belknap Press of Harvard University Press, 2017), 22–142. Some of the most convincing evidence for a knuckle-walking last common ancestor can be found in the wrist. Most primates have nine wrist bones in each hand, but humans and the African apes have only eight. The reason is that one

of these bones, the os centrale, is fused to the scaphoid, making two bones one in gorillas, chimpanzees, bonobos, and humans. Why? It appears that this fusion helps stabilize the wrist during knuckle-walking and would argue in favor of a last common ancestor that moved in this manner. See Caley M. Orr, "Kinematics of the Anthropoid Os Centrale and the Functional Consequences of the Scaphoid-Centrale Fusion in African Apes and Humans," *Journal of Human Evolution* 114 (2018), 102–117. Thomas A. Püschel, Jordi Marcé-Nogué, Andrew T. Chamberlain, Alaster Yoxall, and William I. Sellers, "The Biomechanical Importance of the Scaphoid-Centrale Fusion During Simulated Knuckle-Walking and Its Implications for Human Locomotor Evolution," *Scientific Reports* 10, 3526 (2020), 1–10. This could also be interpreted as a random fusion of wrist bones that was selectively neutral in an arboreal ape that predisposed gorillas and chimpanzees to this form of locomotion later in their evolutionary history. While I currently favor a long-backed, arboreal bipedal origin model, it will be fascinating to see how this debate unfolds and is informed by new fossils in the coming decades.

24. A fossil discovery that I do not discuss in the book because I don't know what to make of it yet is the nearly 6-million-yearold bipedal footprint site reported from the island of Crete. These footprints remain controversial, but if they are verified, then bipedal apes continued to live in European refugia even after the last common ancestor of humans and the African apes inhabited Africa. Gerard D. Gierliński et al., "Possible Hominin Footprints from the Late Miocene (c. 5.7 Ma) of Crete?" *Proceedings of the Geologists' Association* 128, no. 5–6 (2017), 697–710.

第二篇　南方古猿时代：直立行走，化身成人

1. Erling Kagge, *Walking: One Step at a Time* (New York: Pantheon, 2019), 157.

第 6 章　莱托里脚印：直立行走如何影响科技、语言、觅食和育儿？

1. John Keats, Harry Buxton Forman, and Horace Elisha Scudder, *The Complete Poetical Works of John Keats* (Boston: Houghton Mifflin, 1899), 246.

2. The Maasai people call the area Olaetole.

3. Barefoot people develop thick calluses under their feet, which help protect the feet without sacrificing foot sensitivity. But the thorn was embedded in the middle of the child's arch, an area that would not develop a protective callus. For more on callus formation, see Nicholas B. Holowka et al., "Foot Callus Thickness Does Not Trade Off Protection for Tactile Sensitivity During Walking," *Nature* 571 (2019), 261–264.

4. Peg van Andel, a middle-school science teacher in Boxborough, Massachusetts, began researching a children's book on the Laetoli footprints and interviewed Andrew Hill before he died. In these interview notes, Hill mentioned these raindrop impressions and their connection to Lyell's *Principles of Geology*.

5. See Mary D. Leakey and Richard L. Hay, "Pliocene Footprints in the Laetolil Beds at Laetoli, Northern Tanzania," *Nature* 278 (1979), 317–323. Mary Leakey, "Footprints in the Ashes of Time," *National Geographic* 155, no. 4 (1979), 446–457. Michael H. Day and E. H.

Wickens, "Laetoli Pliocene Hominid Footprints and Bipedalism," *Nature* 286 (1980), 385–387. Mary D. Leakey and Jack M. Harris, eds., *Laetoli: A Pliocene Site in Northern Tanzania* (Oxford: Oxford University Press, 1987). Tim D. White and Gen Suwa, "Hominid Footprints at Laetoli: Facts and Interpretations," *American Journal of Physical Anthropology* 72 (1987), 485–514. Neville Agnew and Martha Demas, "Preserving the Laetoli Footprints," *Scientific American* (1998), 44–55. The commonly held idea that the nearby Sadiman volcano is the source of the Laetoli ash has recently been challenged, making the source of the ash currently unknown. See Anatoly N. Zaitsev et al., "Stratigraphy, Minerology, and Geochemistry of the Upper Laetolil Tuffs Including a New Tuff 7 Site with Footprints of *Australopithecus afarensis*, Laetoli, Tanzania," *Journal of African Earth Sciences* 158 (2019), 103561.

6. Details from Mary Leakey, *Disclosing the Past: An Autobiography* (New York: Doubleday, 1984). Virginia Morell, *Ancestral Passions: The Leakey Family and the Quest for Humankind's Beginnings* (New York: Simon & Schuster, 1995).

7. Other prominent researchers involved in the discovery and excavation of the G-trails were Tim White, Ron Clarke, Michael Day, and Louise Robbins.

8. See Matthew R. Bennett, Sally C. Reynolds, Sarita Amy Morse, and Marcin Budka, "Laetoli's Lost Tracks: 3D Generated Mean Shape and Missing Footprints," *Scientific Reports* 6 (2016), 21916. Charles Musiba has proposed that there may be four individuals making the Laetoli G-trail.

9. See Kevin G. Hatala, Brigitte Demes, and Brian G. Richmond, "Laetoli Footprints Reveal Bipedal Gait Biomechanics Different from Those of Modern Humans and Chimpanzees," *Proceedings of the Royal Society B: Biological Sciences* 283, no. 1836 (2016), 20160235.

10. We are currently analyzing the morphology of the A-trail to test whether it is more likely that the prints were made by a juvenile *Australopithecus afarensis* or perhaps even by a different hominin species.

11. We could have made a bipedalism playlist consisting of "Walk of Life" (Dire Straits), "Love Walks In" (Van Halen), "Walking on a Thin Line" (Huey Lewis), "Walking on Sunshine" (Katrina and the Waves), and "Walk This Way" (Run-DMC version, of course).

12. Louis S. B. Leakey, Phillip V. Tobias, and John R. Napier, "A New Species of the Genus *Homo* from Olduvai Gorge," *Nature* 202, no. 4927 (1964), 7–9.

13. Sonia Harmand et al., "3.3-Million-Year-Old Stone Tools from Lomekwi 3, West Turkana, Kenya," *Nature* 521 (2015), 310–315.

14. Zeresenay Alemseged et al., "A Juvenile Early Hominin Skeleton from Dikika, Ethiopia," *Nature* 443 (2006), 296–301. Jeremy M. DeSilva, Corey M. Gill, Thomas C. Prang, Miriam A. Bredella, and Zeresenay Alemseged, "A Nearly Complete Foot from Dikika, Ethiopia, and Its Implications for the Ontogeny and Function of *Australopithecus afarensis*," *Science Advances* 4, no. 7 (2018), eaar7723.

15. Shannon P. McPherron et al., "Evidence for Stone-Tool-Assisted Consumption of Animal Tissues Before 3.39 Million Years Ago at Dikika, Ethiopia," *Nature* 466 (2010), 857–860.

16. Baroness Jane Van Lawick-Goodall, *My Friends the Wild Chimpanzees* (Washington, DC: National Geographic Society, 1967), 32.

17. David L. Reed, Jessica E. Light, Julie M. Allen, and Jeremy J. Kirchman, "Pair of Lice Lost or Parasites Regained: The Evolutionary History of Anthropoid Lice," *BMC Biology* 5, no. 7 (2007). Note the title of this paper.

18. See Rebecca Sear and David Coall, "How Much Does Family Matter? Cooperative Breeding and the Demographic Transition," *Population and Development Review* 37, no. s1 (2011), 81–112.

19. This idea is known as the cooperative breeding hypothesis, and it was developed by Sarah Hrdy in her extraordinary book *Mothers and Others: The Evolutionary Origins of Mutual Understanding* (Cambridge, MA: Belknap Press, 2009).

20. Jeremy M. DeSilva, "A Shift Toward Birthing Relatively Large Infants Early in Human Evolution," *Proceedings of the National Academy of Sciences* 108, no. 3 (2011), 1022–1027. One prediction of the hypothesis that *Australopithecus* was collectively parenting their young is weaning age. In great apes, mothers nurse their babies for over four years. Orangutan young do not wean until they are over seven years old. Humans in hunter-gatherer communities, in contrast, nurse between one and four years. We can afford to wean early, in part, because there are other members of the group able and willing to share food. Recent analyses of the isotopes in *Australopithecus* infant teeth reveal that they, too, weaned early. This is independent evidence for cooperative raising of the young in our early ancestors. Théo Tacail et al., "Calcium Isotopic Patterns in Enamel Reflect Different Nursing Behaviors Among South African Early Hominins," *Science Advances* 5 (2019), eaax3250. Renaud Joannes-Boyau et al., "Elemental Signatures of *Australopithecus africanus* Teeth Reveal Seasonal Dietary Stress," *Nature* 572 (2019), 112–116.

21. Some of this evidence comes from carbon isotopes, which show a wide range of values in *Australopithecus afarensis*. Jonathan G. Wynn, "Diet of *Australopithecus afarensis* from the Pliocene Hadar Formation, Ethiopia," *Proceedings of the National Academy of Sciences* 110, no. 26 (2013), 10495–10500.

22. See Daniel Lieberman, *The Story of the Human Body: Evolution, Health, and Disease* (New York: Vintage, 2013).

23. Jane Goodall, *The Chimpanzees of Gombe: Patterns of Behavior* (Cambridge, MA: Harvard University Press, 1986), 555–557. Jane Goodall, "Tool-Using and Aimed Throwing in a Community of Free-Living Chimpanzees," *Nature* 201 (1964), 1264–1266. William J. Hamilton, Ruth E. Buskirk, and William H. Buskirk, "Defensive Stoning by Baboons," *Nature* 256 (1975), 488–489. Martin Pickford, "Matters Arising: Defensive Stoning by Baboons (Reply)," *Nature* 258 (1975), 549–550.

24. Yohannes Haile-Selassie, Stephanie M. Melillo, Antonino Vazzana, Stefano Benazzi, and Tim othy M. Ryan, "A 3.8-Million-Year-Old Hominin Cranium from Woranso-Mille, Ethiopia," *Nature* 573 (2019), 214–219.

25. William H. Kimbel, Yoel Rak, and Donald C. Johanson, *The Skull of* Australopithecus afarensis (Oxford: Oxford University Press, 2004).

26. Even more is required when a child's brain is growing—over 40 percent of the body's energy. Christopher W. Kuzawa et al., "Metabolic Costs and Evolutionary Implications of Human Brain Development," *Proceedings of the National Academy of Sciences* 111, no. 36 (2014), 13010–13015.

27. See Herman Pontzer, "Economy and Endurance in Human Evolution," *Current Biology* 27 (2017), R613–R621.

28. Dikika paper on brain growth. Philipp Gunz et al., "*Australopithecus afarensis* Endocasts Suggest Apelike Brain Organization and Prolonged Brain Growth," *Science Advances* 6 (2020), eaaz4729. In fact, Smith was able to age the Dikika Child to the *day*. She was 861 days old when she died. As with many other studies discussed in this book, this was a large team effort. The scans Tanya Smith examined were collected in collaboration with Paul Tafforeau and Adeline LeCabec. Philipp Gunz reconstructed the brain of the child and, of course, Zeray Alemseged found the fossil in the first place.

第 7 章　走一英里的方法有很多：南方古猿源泉种的特殊膝盖结构

1. Ann Gibbons, "Skeletons Present an Exquisite Paleo-Puzzle," *Science* 333 (2011), 1370–1372. Bruce Latimer, personal communication.

2. What I mean by this is that Lee Berger is an explorer and an adventurer who inspires future generations of researchers by popularizing our science. Thus, Berger is Indiana Jones–like in all of the good ways, not in the philandering and pilfering ways Harrison Ford's character also embodied.

3. More details of this gripping story can be found in Berger's two books on the subject. Lee Berger and Marc Aronson, *The Skull in the Rock: How a Scientist, a Boy, and Google Earth Opened a New Window on Human Origins* (Washington, DC: National Geographic Children's Books, 2012). Lee Berger and John Hawks, *Almost Human: The Astonishing Tale of* Homo naledi *and the Discovery That Changed Our Human Story* (Washington, DC: National Geographic, 2017).

4. Ericka N. L'Abbé et al., "Evidence of Fatal Skeletal Injuries on Malapa Hominins 1 and 2," *Scientific Reports* 5, no. 15120 (2015).

5. Robyn Pickering et al., "*Australopithecus sediba* at 1.977 Ma and Implications for the Origins of the Genus *Homo*," *Science* 333, no. 6048 (2011), 1421–1423.

6. Lee Berger et al., "*Australopithecus sediba*: A New Species of *Homo*-Like Australopith from South Africa," *Science* 328, no. 5975 (2010), 195–204.

7. This needs some explanation for readers who are wondering why I would be surprised at the anatomy of the casts after having seen the originals under the black cloth in Berger's lab. The original fossil foot and ankle bones (tibia, talus, and calcaneus) are still articulated and held together by matrix. They were micro-CT-scanned by Kristian Carlson and digitally pulled apart after hours of tedious computer work. Carlson then 3D-printed the digital renderings of the isolated foot bones. Those were what Berger and Zipfel had sent me in the spring of 2010.

8. John T. Robinson, *Early Hominid Posture and Locomotion* (Chicago: University of

Chicago Press, 1972). Robinson also classified *africanus* as *Homo*. If ever adopted, this would wreak havoc on the names of hominins since the type species for *Australopithecus* is *africanus*.

9. William E. H. Harcourt-Smith and Leslie C. Aiello, "Fossils, Feet, and the Evolution of Human Bipedal Locomotion," *Journal of Anatomy* 204, no. 5 (2004), 403–416.

10. Bernhard Zipfel et al., "The Foot and Ankle of *Australopithecus sediba*," *Science* 333, no. 6048 (2011), 1417–1420. As with other studies described in this book, this was a team effort, and significant contributions were made by Robert Kidd, Kristian Carlson, Steve Churchill, and Lee Berger.

11. Jeremy M. DeSilva et al., "The Lower Limb and Mechanics of Walking in *Australopithecus sediba*," *Science* 340, no. 6129 (2013), 1232999.

12. Jeremy M. DeSilva et al., "Midtarsal Break Variation in Modern Humans: Functional Causes, Skeletal Correlates, and Paleontological Implications," *American Journal of Physical Anthropology* 156, no. 4 (2015), 543–552.

13. Amey Y. Zhang and Jeremy M. DeSilva, "Computer Animation of the Walking Mechanics of *Australopithecus sediba*," *PaleoAnthropology* (2018), 423–432. Sally Le Page tweet of *sediba* walking: https://twitter.com/sallylepage/status/1088364360857198598.

14. William H. Kimbel, "Hesitation on Hominin History," *Nature* 497 (2013), 573–574. For "Ministry of Silly Walks" sketch, see: https://www.dailymotion.com/video/x2hwqki. For a brilliant paper analyzing the gaits of the minister and Mr. Pudley, see Erin E. Butler and Nathaniel J. Dominy, "Peer Review at the Ministry of Silly Walks," *Gait & Posture* (February 26, 2020).

15. Marion Bamford et al., "Botanical Remains from a Coprolite from the Pleistocene Hominin Site of Malapa, Sterkfontein Valley, South Africa," *Palaeontologica Africana* 45 (2010), 23–28.

16. The long arms probably do not need explaining as an adaptation for climbing in the trees, but the shrugged shoulders might. Kevin Hunt proposed that narrow, shrugged shoulders would help balance the center of mass of an arm-hanging ape. Kevin D. Hunt, "The Postural Feeding Hypothesis: An Ecological Model for the Evolution of Bipedalism," *South African Journal of Science* 92 (1996), 77–90.

17. Amanda G. Henry et al., "The Diet of *Australopithecus sediba*," *Nature* 487 (2012), 90–93.

18. Yohannes Haile-Selassie et al., "New Species from Ethiopia Further Expands Middle Pliocene Hominin Diversity," *Nature* 521 (2015), 483–488.

19. Latimer quotes from John Mangels, "New Human Ancestor Walked and Climbed 3.4 Million Years Ago in Lucy's Time, Cleveland Team Finds (Video)," *Cleveland Plain Dealer* (March 28, 2012), https://www.cleveland.com/science/2012/03/new_human_ancestor_walked_and.html.

20. Yohannes Haile-Selassie et al., "A New Hominin Foot from Ethiopia Shows Multiple Pliocene Bipedal Adaptations," *Nature* 483 (2012), 565–569. But it is important to note that Haile-Selassie has not directly attributed the Burtele foot to *Australopithecus deyiremeda*. It

could be from a third, as-yet-unnamed hominin.

第 8 章 古人类的迁移：从非洲走向欧亚大陆

1. Jack Kerouac, *On the Road* (New York: Viking Press, 1957), 26.

2. In the thirteenth century, Marco Polo traveled over 7,500 miles from his home in Italy to China along the Silk Road. Maps of his journey take him past Dmanisi, though no evidence is known that he stopped there. Many travelers did, however, as Dmanisi became an important part of the trade route between Europe and Asia and was eventually absorbed into the Mongol Empire. Polo carried on, and when he reached the island of Java, he reports seeing a unicorn. He wrote, "There are wild elephants in the country, and numerous unicorns, which are very nearly as big. They have hair like that of a buffalo, feet like those of an elephant, and a horn in the middle of the forehead, which is black and very thick. They do no mischief, however, with the horn, but with the tongue alone; for this is covered all over with long and strong prickles [and when savage with any one they crush him under their knees and then rasp him with their tongue]. The head resembles that of a wild boar, and they carry it ever bent towards the ground. They delight much to abide in mire and mud. 'Tis a passing ugly beast to look upon, and is not in the least like that which our stories tell of as being caught in the lap of a virgin; in fact, 'tis altogether different from what we fancied." What Polo describes in his *Travels* is, of course, a rhinoceros.

3. Leo Gabunia and Abesalom Vekua, "A Plio-Pleistocene Hominid from Dmanisi, East Georgia, Caucasus," *Nature* 373 (1995), 509–512.

4. Zhaoyu Zhu et al., "Hominin Occupation of the Chinese Loess Plateau Since About 2.1 Million Years Ago," *Nature* 559 (2018), 608–612.

5. Fred Spoor et al., "Implications of New Early *Homo* Fossils from Ileret, East of Lake Turkana, Kenya," *Nature* 448 (2007), 688–691. Fredrick Manthi's current title is Head of Department of Earth Sciences at the National Museums of Kenya.

6. Alan Walker and Pat Shipman, *The Wisdom of the Bones: In Search of Human Origins* (New York: Vintage, 1997).

7. Walker and Shipman, *The Wisdom of the Bones*, 12.

8. There is uncertainty about this. It starts with how old the Nariokotome child was when he died. Chronological age estimates range from 7.6 to 8.8 years old to as high as 15 years old, though most scholars cite the younger age ranges determined from state-ofthe-art analysis of tooth development. Height at death for the child ranges from four feet eight inches to five feet three inches depending on what technique is employed. Then, there is the question of whether *Homo erectus* had an adolescent growth spurt, or if this evolved more recently. The adult size of Nariokotome is calculated to be somewhere between five feet four inches and over six feet. See Ronda R. Graves, Amy C. Lupo, Robert C. McCarthy, Daniel J. Wescott, and Deborah L. Cunningham, "Just How Strapping Was KNM-WT 15000?" *Journal of Human Evolution* 59, no. 5 (2010), 542–554. Chris Ruff and Alan Walker, "Body Size and Body Shape" in *The Narioko-tome* Homo erectus *Skeleton*, ed. Alan Walker and Richard Leakey (Cambridge, MA: Harvard University Press, 1993), 234–265.

9. Christopher W. Kuzawa et al., "Metabolic Costs and Evolutionary Implications of Human Brain Development," *Proceedings of the National Academy of Sciences* 111, no. 36 (2014), 13010–13015.

10. Henry M. McHenry, "Femoral Lengths and Stature in Plio-Pleistocene Hominids," *American Journal of Physical Anthropology* 85 (1991), 149–158. A slightly shorter estimate of height for KNM-ER 1808 of five feet eight inches was obtained by Manuel Will and Jay T. Stock, "Spatial and Temporal Variation of Body Size Among Early *Homo*," *Journal of Human Evolution* 82 (2015), 15–33. On the basis of footprint size, a team estimated that a group of *Homo erectus* ranged in height from five feet to just over six feet. Heather L. Dingwall, Kevin G. Hatala, Roshna E. Wunderlich, and Brian G. Richmond, "Hominin Stature, Body Mass, and Walking Speed Estimates Based on 1.5-Million-Year-Old Fossil Footprints at Ileret, Kenya," *Journal of Human Evolution* 64, no. 6 (2013), 556–568.

11. Matthew R. Bennett et al., "Early Hominin Foot Morphology Based on 1.5-Million-Year-Old-Footprints from Ileret, Kenya," *Science* 323, no. 5918 (2009), 1197–1201. Kevin G. Hatala et al., "Footprints Reveal Direct Evidence of Group Behavior and Locomotion in *Homo erectus*," *Scientific Reports* 6 (2016), 28766.

12. Dennis M. Bramble and Daniel E. Lieberman, "Endurance Running and the Evolution of *Homo*," *Nature* 432 (2004), 345–352.

13. Chris Carbone, Guy Cowlishaw, Nick J. B. Isaac, and J. Marcus Rowcliffe, "How Far Do Animals Go? Determinants of Day Range in Mammals," *American Naturalist* 165, no. 2 (2005), 290–297.

14. One should wonder what role the environment played in creating conditions conducive for hominin migration into Eurasia. There is evidence for global drying and cooling—and subsequent expansion of grassland habitats—caused, in part, by altered ocean currents resulting from the physical separation of the Atlantic and Pacific Oceans thanks to the closing of the Isthmus of Panama 2.8 million years ago. See Aaron O'Dea et al., "Formation of the Isthmus of Panama," *Science Advances* 2, no. 8 (2016), e1600883. Steven M. Stanley, *Children of the Ice Age: How a Global Catastrophe Allowed Humans to Evolve* (New York: Crown, 1996).

15. Eight periods of glaciation are known from the last threequarters of a million years. EPICA community members, "Eight Glacial Cycles from an Antarctic Ice Core," *Nature* 429 (2004), 623–628.

16. Isidro Toro-Moyano et al., "The Oldest Human Fossil in Europe, from Orce (Spain)," *Journal of Human Evolution* 65, no. 1 (2013), 1–9. Eudald Carbonell et al., "The First Hominin of Europe," *Nature* 452 (2008), 465–469. José María Bermúdez de Castro et al., "A Hominid from the Lower Pleistocene of Atapuerca, Spain: Possible Ancestor to Neandertals and Modern Humans," *Science* 276, no. 5317 (1997), 1392–1395.

17. Leslie C. Aiello and Peter Wheeler, "The Expensive-Tissue Hypothesis: The Brain and the Digestive System in Human and Primate Evolution," *Current Anthropology* 36, no. 2 (1995), 199–221. 140 More recently, Richard Wrangham: Richard Wrangham, *Catching Fire: How Cooking Made Us Human* (New York: Basic Books, 2009). The only problem

with this elegant hypothesis is timing. The earliest evidence for controlled fire is 1.5 million years old. But brain increase is detectable in the fossil record starting at least 2 million years ago. Either controlled fire is older than we currently have evidence for, or cooking cannot explain the initial increase in brain size in early *Homo*. Even if the latter ends up being supported by paleontological and archaeological evidence, controlled fire and cooking almost certainly maintained and perhaps even accelerated brain growth in Pleistocene *Homo*.

18. See Richard Wrangham and Rachel Carmody, "Human Adaptation to the Control of Fire," *Evolutionary Anthropology* 19 (2010), 187–199.

19. See Dennis M. Bramble and David R. Carrier, "Running and Breathing in Mammals," *Science* 219, no. 4582 (1983), 251–256. Robert R. Provine, "Laughter as an Approach to Vocal Evolution," *Psychonomic Bulletin & Review* 23 (2017), 238–244.

20. See Morgan L. Gustison, Aliza le Rouz, and Thore J. Bergman, "Derived Vocalizations of Geladas (*Theropithecus gelada*) and the Evolution of Vocal Complexity in Primates," *Philosophical Transactions of the Royal Society B* 367, no. 1597 (2012). I wonder how far this relationship between vocalization and locomotion extends. Birds, for instance, have an extraordinary vocal repertoire. Aquatic animals such as whales and dolphins, their chest muscles buoyed by water, also have complex communication systems.

21. In both American and Chinese children, first steps and first words are correlated, independent of the age in which they occurred. Minxuan He, Eric A. Walle, and Joseph J. Campos, "A Cross-National Investigation of the Relationship Between Infant Walking and Language Development," *Infancy* 20, no. 3 (2015), 283–305.

22. See review in Amélie Beaudet, "The Emergence of Language in the Hominin Lineage: Perspectives from Fossil Endocasts," *Frontiers in Human Neuroscience* 11 (2017), 427. Dean Falk, "Interpreting Sulcion Hominin Endocasts: Old Hypotheses and New Findings," *Frontiers in Human Neuroscience* 8 (2014), 134. Certainly, this was the case for early *Homo* as evidenced by KNM-ER 1470. Dean Falk, "Cerebral Cortices of East African Early Hominids," *Science* 221, no. 4615 (1983), 1072–1074.

23. See Ignacio Martínez et al., "Auditory Capacities in Middle Pleistocene Humans from the Sierra de Atapuerca in Spain," *Proceedings of the National Academy of Sciences* 101, no. 27 (2004), 9976–9981. Ignacio Martínez et al., "Communicative Capacities in Middle Pleistocene Humans from the Sierra de Atapuerca in Spain," *Quaternary International* 295 (2013), 94–101. Ignacio Martínez et al., "Human Hyoid Bones from the Middle Pleistocene Site of the Sima de los Huesos (Sierra de Atapuerca, Spain)," *Journal of Human Evolution* 54, no. 1 (2008), 118–124. Johannes Krause et al., "The Derived *FOXP2* Variant of Modern Humans Was Shared with Neandertals," *Current Biology* 17, no. 21 (2007), 1908–1912. See also Elizabeth G. Atkinson et al., "No Evidence for Recent Selection of *FOXP2* Among Diverse Human Populations," *Cell* 174, no. 6 (2018), 1424–1435.

24. Nick Ashton et al., "Hominin Footprints from Early Pleistocene Deposits at Happisburgh, UK," *PLOS ONE* 9, no. 2 (2014), e88329.

25. Jérémy Duveau, Gilles Berillon, Christine Verna, Gilles Laisné, and Dominique Cliquet, "The Composition of a Neandertal Social Group Revealed by the Hominin

Footprints at Le Rozel (Normandy, France)," *Proceedings of the National Academy of Sciences* 116, no. 39 (2019), 19409–19414.

26. David Reich et al., "Genetic History of an Archaic Hominin Group from Denisova Cave in Siberia," *Nature* 468, no. 7327 (2010), 1053–1060. Fahu Chen et al., "A Late Middle Pleistocene Denisovan Mandible from the Tibetan Plateau," *Nature* 569 (2019), 409–412.

第 9 章　向中土世界迁徙：穿上鞋，去往世界各个角落

1. From the poem "All That Is Gold Does Not Glitter" in J. R. R. Tolkien, *Lord of the Rings: The Fellowship of the Ring* (London: George Allen & Unwin, 1954).

2. Though the ice at the top of the mountain would have been thin since the rocks at the summit are not scoured.

3. Eva K. F. Chan et al., "Human Origins in a Southern African Palaeo-Wetland and First Migrations," *Nature* 575 (2019), 185–189.

4. Carina M. Schlebusch et al., "Southern African Ancient Genomes Estimate Modern Human Divergence to 350,000 to 260,000 Years Ago," *Science* 358, no. 6363 (2017), 652–655.

5. Alison S. Brooks et al., "Long-Distance Stone Transport and Pigment Use in the Earliest Middle Stone Age," *Science* 360, no. 6384 (2018), 90–94.

6. Katerina Harvati et al., "Apidima Cave Fossils Provide Earliest Evidence of *Homo sapiens* in Eurasia," *Nature* 571 (2019), 500–504. Israel Hershkovitz et al., "The Earliest Modern Humans Outside Africa," *Science* 359, no. 6374 (2018), 456–459.

7. Richard E. Green et al., "Analysis of One Million Base Pairs of Neanderthal DNA," *Nature* 444 (2006), 330–336. Lu Chen, Aaron B. Wolf, Wenqing Fu, Liming Li, and Joshua M. Akey, "Identifying and Interpreting Apparent Neanderthal Ancestry in African Individuals," *Cell* 180, no. 4 (2020), 677–687.

8. Chris Clarkson et al., "Human Occupation of Northern Australia by 65,000 Years Ago," *Nature* 547 (2017), 306–310.

9. Steve Webb, Matthew L. Cupper, and Richard Robbins, "Pleistocene Human Footprints from the Willandra Lakes, Southeastern Australia," *Journal of Human Evolution* 50, no. 4 (2006), 405–413.

10. See references in Janna T. Kuttruff, S. Gail DeHart, and Michael J. O'Brien, "7500 Years of Prehistoric Footwear from Arnold Research Cave," *Science* 281, no. 5373 (1998), 72–75.

11. Erik Trinkaus, "Anatomical Evidence for the Antiquity of Human Footwear Use," *Journal of Archaeological Science* 32, no. 10 (2005), 1515–1526. Erik Trinkaus and Hong Shang, "Anatomical Evidence for the Antiquity of Human Footwear: Tianyuan and Sunghir," *Journal of Archaeological Science* 35, no. 7 (2008), 1928–1933.

12. Duncan McLaren et al., "Terminal Pleistocene Epoch Human Footprints from the Pacific Coast of Canada," *PLOS ONE* 13, no. 3 (2018), e0193522. Karen Moreno et al., "A Late Pleistocene Human Footprint from the Pilauco Archaeological Site, Northern Patagonia, Chile," *PLOS ONE* 14, no. 4 (2019), e0213572.

13. Some of this information came from Paige Madison, "Floresiensis Family: Legacy & Discovery at Liang Bua," April 26, 2018, http://fossilhistorypaige.com/2018/04/lunch-liang-bua.

14. Peter Brown et al., "A New Small-Bodied Hominin from the Late Pleistocene of Flores, Indonesia," *Nature* 431 (2004), 1055–1061.

15. William L. Jungers et al., "The Foot of *Homo floresiensis*," *Nature* 459 (2009), 81–84.

16. Florent Détroit et al., "A New Species of *Homo* from the Late Pleistocene of the Philippines," *Nature* 568 (2019), 181–186.

17. Details spelled out in Lee Berger and John Hawks, *Almost Human: The Astonishing Tale of* Homo naledi *and the Discovery That Changed Our Human Story* (Washington, DC: National Geographic, 2017).

18. Lee R. Berger et al., "*Homo naledi*, a New Species of the Genus *Homo* from the Dinaledi Chamber, South Africa," *eLife* 4 (2015), e09560. *Homo naledi* fossils have been found in a second chamber in the Rising Star cave system: John Hawks et al., "New Fossil Remains of *Homo naledi* from the Lesedi Chamber, South Africa," *eLife* 6 (2017), e24232. As with the *Australopithecus sediba* fossils from Malapa Cave, South Africa, a large number of *Homo naledi* fossils have been surface-scanned, and digital models of them are available at www.morphosource.org.

19. Paul H. G. M. Dirks et al., "The Age of *Homo naledi* and Associated Sediments in the Rising Star Cave, South Africa," *eLife* 6 (2017), e24231.

20. Ian Tattersall attributes the survival of *Homo sapiens* over other hominins to our symbolic behavior. See Ian Tattersall, *Masters of the Planet* (New York: Palgrave Macmillan, 2012). Pat Shipman proposes that the domestication of the dog gave humans an advantage, particularly over Neandertals. See Pat Shipman, *The Invaders: How Humans and Their Dogs Drove Neanderthals to Extinction* (Cambridge, MA: Belknap Press of Harvard University Press, 2015).

第三篇　生命之旅：直立行走的昂贵代价

1. Walt Whitman, "Song of the Open Road," in *Leaves of Grass* (Self-published, 1855).

第 10 章　人生第一步：婴儿如何学会直立行走？

1. See Wenda Trevathan and Karen Rosenberg, eds., *Costly and Cute: Helpless Infants and Human Evolution* (Santa Fe: University of New Mexico Press, published in association with School for Advanced Research Press, 2016).

2. See Andrew N. Meltzoff and M. Keith Moore, "Imitation of Facial and Manual Gestures by Human Neonates," *Science* 198, no. 4312 (1977), 75–78.

3. See critique of media sensationalism around this video by Dr. Jen Gunter on her blog, "A Newborn Baby in Brazil Didn't Walk, Journalists Made a Story of a Normal Reflex. That's Wrong," May 30, 2017, https://drjengunter.com/2017/05/30/a-newborn-baby-in-brazil-didnt-walk-journalists-made-a-story-of-a-normal-reflex-thats-wrong.

4. Albrecht Peiper, *Cerebral Function in Infancy and Childhood* (New York: Consultants

Bureau, 1963).

5. Alessandra Piontelli, *Development of Normal Fetal Movements: The First 25 Weeks of Gestation* (Milan: Springer-Verlag Italia, 2010).

6. Nadia Dominici et al., "Locomotor Primitives in Newborn Babies and Their Development," *Science* 334, no. 6058 (2011), 997–999.

7. Philip Roman Zelazo, Nancy Ann Zelazo, and Sarah Kolb, " 'Walking' in the Newborn," *Science* 176 (1972), 314–315.

8. In fact, it appears that these chubby legs may play a role in delaying the transition of a "step reflex" into actual walking for—on average—a year. See Esther Thelen and Donna M. Fisher, "Newborn Stepping: An Explanation for a 'Disappearing' Reflex," *Developmental Psychology* 18, no. 5 (1982), 760–775.

9. There are strict criteria for what counts as walking independently. Some define walking onset as taking five consecutive steps. Others define it as being able to walk ten feet without stopping or falling.

10. Apparently, however, Gesell only collected data on babies from German heritage and excluded babies of single parents. Such exclusion makes extrapolating his data to a population average a deeply flawed exercise.

11. Beth Ellen Davis, Rachel Y. Moon, Hari C. Sachs, and Mary C. Ottolini, "Effects of Sleep Position on Infant Motor Development," *Pediatrics* 102, no. 5 (1998), 1135–1140.

12. Kim Hill and A. Magdalena Hurtado, *Ache Life History* (New York: Routledge, 1996), 153–154.

13. Hill and Hurtado, *Ache Life History*, 154.

14. Hillard Kaplan and Heather Dove, "Infant Development Among the Ache of Eastern Paraguay," *Developmental Psychology* 23, no. 2 (1987), 190–198.

15. See references in Karen Adolph and Scott R. Robinson, "The Road to Walking: What Learning to Walk Tells Us About Development," in *Oxford Handbook of Developmental Psychology*, ed. Philip David Zelazo (Oxford: Oxford University Press, 2013). Lana B. Karasik, Karen E. Adolph, Catherine S. Tamis-LeMonda, and Marc H. Bornstein, "WEIRD Walking: Cross-Cultural Research on Motor Development," *Behavioral and Brain Sciences* 33, no. 2–3 (2010), 95–96.

16. Oskar G. Jenni, Aziz Chaouch, Jon Caflisch, and Valentin Rousson, "Infant Motor Milestones: Poor Predictive Value for Outcome of Healthy Children," *Acta Paediatrica* 102 (2013), e181–e184. Graham K. Murray, Peter B. Jones, Diana Kuh, and Marcus Richards, "Infant Developmental Milestones and Subsequent Cognitive Function," *Annals of Neurology* 62, no. 2 (2007), 128–136.

17. Trine Flensborg-Madsen and Erik Lykke Mortensen, "Infant Developmental Milestones and Adult Intelligence: A 34-Year Follow-Up," *Early Human Development* 91, no. 7 (2015), 393–400. Akhgar Ghassabian et al., "Gross Motor Milestones and Subsequent Development," *Pediatrics* 138, no. 1 (2016), e20154372.

18. Joseph J. Campos et al., "Travel Broadens the Mind," *Infancy* 1, no. 2 (2000), 149–219.

19. Alex Ireland, Adrian Sayers, Kevin C. Deere, Alan Emond, and Jon H. Tobias, "Motor Competence in Early Childhood Is Positively Associated with Bone Strength in Late Adolescence," *Journal of Bone and Mineral Research* 31, no. 5 (2016), 1089–1098. This same research group found in 2017 that late walking as a child was a predictor for low bone strength in a group of sixty-to sixty-four-year-olds. Alex Ireland et al., "Later Age at Onset of Independent Walking Is Associated with Lower Bone Strength at Fracture-Prone Sites in Older Men," *Journal of Bone and Mineral Research* 32, no. 6 (2017), 1209–1217. Charlotte L. Ridgway et al., "Infant Motor Development Predicts Sports Participation at Age 14 Years: Northern Finland Birth Cohort of 1966," *PLOS ONE* 4, no. 8 (2009), e6837.

20. From Jonathan Eig, *Ali: A Life* (Boston: Houghton Mifflin Harcourt, 2017), 11. James S. Hirsch, *Willie Mays: The Life, the Legend* (New York: Scribner, 2010), 13. Andrew S. Young, *Black Champions of the Gridiron* (New York: Harcourt, Brace & World, 1969). Martin Kessler, "Kalin Bennett Has Autism—and He's a Div. I Basketball Player," *Only a Game*, WBUR, June 21, 2019, https://www.wbur.org/onlyagame /2019/06/21/kent-state-kalin-bennett-basketball-autism.

21. See references in Adolph and Robinson, "The Road to Walking."

22. Adolph and Robinson, "The Road to Walking," 410.

23. Antonia Malchik, *A Walking Life* (New York: Da Capo Press, 2019), 25.

24. Lana B. Karasik, Karen E. Adolph, Catherine S. Tamis-LeMonda, and Alyssa L. Zuckerman, "Carry On: Spontaneous Object Carrying in 13-Month-Old Crawling and Walking Infants," *Developmental Psychology* 48, no. 2 (2012), 389–397. Carli M. Heiman, Whitney G. Cole, Do Kyeong Lee, and Karen E. Adolph, "Object Interaction and Walking: Integration of Old and New Skills in Infant Development," *Infancy* 24, no. 4 (2019), 547–569.

25. See Justine E. Hock, Sinclaire M. O'Grady, and Karen E. Adolph, "It's the Journey, Not the Destination: Locomotor Exploration in Infants," *Developmental Science* (2018), e12740.

26. Miriam Norris, Patricia J. Spaulding, and Fern H. Brodie, *Blindness in Children* (Chicago: University of Chicago Press, 1957).

27. Karen E. Adolph et al., "How Do You Learn to Walk? Thousands of Steps and Dozens of Falls per Day," *Psychological Science* 23, no. 11 (2012), 1387–1394.

28. Adolph, "How Do You Learn to Walk?"

29. David Sutherland, Richard Olshen, and Edmund Biden, *The Development of Mature Walking* (London: Mac Keith Press, 1988).

30. Jeremy M. DeSilva, Corey M. Gill, Thomas C. Prang, Miriam A. Bredella, and Zeresenay Alemseged, "A Nearly Complete Foot from Dikika, Ethiopia, and Its Implications for the Ontogeny and Function of *Australopithecus afarensis*," *Science Advances* 4, no. 7 (2018), eaar7723. Craig A. Cunningham and Sue M. Black, "Anticipating Bipedalism: Trabecular Organization in the Newborn Ilium," *Journal of Anatomy* 214, no. 6 (2009), 817–829.

31. Experimental work with nonhumans has also revealed ways in which bones respond

to the novel stresses of bipedal locomotion. In 1939, a goat was born with no forelegs and hopped on two legs. It died in an accident a year later and was examined by Everhard Johannes Slijper, a comparative anatomist at the University of Utrecht. Slijper's goat had skeletal changes to its spine, pelvis, and lower limbs, thought to be a result of its unusual locomotion. Everhard J. Slijper, "Biologic-Anatomical Investigations on the Bipedal Gait and Upright Posture in Mammals, with Special Reference to a Little Goat, Born Without Forelegs," *Proceedings of the Koninklijke Nederlandse Akademie van Wetenschappen* 45 (1942), 288–295. More recently, a Japanese research team trained a macaque monkey to walk on two legs. Like humans, it developed lumbar lordosis. But while humans develop lordosis because their bones and intervertebral discs become wedge-shaped, the macaque only exhibited changes in the discs. Masato Nakatsukasa, Sugio Hayama, and Holger Preuschoft, "Postcranial Skeleton of a Macaque Trained for Bipedal Standing and Walking and Implications for Functional Adaptation," *Folia Primatologica* 64, no. 1–2 (1995), 1–9. In 2020, Gabrielle Russo of Stony Brook University conducted a controlled experiment in which rats were harnessed and encouraged to walk bipedally. Compared with quadrupedal rats, they developed a more forward-placed foramen magnum, lumbar lordosis, and larger leg joints. Gabrielle A. Russo, D'Arcy Marsh, and Adam D. Foster, "Response of the Axial Skeleton to Bipedal Loading Behaviors in an Experimental Animal Model," *Anatomical Record* 303, no. 1 (2020), 150–166.

32. It seems, then, that toddlers walk like upright apes with bent hips, bent knees, and a wide stance. Chimpanzees, though, appear to develop their gait in a seemingly opposite manner. Chimpanzees are their most bipedal when they are infants (0.1–5.0 years old). At this young age, they are three times more bipedal than adult chimpanzees, spending 6 percent of their time moving on two legs. Lauren Sarringhaus, Laura Mac-Latchy, and John Mitani, "Locomotor and Postural Development of Wild Chimpanzees," *Journal of Human Evolution* 66 (2014), 29–38.

33. Christine Tardieu, "Ontogeny and Phylogeny of Femoro-Tibial Characters in Humans and Hominid Fossils: Functional Influence and Genetic Determinism," *American Journal of Physical Anthropology* 110 (1999), 365–377.

34. Yann Glard et al., "Anatomical Study of Femoral Patellar Groove in Fetus," *Journal of Pediatric Orthopaedics* 25, no. 3 (2005), 305–308.

35. Karen E. Adolph, Sarah E. Berger, and Andrew J. Leo, "Developmental Continuity? Crawling, Cruising, and Walking," *Developmental Science* 14, no. 2 (2011), 306–318. See additional references in Adolph and R. Robinson, "The Road to Walking."

第 11 章　直立行走的她：艰难的分娩与两性行走能力差异

1. Lucille Clifton, "Homage to My Hips," *Two-Headed Woman* (Amherst: University of Massachusetts Press, 1980).

2. Alexander Marshack, "Exploring the Mind of Ice Age Man," *National Geographic* 147 (1975), 85. Francesco d'Errico, "The Oldest Representation of Childbirth," in *An Enquiring Mind: Studies in Honor of Alexander Marshack*, ed. Paul G. Bahn (Oxford and Oakville, CT:

American School of Prehistoric Research, 2009), 99–109.

3. But see Pamela Heidi Douglas, "Female Sociality During the Daytime Birth of a Wild Bonobo at Luikotale, Democratic Republic of Congo," *Primates* 55 (2014), 533–542. Birth assistance has been observed in some monkeys. See Bin Yang, Peng Zhang, Kang Huang, Paul A. Garber, and Bao-Guo Li, "Daytime Birth and Postbirth Behavior of Wild *Rhinopithecus roxellana* in the Qinling Mountains of China," *Primates* 57 (2016), 155–160. Wei Ding, Le Yang, and Wen Xiao, "Daytime Birth and Parturition Assistant Behavior in Wild Black-and-White Snub-Nosed Monkeys (*Rhinopithecus bieti*) Yunnan, China," *Behavioural Processes* 94 (2013), 5–8.

4. Hirata et al. presented evidence that chimpanzees occasionally deviate from this description of birth. Satoshi Hirata, Koki Fuwa, Keiko Sugama, Kiyo Kusunoki, and Hideko Takeshita, "Mechanism of Birth in Chimpanzees: Humans Are Not Unique Among Primates," *Biology Letters* 7, no. 5 (2011), 286–288. See also James H. Elder and Robert M. Yerkes, "Chimpanzee Births in Captivity: A Typical Case History and Report of Sixteen Births," *Proceedings of the Royal Society of London B* 120 (1936), 409–421.

5. Karen Rosenberg, "The Evolution of Modern Human Childbirth," *Yearbook of Physical Anthropology* 35, no. S15 (1992), 89–124.

6. There is variation in birth mechanics. See Dana Walrath, "Rethinking Pelvic Typologies and the Human Birth Mechanism," *Current Anthropology* 44 (2003), 5–31.

7. Wilton M. Krogman, "The Scars of Human Evolution," *Scientific American* 184 (1951), 54–57.

8. Christine Berge, Rosine Orban-Segebarth, and Peter Schmid, "Obstetrical Interpretation of the Australopithecine Pelvic Cavity," *Journal of Human Evolution* 13, no. 7 (1984), 573–584. Robert G. Tague and C. Owen Lovejoy, "The Obstetric Pelvis of A.L. 288-1 (Lucy)," *Journal of Human Evolution* 15 (1986), 237–255. Jeremy M. DeSilva, Natalie M. Laudicina, Karen R. Rosenberg, and Wenda R. Trevathan, "Neonatal Shoulder Width Suggests a Semirotational, Oblique Birth Mechanism in *Australopithecus afarensis*," *Anatomical Record* 300 (2017), 890–899.

9. Cara M. Wall-Scheffler, Helen K. Kurki, and Benjamin M. Auerbach, *The Evolutionary Biology of the Pelvis: An Integrative Approach* (Cambridge: Cambridge University Press, 2020).

10. In Jennifer Ackerman, "The Downsides of Upright," *National Geographic* 210, no. 1 (2006), 126–145.

11. Lewis Carroll, *Alice's Adventures in Wonderland* (New York: Macmillan, 1865).

12. Wenda R. Trevathan, *Human Birth: An Evolutionary Perspective* (New York: Aldine de Gruyter, 1987). Karen R. Rosenberg and Wenda R. Trevathan, "Bipedalism and Human Birth: The Obstetrical Dilemma Revisited," *Evolutionary Anthropology* 4 (1996), 161–168. Karen R. Rosenberg and Wenda R. Trevathan, "The Evolution of Human Birth," *Scientific American* 285 (2001), 72–77. Wenda R. Trevathan, *Ancient Bodies, Modern Lives* (Oxford: Oxford University Press, 2010). Also, midwifery is not just about having an extra set of hands ready to catch the baby. Della Campbell, a professor in the School of Nursing at the

University of Delaware, compiled data from six hundred human births. Half of the women giving birth were accompanied by a close female friend or family member; the other half were not. Those who had a female companion, known often as a "doula," shortened their labors by over an hour. This benefited not only the mother but the baby as well. Apgar scores, which measure the health of the newborn, were better in the babies born in the presence of a doula. More recently, University of Toronto professor emeritus Ellen Hodnett reviewed twenty-two studies examining over 15,000 births all over the world. Social support during labor, whether it happens in Iran, Nigeria, Botswana, or the United States, shortened its length and reduced both the need for medication and the chance of an emergency C-section. Our bodies are physiologically adapted to have helpers present at birth, and having these helpers present lowers the chance of something going wrong. See Della Campbell, Marian F. Lake, Michele Falk, and Jeffrey R. Backstrand, "A Randomized Control Trial of Continuous Support in Labor by a Lay Doula," *Gynecologic & Neonatal Nursing* 35, no. 4 (2006), 456–464. Ellen D. Hodnett, Simon Gates, G. Justus Hofmeyr, and Carol Sakala, "Continuous Support for Women During Childbirth," *Cochrane Database of Systematic Reviews* 7 (2013). See also work by University of Minnesota School of Public Health professor Katy Kozhimannil.

13. Angela Garbes, *Like a Mother: A Feminist Journey Through the Science and Culture of Pregnancy* (New York: HarperCollins, 2018), 101.

14. "Maternal Mortality," World Health Organization, September 19, 2019, https://www. who.int/news-room/fact-sheets/detail/maternal-mortality.

15. Elizabeth O'Casey, "42nd Session of the UN Human Rights Council. General Debate Item 3," United Nations Human Rights Council, September 9–27, 2019.

16. Using raw data from Max Roser and Hannah Ritchie, "Maternal Mortality," *Our World in Data,* https://ourworldindata.org /maternal-mortality#. "List of Countries by Age at First Marriage," Wikipedia, https://en.wikipedia.org/wiki/List_of_countries_by_age_at_first_ marriage.

17. Donna L. Hoyert and Arialdi M. Miniño, "Maternal Mortality in the United States: Changes in Coding, Publication, and Data Release, 2018," *National Vital Statistics Report* 69, no. 2 (2020), 1–16. GBD 2015 Maternal Mortality Collaborators, "Global, Regional, and National Levels of Maternal Mortality, 1990–2015: A Systematic Analysis for the Global Burden of Disease Study 2015," *The Lancet* 388 (2016), 1775–1812.

18. Sherwood L. Washburn, "The New Physical Anthropology," *Transactions of the New York Academy of Sciences* 13, no. 7 (1951), 298–304.

19. Sherwood L. Washburn, "Tools and Human Evolution," *Scientific American* 203 (1960), 62–75.

20. Yuval Noah Harari, *Sapiens: A Brief History of Humankind* (New York: HarperCollins, 2015), 10.

21. Holly Dunsworth, Anna G. Warrener, Terrence Deacon, Peter T. Ellison, and Herman Pontzer, "Metabolic Hypothesis for Human Altriciality," *Proceedings of the National Academy of Sciences* 109, no. 38 (2012), 15212–15216. Dunsworth called this the EGG

hypothesis (Energetics, Growth, Gestation).

22. Jeremy M. DeSilva and Julie J. Lesnik, "Brain Size at Birth Throughout Human Evolution: A New Method for Estimating Neonatal Brain Size in Hominins," *Journal of Human Evolution* 55 (2008), 1064–1074.

23. See Herman T. Epstein, "Possible Metabolic Constraints on Human Brain Weight at Birth," *American Journal of Physical Anthropology* 39 (1973), 135–136.

24. Anna Warrener, Kristi Lewton, Herman Pontzer, and Daniel Lieberman, "A Wider Pelvis Does Not Increase Locomotor Cost in Humans, with Implications for the Evolution of Childbirth," *PLOS ONE* 10, no. 3 (2015), e0118903.

25. Frank W. Marlowe, "Hunter-Gatherers and Human Evolution," *Evolutionary Anthropology* 14 (2005), 54–67. Charles E. Hilton and Russell D. Greaves, "Seasonality and Sex Differences in Travel Distance and Resource Transport in Venezuelan Foragers," *Current Anthropology* 49, no. 1 (2008), 144–153.

26. Katherine K. Whitcome, Liza J. Shapiro, and Daniel E. Lieberman, "Fetal Load and the Evolution of Lumbar Lordosis in Bipedal Hominins," *Nature* 450 (2007), 1075–1078. In addition to the wedging of the vertebrae, the facets connecting one backbone to the next are also angled more obliquely in women. This is thought to provide stability in a back that is more curved and thus more susceptible to injury.

27. Cara Wall-Scheffler, "Energetics, Locomotion, and Female Reproduction: Implications for Human Evolution," *Annual Review of Anthropology* 41 (2012), 71–85. Cara M. Wall-Scheffler and Marcella J. Myers, "The Biomechanical and Energetic Advantage of a Mediolaterally Wide Pelvis in Women," *Anatomical Record* 300, no. 4 (2017), 764–775.

28. Cara M. Wall-Scheffler, K. Geiger, and Karen L. Steudel-Numbers, "Infant Carrying: The Role of Increased Locomotor Costs in Early Tool Development," *American Journal of Physical Anthropology* 133, no. 2 (2007), 841–846.

29. Wall-Scheffler and Myers, "The Biomechanical and Energetic Advantage of a Mediolaterally Wide Pelvis in Women." Katherine K. Whitcome, E. Elizabeth Miller, and Jessica L. Burns, "Pelvic Rotation Effect on Human Stride Length: Releasing the Constraint of Obstetric Selection," *Anatomical Record* 300, no. 4 (2017), 752–763. Laura T. Gruss, Richard Gruss, and Daniel Schmid, "Pelvic Breadth and Locomotor Kinematics in Human Evolution," *Anatomical Record* 300, no. 4 (2017), 739–751. See also Yoel Rak, "Lucy's Pelvic Anatomy: Its Role in Bipedal Gait," *Journal of Human Evolution* 20 (1991), 283–290.

30. Jonathan C. K. Wells, Jeremy M. DeSilva, and Jay T. Stock, "The Obstetric Dilemma: An Ancient Game of Russian Roulette, or a Variable Dilemma Sensitive to Ecology?" *Yearbook of Physical Anthropology* 149, no. S55 (2012), 40–71.

31. Christopher B. Ruff, "Climate and Body Shape in Hominid Evolution," *Journal of Human Evolution* 21, no. 2 (1991), 81–105. Laura T. Gruss and Daniel Schmitt, "The Evolution of the Human Pelvis: Changing Adaptations to Bipedalism, Obstetrics, and Thermoregulation," *Philosophical Transactions of the Royal Society B* 370, no. 1663 (2015). See also review in Lia Betti, "Human Variation in Pelvis Shape and the Effects of Climate and Past Population History," *Anatomical Record* 300, no. 4 (2017), 687–697.

32. But see Anna Warrener, Kristin Lewton, Herman Pontzer, and Daniel Lieberman, "A Wider Pelvis Does Not Increase Locomotor Cost in Humans, with Implications for the Evolution of Childbirth," *PLOS ONE* 10, no. 3 (2015), e0118903. They hypothesize that the higher incidence of ACL injuries in women results from having less muscular strength than men. In part, this could be because of differences in how the sexes are encouraged (or discouraged) from participating in sports at a young age.

33. See the relationship between valgus knee and risk of ACL injury in Mary Lloyd Ireland, "The Female ACL: Why Is It More Prone to Injury?" *Orthopaedic Clinics of North America* 33, no. 4 (2002), 637–651.

34. Wenda Trevathan, "Primate Pelvic Anatomy and Implications for Birth," *Philosophical Transactions of the Royal Society B* 370, no. 1663 (2015). See also Alik Huseynov et al., "Developmental Evidence for Obstetric Adaptation of the Human Female Pelvis," *Proceedings of the National Academy of Sciences* 113, no. 19 (2016), 5227–5232.

35. See Donna Mazloomdoost, Catrina C. Crisp, Steven D. Kleeman, and Rachel N. Pauls, "Primate Care Providers' Experience, Management, and Referral Patterns Regarding Pelvic Floor Disorders: A National Survey," *International Urogynecology Journal* 29 (2018), 109–118, and references therein.

36. Kipchoge did run 26.2 miles under two hours in 2019, but it was not during an official race.

37. Marathon records from "Marathon World Record Progression," Wikipedia, https://en.wikipedia.org/wiki/Marathon_world_record_progression.

38. See Hailey Middlebrook, "Woman Wins 50K Ultra Outright, Trophy Snafu for Male Winner Follows," *Runner's World,* August 15, 2019, https://www.runnersworld.com/news/a28688233/ellie-pell-wins -green-lakes-endurance-run-50k.

39. See, for example, John Temesi et al., "Are Females More Resistant to Extreme Neuromuscular Fatigue?" *Medicine & Science in Sports & Exercise* 47, no. 7 (2015), 1372–1382.

40. Rebecca Solnit, *Wanderlust: A History of Walking* (New York: Penguin Books, 2000), 43. Genesis: "In sorrow thou shalt bring forth children."

41. See Holly Dunsworth, "The Obstetrical Dilemma Unraveled," in *Costly and Cute: Helpless Infants and Human Evolution*, ed. Wenda Trevathan and Karen Rosenberg (Santa Fe: University of New Mexico Press, published in association with School for Advanced Research Press, 2016), 29.

第 12 章　一眼认出你：步态识别和同步行走

1. William Shakespeare, *The Tempest*, www.shakespeare.mit.edu/tempest/full.html.

2. James E. Cutting and Lynn T. Kozlowski, "Recognizing Friends by Their Walk: Gait Perception Without Familiarity Cues," *Bulletin of the Psychonomic Society* 9 (1977), 353–356.

3. Sarah V. Stevenage, Mark S. Nixon, and Kate Vince, "Visual Analysis of Gait as a Cue to Identity," *Applied Cognitive Psychology* 13, no. 6 (1999), 513–526. Fani Loula, Sapna

Prasad, Kent Harber, and Maggie Shiffrar, "Recognizing People from Their Movement," *Journal of Experimental Psychology: Human Perception and Performance* 31, no. 1 (2005), 210–220. Noa Simhi and Galit Yovel, "The Contribution of the Body and Motion to Whole Person Recognition," *Vision Research* 122 (2016), 12–20.

40. Carina A. Hahn and Alice J. O'Toole, "Recognizing Approaching Walkers: Neural Decoding of Person Familiarity in Cortical Areas Responsive to Faces, Bodies, and Biological Motion," *Neuro-Image* 146, no. 1 (2017), 859–868.

5. While not specifically about a walk, Beatrice de Gelder and her colleagues published a study in 2005 in which participants were shown images of facial expressions superimposed on mismatched bodies. A welcoming face was placed on a body with a threatening posture and vice versa. The question was whether our first reaction was to react to the face or to the body posture. The answer, surprisingly to me, was that the participants reacted more often to the body posture than to the facial expression. Hanneke K. M. Meeren, Corné C. R. J. van Heijnsbergen, and Beatrice de Gelder, "Rapid Perceptual Integration of Facial Expression and Emotional Body Language," *Proceedings of the National Academy of Sciences* 102, no. 45 (2005), 16518–16523.

6. Shaun Halovic and Christian Kroos, "Not All Is Noticed: Kinematic Cues of Emotion-Specific Gait," *Human Movement Science* 57 (2018), 478–488. Claire L. Roether, Lars Omlor, Andrea Christensen, and Martin A. Giese, "Critical Features for the Perception of Emotion from Gait," *Journal of Vision* 9, no. 6 (2009), 1–32. See also a foundational study investigating this question: Joann M. Montepare, Sabra B. Goldstein, and Annmarie Clausen, "The Identification of Emotions from Gait Information," *Journal of Nonverbal Behavior* 11 (1987), 33–42.

7. John C. Thoresen, Quoc C. Vuong, and Anthony P. Atkinson, "First Impressions: Gait Cues Drive Reliable Trait Judgements," *Cognition* 124, no. 3 (2012), 261–271.

8. Angela Book, Kimberly Costello, and Joseph A. Camilleri, "Psychopathy and Victim Selection: The Use of Gait as a Cue to Vulnerability," *Journal of Interpersonal Violence* 28, no. 11 (2013), 2368–2383.

9. In her paper, Book cites Ronald M. Holmes and Stephen T. Holmes, *Serial Murder* (New York: Sage, 2009).

10. Omar Costilla-Reyes, Ruben Vera-Rodriguez, Patricia Scully, and Krikor B. Ozanyan, "Analysis of Spatio-Temporal Representations for Robust Footstep Recognition with Deep Residual Neural Networks," *IEEE Transactions on Pattern Analysis and Machine Intelligence* 41, no. 2 (2018), 285–296.

11. Joe Verghese et al., "Abnormality of Gait as a Predictor of Non-Alzheimer's Dementia," *New England Journal of Medicine* 347, no. 22 (2002), 1761–1768. Louis M. Allen, Clive G. Ballard, David J. Burn, and Rose Anne Kenny, "Prevalence and Severity of Gait Disorders in Alzheimer's and Non-Alzheimer's Dementias," *Journal of the American Geriatrics Society* 53, no. 10 (2005), 1681–1687.

12. Jim Giles, "Cameras Know You by Your Walk," *New Scientist* (September 12, 2012), https://www.newscientist.com/article/mg21528835-600-cameras-know-you-by-

your-walk. Joseph Marks, "The Cybersecurity 202: Your Phone Could Soon Recognize You Based on How You Move or Walk," *Washington Post* (February 26, 2019), https://www.washingtonpost.com/news/powerpost/paloma/the-cybersecurity-202/2019/02/26/the-cybersecurity-202-your-phone-could-soon-recognize-you-based-on-how-you-move-or-walk/5c744b9b1b326b71858c6c39.

13. Ari Z. Zivotofsky and Jeffrey M. Hausdorff, "The Sensory Feedback Mechanisms Enabling Couples to Walk Synchronously: An Initial Investigation," *Journal of Neuroengineering and Rehabilitation* 4, no. 28 (2007), 1–5. For a more recent study by this team, see Ari Z. Zivotofsky, Hagar Bernad-Elazari, Pnina Grossman, and Jeffrey M. Hausdorff, "The Effects of Dual Tasking on Gait Synchronization During Over-Ground Side-by-Side Walking," *Human Movement Science* 59 (2018), 20–29.

14. Niek R. van Ulzen, Claudine J. C. Lamoth, Andreas Daffertshofer, Gün R. Semin, and Peter J. Beck, "Characteristics of Instructed and Uninstructed Interpersonal Coordination While Walking Side-by-Side," *Neuroscience Letters* 432, no. 2 (2008), 88–93.

15. Claire Chambers, Gaiqing Kong, Kunlin Wei, and Konrad Kording, "Pose Estimates from Online Videos Show That Sideby-Side Walkers Synchronize Movement Under Naturalistic Conditions," *PLOS ONE* 14, no. 6 (2019), e0217861.

16. Stephen King (writing as Richard Bachman), *The Long Walk* (New York: Signet Books, 1979). I emailed King and asked how—as a college kid—he knew that making the participants walk four miles per hour (mph) would be more horrifying than having them walk three mph. He didn't. He mistakenly thought four mph was the average human walking speed.

17. Robert V. Levine and Ara Norenzayan, "The Pace of Life in 31 Countries," *Journal of Cross-Cultural Psychology* 30, no. 2 (1999), 178–205. Interestingly, Levine and Norenzayan found a correlation between the average pace and three variables: average temperature, economic vitality, and the general culture of the country (individualistic or collectivist). Cold countries with strong economies and individualist values had fast-walking people.

18. Michaela Schimpl et al., "Association Between Walking Speed and Age in Healthy, Free-Living Individuals Using Mobile Accelerometry—A Cross-Cultural Study," *PLOS ONE* 6, no. 8 (2011), e23299.

19. Janelle Wagnild and Cara M. Wall-Scheffler, "Energetic Consequences of Human Sociality: Walking Speed Choices Among Friendly Dyads," *PLOS ONE* 8, no. 10 (2013), e76576. Cara Wall-Scheffler and Marcella J. Myers, "Reproductive Costs for Everyone: How Female Loads Impact Human Mobility Strategies," *Journal of Human Evolution* 64, no. 5 (2013), 448–456.

20. Geoff Nicholson, *The Lost Art of Walking* (New York: Riverhead Books, 2008), 14.

第 13 章　每天一万步：肌细胞因子和久坐不动的代价

1. George M. Trevelyan, *Clio, a Muse: And Other Essays Literary and Pedestrian* (London: Longmans, Green, 1913).

2. Katy Bowman, *Move Your DNA: Restore Your Health Through Natural Movement*

(Washington State: Propriometrics Press, 2014).

3. Habiba Chirchir et al., "Recent Origin of Low Trabecular Bone Density in Modern Humans," *Proceedings of the National Academy of Sciences* 112, no. 2 (2015), 366–371. Chirchir cautioned to me in an email that there is a large temporal gap in her sample and that it still remains unclear precisely when this change to a more gracile skeleton happened.

4. Timothy M. Ryan and Colin N. Shaw, "Gracility of the Modern *Homo sapiens* Skeleton Is the Result of Decreased Biomechanical Loading," *Proceedings of the National Academy of Sciences* 112, no. 2 (2015), 372–377. Chirchir confirmed these results soon after in her own study. Habiba Chirchir, Christopher B. Ruff, Juho-Antti Junno, and Richard Potts, "Low Trabecular Bone Density in Recent Sedentary Modern Humans," *American Journal of Physical Anthropology* 162, no. 3 (2017), 550–560. What I refer to throughout this section as bone density is technically a bone volume/area fraction.

5. Daniela Grimm et al., "The Impact of Microgravity on Bone in Humans," *Bone* 87 (2016), 44–56. See also Riley Black (formerly Brian Switek), *Skeleton Keys: The Secret Life of Bone* (New York: Riverhead Books, 2019), 108.

6. Steven C. Moore et al., "Leisure Time Physical Activity of Moderate to Vigorous Intensity and Mortality: A Large Pooled Cohort Analysis," *PLOS ONE* 9, no. 11 (2012), e1001335.

7. Ulf Ekelund et al., "Physical Activity and All-Cause Mortality Across Levels of Overall and Abdominal Adiposity in European Men and Women: The European Prospective Investigation into Cancer and Nutrition Study (EPIC)," *American Journal of Clinical Nutrition* 101, no. 3 (2015), 613–621.

8. Bente Klarlund Pedersen, "Making More Minds Up to Move," *TEDx Copenhagen*, September 18, 2012, https://tedxcopenhagen.dk/talks/making-more-minds-move.

9. "Breast Cancer Facts & Figures 2019–2020," American Cancer Society (Atlanta: American Cancer Society, Inc., 2019). "Breast Cancer," World Health Organization, https://www.who.int/cancer/detection/breastcancer/en/index1.html.

10. Janet S. Hildebrand, Susan M. Gapstur, Peter T. Campbell, Mia M. Gaudet, and Alpa V. Patel, "Recreational Physical Activity and Leisure-Time Sitting in Relation to Postmenopausal Breast Cancer Risk," *Cancer Epidemiology and Prevention Biomarkers* 22, no. 10 (2013), 1906–1912.

11. Kaoutar Ennour-Idrissi, Elizabeth Maunsell, and Caroline Diorio, "Effect of Physical Activity on Sex Hormones in Women: A Systematic Review and Meta-Analysis of Randomized Controlled Trials," *Breast Cancer Research* 17, no. 139 (2015), 1–11.

12. Anne McTiernan et al., "Effect of Exercise on Serum Estrogens in Postmenopausal Women," *Cancer Research* 64, no. 8 (2004), 2923–2928.

13. Stephanie Whisnant Cash et al., "Recent Physical Activity in Relation to DNA Damage and Repair Using the Comet Assay," *Journal of Physical Activity and Health* 11, no. 4 (2014), 770–778.

14. Crystal N. Holick et al., "Physical Activity and Survival After Diagnosis of Invasive Breast Cancer," *Cancer Epidemiology, Biomarkers & Prevention* 17, no. 2 (2008), 379–386.

Holick is now the vice president of research operations at HealthCore, Inc.

15. Interestingly, this was only the case for estrogenresponse-positive tumor breast cancer. Estrogen-response-negative showed no impact at all—illustrating that the mechanism by which exercise reduces breast cancer risk is through the estrogens. Ezzeldin M. Ibrahim and Abdelaziz Al-Homaidh, "Physical Activity and Survival After Breast Cancer Diagnosis: Meta-Analysis of Published Studies," *Medical Oncology* 28 (2011), 753–765.

16. Erin L. Richman et al., "Physical Activity After Diagnosis and Risk of Prostate Cancer Progression: Data from the Cancer of the Prostate Strategic Urologic Research Endeavor," *Cancer Research* 71, no. 11 (2011), 3889–3895.

17. Steven C. Moore et al., "Leisure-Time Physical Activity and Risk of 26 Types of Cancer in 1.44 Million Adults," *JAMA Internal Medicine* 176, no. 6 (2016), 816–825. A 2020 study of three-quarters of a million people found similar results, with moderate exercise reducing the risk of seven different cancers. The cancers include colon (in men), endometrial, myeloma, breast, liver, kidney, and non-Hodgkins lymphoma (in women). Charles E. Matthews et al., "Amount and Intensity of Leisure-Time Physical Activity and Lower Cancer Risk," *Journal of Clinical Oncology* 38 no. 7 (2020), 686–697.

18. "Heart Disease Facts," Centers for Disease Control and Prevention, December 2, 2019, https://www.cdc.gov/heartdisease/facts.htm.

19. Mihaela Tanasescu et al., "Exercise Type and Intensity in Relation to Coronary Heart Disease in Men," *Journal of the American Medical Association* 288, no. 16 (2002), 1994–2000.

20. David A. Raichlen et al., "Physical Activity Patterns and Biomarkers of Cardiovascular Disease in Hunter-Gatherers," *American Journal of Human Biology* 29, no. 2 (2017), e22919.

21. "Time Flies: U.S. Adults Now Spend Nearly Half a Day Interacting with Media," Nielsen, July 31, 2018, https://www.nielsen.com/us/en/insights/article/2018/time-flies-us-adults-now-spend-nearly-half-a-day-interacting-with-media.

22. Herman Pontzer et al., "Hunter-Gatherer Energetics and Human Obesity," *PLOS ONE* 7, no. 7 (2012), e40503. Herman Pontzer et al., "Constrained Total Energy Expenditure and Metabolic Adaptation to Physical Activity in Adult Humans," *Current Biology* 26, no. 3 (2016), 410–417.

23. Many variables factor into this, such as the weight of the person and the speed of walking. There are a couple of different ways to do this math, though there are assumptions built into each. The first is to adopt the standard, but probably flawed, idea of an average adult human "burning" between 70 and 100 kcal/mile walking approximately 3 miles per hour. Assuming 3,500 kcal/pound, which is also flawed but accepted here for the sake of argument, the answer is 40 miles before a loss of one pound. A better approach is to use the Compendium of Physical Activities, which characterizes walking at a moderate pace as 3 MET units (g/kcal/hr). Doing the math here would result in an answer of 70 miles.

24. See Herman Pontzer, "Energy Constraint as a Novel Mechanism Linking Exercise and Health," *Physiology* 33, no. 6 (2018), 384–393. Herman Pontzer, Brian M. Wood, and Dave A.

Raichlen, "Hunter-Gatherers as Models in Public Health," *Obesity Reviews* 19, no. S1 (2018), 24–35. Herman Pontzer, "The Crown Joules: Energetics, Ecology, and Evolution in Humans and Other Primates," *Evolutionary Anthropology* 26, no. 1 (2017), 12–24.

25. Roberto Ferrari, "The Role of TNF in Cardiovascular Disease," *Pharmacological Research* 40, no. 2 (1999), 97–105.

26. The mechanism is this: Walking increases epinephrine and norepinephrine. These activate receptors called beta-s adrenergic receptors (on immune cells), which then downregulate TNF (proinflammatory cytokines). Stoyan Dimitrov, Elaine Hulteng, and Suzi Hong, "Inflammation and Exercise: Inhibition of Monocytic Intracellular TNF Production by Acute Exercise Via β2-Adrenergic Activation," *Brain, Behavior, and Immunity* 61 (2017), 60–68.

27. Kenneth Ostrowski, Thomas Rohde, Sven Asp, Peter Schjerling, and Bente Klarlund Pedersen, "Pro-and Anti-Inflammatory Cytokine Balance in Strenuous Exercise in Humans," *Journal of Physiology* 515, no. 1 (1999), 287–291.

28. Adam Steensberg et al., "Production of Interleukin-6 in Contracting Human Skeletal Muscles Can Account for the Exercise-Induced Increase in Plasma Interleukin-6," *Journal of Physiology* 529, no. 1 (2000), 237–242.

29. Bente Klarlund Pedersen et al., "Searching for the Exercise Factor: Is IL-6 a Candidate?" *Journal of Muscle Research and Cell Motility* 24 (2003), 113–119.

30. Line Pedersen et al., "Voluntary Running Suppresses Tumor Growth Through Epinephrine-and IL-6-Dependent NK Cell Mobilization and Redistribution," *Cell Metabolism* 23, no. 3 (2016), 554–562. See Alejandro Lucia and Manuel Ramírez, "Muscling In on Cancer," *New England Journal of Medicine* 375, no. 9 (2016), 892–894.

31. T. Kinoshita et al., "Increase in Interleukin-6 Immediately After Wheelchair Basketball Games in Persons with Spinal Cord Injury: Preliminary Report," *Spinal Cord* 51, no. 6 (2013), 508–510. T. Ogawa et al., "Elevation of Interleukin-6 and Attenuation of Tumor Necrosis Factor– Alpha During Wheelchair Half Marathon in Athletes with Cervical Spinal Cord Injuries," *Spinal Cord* 52 (2014), 601–605. Rizzo quote from Antonia Malchik, *A Walking Life* (New York: Da Capo Press, 2019).

32. David R. Bassett, Holly R. Wyatt, Helen Thompson, John C. Peters, and James O. Hill, "Pedometer-Measured Physical Activity and Health Behaviors in U.S. Adults," *Medicine & Science in Sports & Exercise* 42, no. 10 (2010), 1819–1825.

33. While this section focuses on the 10,000-step threshold, the practice of counting steps has a much deeper history. According to Dartmouth professor of digital humanities and social engagement Jacqueline Wernimont, the first pedometer goes back to the sixteenth century, and even Napoleon counted his steps per doctor's orders. What has changed through time is the number of steps (currently 10,000) connected with health. See Jacqueline D. Wernimont, *Numbered Lives: Life and Death in Quantum Media* (Cambridge, MA: MIT Press, 2019).

34. Bikila was the first sub-Saharan African Olympic gold medalist in the marathon. He famously won the 1960 gold medal in Rome, running the 26.2 miles barefoot. Since his win in 1964, half of all marathon gold medals have gone to runners from Ethiopia, Kenya, or

Uganda. Sadly, Bikila was paralyzed in a car accident in 1969 and died in 1973 at the age of only forty-one.

35. See Catrine Tudor-Locke, Yoshiro Hatano, Robert P. Pangrazi, and Minsoo Kang, "Revisiting 'How Many Steps Are Enough?' " *Medicine & Science in Sports & Exercise* 40, no. 7 (2008), S537–S543.

36. I-Min-Lee et al., "Association of Step Volume and Intensity with All-Cause Mortality in Older Women," *JAMA Internal Medicine* 179, no. 8 (2019), 1105–1112.

37. Carey Goldberg, "10,000 Steps a Day? Study in Older Women Suggests 7,500 Is Just as Good for Living Longer," WBUR, May 29, 2019, https://www.wbur.org/commonhealth/2019/05/29/10000-steps-longevity-older-women-study.

38. Pontus Skoglund, Erik Ersmark, Eleftheria Palkopoulou, and Love Dalén, "Ancient Wolf Genome Reveals an Early Divergence of Domestic Dog Ancestors and Admixture into High-Latitude Breeds," *Current Biology* 25, no. 11 (2015), 1515–1519. Kari Prassack, Josephine DuBois, Martina Lázničková-Galetová, Mietje Germonpré, and Peter S. Ungar, "Dental Microwear as a Behavioral Proxy for Distinguishing Between Canids at the Upper Paleolithic (Gravettian) Site of Predmostí, Czech Republic," *Journal of Archaeological Science* 115 (2020), 105092.

39. Philippa M. Dall et al., "The Influence of Dog Ownership on Objective Measures of Free-Living Physical Activity and Sedentary Behavior in Community-Dwelling Older Adults: A Longitudinal Case-Controlled Study," *BMC Public Health* 17, no. 1 (2017), 1–9.

40. Hikaru Hori, Atsuko Ikenouchi-Sugita, Reiji Yoshimura, and Jun Nakamura, "Does Subjective Sleep Quality Improve by a Walking Intervention? A Real-World Study in a Japanese Workplace," *BMJ Open* 6, no. 10 (2016), e011055. Emily E. Hill et al., "Exercise and Circulating Cortisol Levels: The Intensity Threshold Effect," *Journal of Endocrinological Investigation* 31, no. 7 (2008), 587–591. Jacob R. Sattelmair, Tobias Kurth, Julie E. Buring, and I-Min Lee, "Physical Activity and Risk of Stroke in Women," *Stroke* 41, no. 6 (2010), 1243–1250. This study showed a dosedependent effect, which means that the amount and pace of walking mattered.

第 14 章　边散步边思考：达尔文和乔布斯是对的吗？

1. Henry David Thoreau, "Walking," *Atlantic Monthly* (1861).

2. Janet Browne, *Charles Darwin: The Power of Place* (Princeton, NJ: Princeton University Press, 2002), 402.

3. Columbia University psychologist Christine E. Webb has written about walking as the embodiment of "moving on" among other ways we solve problems. Christine E. Webb, Maya Rossignac-Milon, and E. Tory Higgins, "Stepping Forward Together: Could Walking Facilitate Interpersonal Conflict Resolution?" *American Psychologist* 72, no. 4 (2017), 374–385.

4. Rebecca Solnit wrote of Wordsworth in her book *Wanderlust*, "I always think of him as one of the first to employ his legs as an instrument of philosophy." Rebecca Solnit, *Wanderlust: A History of Walking* (New York: Penguin Books, 2000), 82.

5. Jean-Jacques Rousseau, *Les Confessions* (1782–1789). Quote from Duncan Minshull, *The Vintage Book of Walking* (London: Vintage, 2000), 10.

6. Friedrich Nietzsche, *Götzen-Dämmerung* (Twilight of the Idols, or, How to Philosophize with a Hammer) (Leipzig: C.G. Naumann, 1889).

7. Charles Dickens, *Uncommercial Traveller*, "Chapter 10: Shy Neighborhoods" (London: All the Year Round, 1860).

8. Robyn Davidson, *Tracks: A Woman's Solo Trek Across 1700 Miles of Australian Outback* (New York: Vintage, 1995).

9. See Solnit, *Wanderlust*, Chapter 14.

10. Marily Oppezzo and Daniel L. Schwartz, "Give Your Ideas Some Legs: The Positive Effect of Walking on Creative Thinking," *Journal of Experimental Psychology: Learning, Memory, and Cognition* 40, no. 4 (2014), 1142–1152.

11. Michelle W. Voss et al., "Plasticity of Brain Networks in a Randomized Intervention Trial of Exercise Training in Older Adults," *Frontiers in Aging Neuroscience* 2 (2010), 1–17. The stretching exercises of the control group make certain that any brain changes were a result of the cardiovascular changes associated with walking, not with the social stimulation of the group class.

12. Jennifer Weuve et al., "Physical Activity, Including Walking, and Cognitive Function in Older Women," *Journal of the American Medical Association* 292, no. 12 (2004), 1454–1461.

13. Kirk Erickson et al., "Exercise Training Increases Size of Hippocampus and Improves Memory," *Proceedings of the National Academy of Sciences* 108, no. 7 (2011), 3017–3022.

14. Sophie Carter et al., "Regular Walking Breaks Prevent the Decline in Cerebral Blood Flow Associated with Prolonged Sitting," *Journal of Applied Physiology* 125, no. 3 (2018), 790–798.

15. Mychael V. Lourenco et al., "Exercise-Linked FNDC5/Irisin Rescues Synaptic Plasticity and Memory Defects in Alzheimer's Models," *Nature Medicine* 25, no. 1 (2019), 165–175.

16. See John J. Ratey and Eric Hagerman, *Spark: The Revolutionary New Science of Exercise and the Brain* (New York: Little, Brown Spark, 2013). Kirk Erickson, the lead author of the University of Pittsburgh study, said in an email that they were not able to determine that the circulating BDNF in his study participants was derived directly from muscle since other tissues can produce it as well.

17. Geoff Nicholson, *The Lost Art of Walking* (New York: Riverhead Books, 2008), 32.

18. Descriptions of depression remind me of one of Zeno's paradoxes. Zeno, a fifth-century BC Italian philosopher, had his audiences imagine walking across a courtyard toward a wall on the other side. First, walk half the distance. Then, half of the remaining distance. Then, half of that. If you continue your journey in this way—splitting each remaining distance by half—you can never reach the wall on the other side. Those halves get infinitesimally small, but there is always another half to go. Imagine the frustration, the exhaustion, the utter hopelessness of always coming up short. According to some accounts,

however, when Augustine of Hippo, an Algerian-born Christian priest later canonized as St. Augustine, was presented with Zeno's paradox, he had an answer. *Solvitur ambulando*, he said. "It is solved by walking." His expression has become a rallying cry for pragmatists, not too different from Nike's famous slogan "Just do it."

19. Gregory N. Bratman, J. Paul Hamilton, Kevin S. Hahn, Gretchen C. Daily, and James J. Gross, "Nature Experience Reduces Rumination and Subgenual Prefrontal Cortex Activation," *Proceedings of the National Academy of Sciences* 112, no. 28 (2015), 8567–8572. Bratman is now an assistant professor in the environmental and forest sciences department at the University of Washington.

20. Some hypothesize that phytoncides—airborne molecules released by plants—impact human physiology. One study suggested that phytoncides from trees increased immune function. Qing Li et al., "Effect of Phytoncide from Trees on Human Natural Killer Cell Function," *International Journal of Immunopathology and Pharmacology* 22, no. 4 (2009), 951–959. Phytoncides may also be the mechanism behind the Japanese tradition of *shinrin-yoku*, or "forest bathing," though physiologically how this works remains unclear.

21. Ray Bradbury, "The Pedestrian," *The Reporter* (1951).

第 15 章　直立行走之痛：我们脆弱的腰椎、膝盖和脚踝

1. From the Marx Brothers film *Go West* (1940), though the phrase has been attributed to many, and Groucho was not the first. See Garson O'Toole, "Time Wounds All Heels," Quote Investigator, September 23, 2014, https://quoteinvestigator.com/2014/09/23/heels/.

2. Elizabeth Barrett Browning, *Aurora Leigh* (London: J. Miller, 1856).

3. Hutan Ashrafian, "Leonardo da Vinci's Vitruvian Man: A Renaissance for Inguinal Hernias," *Hernia* 15 (2011), 593–594.

4. "Inguinal Hernia," Harvard Health Publishing (July 2019), https://www.health.harvard.edu/a_to_z/inguinal-hernia-a-to-z.

5. Gilbert McArdle, "Is Inguinal Hernia a Defect in Human Evolution and Would This Insight Improve Concepts for Methods of Surgical Repair?" *Clinical Anatomy* 10, no. 1 (1997), 47–55.

6. See Alice Roberts, *The Incredible Unlikeliness of Being: Evolution and the Making of Us* (New York: Heron Books, 2014).

7. When Hurst was a teenager, his dad would take him to Colorado State University to watch the annual walkingmachine decathlon where college student– built robots competed in ten tasks. In 2000, Hurst entered his design and won.

8. Jonathan Hurst, "Walking and Running: Bio-Inspired Robotics," TEDx OregonStateU, March 16, 2016, https://www.youtube.com/watch?v=khqi6SiXUzQ. In an email, Hurst wrote, "The fundamental truths of legged locomotion apply to any number of legs: 2, 4, 6, whatever. We have focused on bipedal locomotion, but the similarities between quadrupedal and bipedal locomotion are greater than the differences."

9. See Leslie Klenerman, *Human Anatomy: A Very Short Introduction* (Oxford: Oxford University Press, 2015). See also Arthur Keith, "The Extent to Which the Posterior Segments

of the Body Have Been Transmuted and Suppressed in the Evolution of Man and Allied Primates," *Journal of Anatomy and Physiology* 37, no. 1 (1902), 18–40.

10. Rebecca L. Ford, Alon Barsam, Prabhu Velusami, and Harold Ellis, "Drainage of the Maxillary Sinus: A Comparative Anatomy Study in Humans and Goats," *Journal of Otolaryngology—Head and Neck Surgery* 40, no. 1 (2011), 70–74.

11. Ann Gibbons, "Human Evolution: Gain Came with Pain," *Science*, February 16, 2013, https://www.sciencemag.org/news/2013/02/human-evolution-gain-came-pain.

12. Eric R. Castillo and Daniel E. Lieberman, "Shock Attenuation in the Human Lumbar Spine During Walking and Running," *Journal of Experimental Biology* 221, no. 9 (2018), jeb177949.

13. Bruce Latimer, "The Perils of Being Bipedal," *Annals of Biomedical Engineering* 33, no. 1 (2005), 3–6.

14. See Darryl D. D'Lima et al., "Knee Joint Forces: Prediction, Measurement, and Significance," *Proceedings of the Institution of Mechanical Engineers, Part H: Journal of Engineering in Medicine* 226, no. 2 (2012), 95–102.

15. Numbers are expected to reach 1.28 million by 2030. Matthew Sloan and Neil P. Sheth, "Projected Volume of Primary and Revision Total Joint Arthroplasty in the United States, 2030–2060," Meeting of the American Academy of Orthopaedic Surgeons, March 6, 2018.

16. Roger Kahn, *The Era, 1947–1957* (New York: Ticknor & Fields, 1993), 289.

17. Matthew Gammons, "Anterior Cruciate Ligament Injury," Medscape, June 16, 2016, https://emedicine.medscape.com/article/89442-overview.

18. See David E. Gwinn, John H. Wilckens, Edward R. McDevitt, Glen Ross, and Tzu-Cheng Kao, "The Relative Incidence of Anterior Cruciate Ligament Injury in Men and Women at the United States Naval Academy," *American Journal of Sports Medicine* 28, no. 1 (2000), 98–102. Danica N. Giugliano and Jennifer L. Solomon, "ACL Tears in Female Athletes," *Physical Medicine and Rehabilitation Clinics of North America* 18, no. 3 (2007), 417–438.

19. Christa Larwood, "Van Phillips and the Cheetah Prosthetic Leg: The Next Step in Human Evolution," *OneLife Magazine,* no. 19 (2010).

20. Good summary in Steve Brusatte, *The Rise and Fall of the Dinosaurs: The Untold Story of a Lost World* (New York: William Morrow, 2018). See also Pincelli M. Hull et al., "On Impact and Volcanism Across the Cretaceous-Paleogene Boundary," *Science* 367, no. 6475 (2020), 266–272.

21. Qiang Ji et al., "The Earliest Known Eutherian Mammal," *Nature* 416 (2002), 816–822.

22. Shweta Shah et al., "Incidence and Cost of Ankle Sprains in United States Emergency Departments," *Sports Health* 8, no. 6 (2016), 547–552.

23. "Most" humans rather than "all" humans because some forest-dwelling humans who climb trees to obtain honey have longer muscle fibers and a greater range of motion of the ankle joint. See Vivek V. Venkataraman, Thomas S. Kraft, and Nathaniel J. Dominy, "Tree

Climbing and Human Evolution," *Proceedings of the National Academy of Sciences* 110, no. 4 (2013), 1237–1242. Thomas S. Kraft, Vivek V. Venkataraman, and Nathaniel J. Dominy, "A Natural History of Tree Climbing," *Journal of Human Evolution* 71 (2014), 105–118.

24. François Jacob, "Evolution and Tinkering," *Science* 196, no. 4295 (1977), 1161–1166.

25. See Dominic James Farris, Luke A. Kelly, Andrew G. Cresswell, and Glen A. Lichtwark, "The Functional Importance of Human Foot Muscles for Bipedal Locomotion," *Proceedings of the National Academy of Sciences* 116, no. 5 (2019), 1645–1650.

26. Christopher Mc-Dougall, *Born to Run: A Hidden Tribe, Superathletes, and the Greatest Race the World Has Never Seen* (New York: Vintage, 2009). See also Daniel E. Lieberman et al., "Running in Tarahumara (Rarámuri) Culture: Persistence Hunting, Footracing, Dancing, Work, and the Fallacy of the Athletic Savage," *Current Anthropology* 61, no. 3 (2020), 356–379.

27. Nicholas B. Holowka, Ian J. Wallace, and Daniel E. Lieberman, "Foot Strength and Stiffness Are Related to Footwear Use in a Comparison of Minimally-vs. Conventionally-Shod Populations," *Scientific Reports* 8, no. 3679 (2018), 1–12.

28. Elizabeth E. Miller, Katherine K. Whitcome, Daniel E. Lieberman, Heather L. Norton, and Rachael E. Dyer, "The Effect of Minimal Shoes on Arch Structure and Intrinsic Foot Muscle Strength," *Journal of Sport and Health Science* 3, no. 2 (2014), 74–85.

29. See T. Jeff Chandler and W. Ben Kibler, "A Biomechanical Approach to the Prevention, Treatment, and Rehabilitation of Plantar Fasciitis," *Sports Medicine* 15 (1993), 344–352. Daniel E. Lieberman, *The Story of the Human Body: Evolution, Health, and Disease* (New York: Pantheon, 2013).

30. Stephen J. Dubner, "These Shoes Are Killing Me," *Freakonomics Radio*, July 19, 2017, https://freakonomics .com/podcast/shoes/.

31. Robert Csapo et al., "On Muscle, Tendon, and High Heels," *Journal of Experimental Biology* 213 (2010), 2582–2588.

32. See Michael J. Coughlin and Caroll P. Jones, "Hallux Valgus: Demographics, Etiology, and Radiographic Assessment," *Foot & Ankle International* 28, no. 7 (2007), 759–779. Ajay Goud, Bharti Khurana, Christopher Chiodo, and Barbara N. Weissman, "Women's Musculoskeletal Foot Conditions Exacerbated by Shoe Wear: An Imaging Perspective," *American Journal of Orthopaedics* 40, no. 4 (2011), 183–191. Lie berman, *The Story of the Human Body*.

33. As Dr. Hecht wrote in a follow-up email: "The injury required surgical repair using metal plates and screws. Unfortunately, he developed painful post-traumatic arthritis which required ankle fusion surgery."

结语　有同理心的类人猿

1. D. H. Lawrence, *Lady Chatterley's Lover* (Italy: Tipografia Giuntina, 1928).

2. "Falls," World Health Organization, January 16, 2018, https://www.who.int/news-room/fact-sheets/detail/falls.

3. The number of species of hominins coexisting at any one time is a contentious topic.

Koobi Fora, Kenya, 1.9 million years ago is no different. There are at least two at this time: *Homo* and a robust *Australopithecus* called *Australopithecus* (or *Paranthropus*) *boisei*. But there could be up to four species. Some researchers hypothesize that there are two early *Homo* species they call *Homo habilis* and *Homo rudolfensis*. And a 1.9-millionyear-old skull fragment named KNM-ER 2598 is assigned to *Homo erectus*, indicating that this taxon had evolved by this point as well, bringing the total number of species at Koobi Fora, Kenya, 1.9 million years ago to four.

4. Jeremy M. DeSilva and Amanda Papakyrikos, "A Case of Valgus Ankle in an Early Pleistocene Hominin," *International Journal of Osteoarchaeology* 21, no. 6 (2011), 732–742.

5. Yohannes Haile-Selassie et al., "An Early *Australopithecus afarensis* Postcranium from Woranso-Mille, Ethiopia," *Proceedings of the National Academy of Sciences* 107, no. 27 (2010), 12121–12126.

6. Richard E. F. Leakey, "Further Evidence of Lower Pleistocene Hominids from East Rudolf, North Kenya," *Nature* 231 (1971), 241–245.

7. For hypervitaminosis A because of liver consumption, see Alan Walker, Michael R. Zimmerman, and Richard E. F. Leakey, "A Possible Case of Hypervitaminosis A in *Homo erectus*," *Nature* 296, no. 5854 (1982), 248–250. Alan Walker and Pat Shipman, *The Wisdom of the Bones: In Search of Human Origins* (New York: Vintage, 1997). An alternative hypothesis posits that KNM-ER 1808 ate too much honey, which also contains high concentrations of vitamin A. See Mark Skinner, "Bee Brood Consumption: An Alternative Explanation for Hypervitaminosis A in KNM-ER 1808 (*Homo erectus*) from Koobi Fora, Kenya," *Journal of Human Evolution* 20, no. 6 (1991), 493–503. For the yaws explanation, see Bruce M. Rothschild, Israel Hershkovitz, and Christine Rothschild, "Origin of Yaws in the Pleistocene," *Nature* 378 (1995), 343–344.

8. Whether KNM-ER 1808 is an osteological male or female is contentious. Based on what appeared to be a wide sciatic notch of the pelvis and a small brow ridge, Walker et al., *Nature*, 1982, hypothesized that 1808 was an osteological female. Given evidence that the criteria used to sex modern human skeletons may not work as well in earlier hominins, the sheer size of the skeleton, and subsequent findings that *Homo erectus* likely had body size dimorphism, I tend to think that 1808 was an osteological male, thus the "he" in this sentence. I may be wrong, of course.

9. Bruce Latimer and James C. Ohman, "Axial Dysplasia in *Homo erectus*," *Journal of Human Evolution* 40 (2001), A12. Another team suggests that Nariokotome did not have scoliosis, but instead trauma-induced disc herniation. See Regula Schiess, Thomas Boeni, Frank Rühli, and Martin Haeusler, "Revisiting Scoliosis in the KNM-WT 15000 *Homo erectus* Skeleton," *Journal of Human Evolution* 67 (2014), 48–59. Martin Haeusler, Regula Schiess, and Thomas Boeni, "Evidence for Juvenile Disc Herniation in a *Homo erectus* Boy Skeleton," *Spine* 38, no. 3 (2013), E123–E128.

10. Elizabeth Weiss, "Olduvai Hominin 8 Foot Pathology: A Comparative Study Attempting a Differential Diagnosis," *HOMO: Journal of Comparative Human Biology* 63, no. 1 (2012), 1–11. Randy Susman hypothesizes that the lesions on the OH 8 foot are

traumainduced. See Randall L. Susman, "Brief Communication: Evidence Bearing on the Status of *Homo habilis* at Olduvai Gorge," *American Journal of Physical Anthropology* 137, no. 3 (2008), 356–361.

11. Susman, "Brief Communication."

12. Edward J. Odes et al., "Osteopathology and Insect Traces in the *Australopithecus africanus* Skeleton StW 431," *South African Journal of Science* 113, no. 1–2 (2017), 1–7.

13. G. R. Fisk and Gabriele Macho, "Evidence of a Healed Compression Fracture in a Plio-Pleistocene Hominid Talus from Sterkfontein, South Africa," *International Journal of Osteoarchaeology* 2, no. 4 (1992), 325–332.

14. Patrick S. Randolph-Quinney et al., "Osteogenic Tumor in *Australopithecus sediba*: Earliest Hominin Evidence for Neoplastic Disease," *South African Journal of Science* 112, no. 7–8 (2016), 1–7.

15. Richard Wrangham, *The Goodness Paradox: The Strange Relationship Between Virtue and Violence in Human Evolution* (New York: Vintage, 2019).

16. This is often framed as being aligned with Thomas Hobbes (humans as naturally selfish) or with Jean-Jacques Rousseau (humans as naturally good), though Wrangham argues that Rousseau was not as Rousseauian as many believe. See Wrangham, *The Goodness Paradox*, 5, 18. Robert M. Sapolsky, *Behave: The Biology of Humans at Our Best and Worst* (New York: Penguin Press, 2017). Nicholas A. Christakis, *Blueprint: The Evolutionary Origins of a Good Society* (New York: Little, Brown Spark, 2019). Brian Hare and Vanessa Woods, *Survival of the Friendliest: Understanding Our Origins and Rediscovering Our Common Humanity* (New York: Random House, 2020).

17. Numbers on dog bites and human fatalities from "List of Fatal Dog Attacks in the United States," Wikipedia, https://en.wikipedia .org/wiki/List_of_fatal_dog_attacks_in_the_ United_States.

18. For the chimpanzees, that is. This happened to be my wife's first day in the forest with the chimpanzees and already our group had seen them hunt and eat red colobus monkeys. Soon after, we hid in the buttresses of fig trees as a small herd of forest elephants moved through. The chimpanzees then took us down into a swamp where we were knee-deep in thick muck. That was when we disturbed a nest of "killer" bees. Stuck in the mud, it was impossible to run, and the bees mercilessly stung us over and over again. I swatted at my face and my glasses and Red Sox hat were flung into the forest. My wife grabbed my hand and we pulled ourselves out of the swamp and ran to safety. So perhaps I should not have written that the day ended "uneventfully." My kids love this story and imagine that there is a chimpanzee, deep in the Ugandan rainforest, wearing my glasses and rooting for the baseball team from Boston.

19. Combined data from many chimpanzee sites demonstrate that this is not aberrant behavior caused by the presence of humans. Michael L. Wilson et al., "Lethal Aggression in *Pan* Is Better Explained by Adaptive Strategies Than Human Impacts," *Nature* 513 (2014), 414–417. Sarah Hrdy gives perhaps the best analogy for how humans are more tolerant than chimpanzees. After noting that 1.6 billion humans fly each year, she takes readers on

a thought experiment: "What if I were traveling with a planeload of chimpanzees? Any one of us would be lucky to disembark with all ten fingers and toes still attached, with the baby still breathing and unmaimed. Bloody earlobes and other appendages would litter the aisles." Sarah Blaffer Hrdy, *Mothers and Others: The Evolutionary Origins of Mutual Understanding* (Cambridge, MA: Belknap Press, 2011), 3.

20. For meat eating, including primates, see Martin Surbeck and Gottfried Hohmann, "Primate Hunting by Bonobos at LuiKotale, Salonga National Park," *Current Biology* 18, no. 19 (2008), R906–R907. For female coalitions, see Nahoko Tokuyama and Takeshi Furuichi, "Do Friends Help Each Other? Pattern of Female Coalition Formation in Wild Bonobos at Wamba," *Animal Behavior* 119 (2016), 27–35.

21. Wrangham, *The Goodness Paradox*, 6.

22. Matthias Meyer et al., "Nuclear DNA Sequences from the Middle Pleistocene Sima de los Huesos Hominins," *Nature* 531 (2016), 504–507.

23. Ana Gracia et al., "Craniosynostosis in the Middle Pleistocene Human Cranium 14 from the Sima de los Huesos, Atapuerca, Spain," *Proceedings of the National Academy of Sciences* 106, no. 16 (2009), 6573–6578.

24. Nohemi Sala et al., "Lethal Interpersonal Violence in the Middle Pleistocene," *PLOS ONE* 10, no. 5 (2015), e0126589.

25. Christoph P. E. Zollikofer, Marcia S. Ponce de León, Bernard Vandermeersch, and François Lévêque, "Evidence for Interpersonal Violence in the St. Césaire Neanderthal," *Proceedings of the National Academy of Sciences* 99, no. 9 (2002), 6444–6448.

26. See Marie-Antoinette de Lumley, ed., *Les Restes Humains Fossiles de la Grotte du Lazaret* (Paris: CNRS, 2018).

27. Xiu-Jie Wu, Lynne A. Schepartz, Wu Liu, and Erik Trinkaus, "Antemortem Trauma and Survival in the Late Middle Pleistocene Human Cranium from Maba, South China," *Proceedings of the National Academy of Sciences* 108, no. 49 (2011), 19558–19562.

28. Which raises the question about human warfare. So far, however, we have found nothing in the fossil record to suggest that our hominin ancestors engaged in large-scale conflicts. Warfare may not have arisen until some groups of *Homo sapiens* abandoned the hunter-gatherer life and settled into permanent communities, first to raise cattle and then to farm the land. Well-watered pastureland and fertile soil, it seems, became something worth fighting for. For the latest summary of this research, see Nam C. Kim and Marc Kissel, *Emergent Warfare in Our Evolutionary Past* (New York: Routledge, 2018). The oldest evidence of large-scale human violence—the skeletal remains of an ancient massacre at Nataruk on the shore of Lake Turkana, Kenya—was discovered in 2016 by University of Cambridge paleoanthropologist Marta Mirazón Lahr. There, she unearthed skeletons of ten people who had been bound, stabbed, and beaten to death 10,000 years ago. See Mara Mirazón Lahr et al., "Inter-Group Violence Among Early Holocene Hunter-Gatherers of West Turkana, Kenya," *Nature* 529 (2016), 394–398. The site of Jebel Sahaba, Sudan, is also cited as the earliest evidence for warfare. See Fred Wendorf, *Prehistory of Nubia* (Dallas: Southern Methodist University Press, 1968).

29. Wrangham differentiates between reactive and proactive aggression. See Richard Wrangham, "Two Types of Aggression in Human Evolution," *Proceedings of the National Academy of Sciences* 115, no. 2 (2018), 245–253. Wrangham, *The Goodness Paradox*.

30. For more on this, see Christakis, *Blueprint*; Wrangham, *The Goodness Paradox*; Sapolsky, *Behave*; Hare and Woods, *Survival of the Friendliest*; and Steven Pinker, *The Better Angels of Our Nature: Why Violence Has Declined* (New York: Penguin Group, 2015). For more on the role of cooperation in evolution in general, see Ken Weiss and Anne Buchanan, *The Mermaid's Tale: Four Billion Years of Cooperation in the Making of Living Things* (Cambridge, MA: Harvard University Press, 2009).

31. Sapolsky, *Behave*, 44.

32. This reminds me of a Mr. Rogers quote, "When I was a boy and I would see scary things in the news, my mother would say to me, 'Look for the helpers. You will always find people who are helping.'"

33. Bone described in Donald C. Johanson et al., "Morphology of the Pliocene Partial Hominid Skeleton (A.L. 288–1) from the Hadar Formation, Ethiopia," *American Journal of Physical Anthropology* 57, no. 4 (1982), 403–451. Possible causes inferred with help from Vincent Memoli, pathologist at Dartmouth Hitchcock Medical Hospital, Lebanon, New Hampshire.

34. Della Collins Cook, Jane E. Buikstra, C. Jean DeRousseau, and Donald C. Johanson, "Vertebral Pathology in the Afar Australopithecines," *American Journal of Physical Anthropology* 60, no. 1 (1983), 83–101. Scheuermann's disease can be treated in children and does not have to be debilitating. In fact, two recent professional athletes have Scheuermann's: NHL hockey player Milan Lucic and MLB baseball player Hunter Pence.

35. Jeremy M. DeSilva, Natalie M. Laudicina, Karen R. Rosenberg, and Wenda R. Trevathan, "Neonatal Shoulder Width Suggests a Semirotational, Oblique Birth Mechanism in *Australopithecus afarensis*," *Anatomical Record* 300, no. 5 (2017), 890–899.

36. Karen Rosenberg and Wenda Trevathan, "Birth, Obstetrics, and Human Evolution," *British Journal of Obstetrics and Gynaecology* 109, no. 11 (2002), 1199–1206.

37. Elisa Demuru, Pier Francesco Ferrari, and Elisabetta Palagi, "Is Birth Attendance a Uniquely Human Feature? New Evidence Suggests That Bonobo Females Protect and Support the Parturient," *Evolution and Human Behavior* 39, no. 5 (2018), 502–510. Pamela Heidi Douglas, "Female Sociality During the Daytime Birth of a Wild Bonobo at Luikotale, Democratic Republic of Congo," *Primates* 55 (2014), 533–542. Though Brian Hare, who has studied bonobos at the Lola Ya Bonobo sanctuary, cautioned that the bonobos were excited but that this can lead to bad outcomes. He wrote to me that sometimes "females steal babies and won't give them back," though he also notes that this is not in a wild situation where kinship would be higher.

38. Robotics professor Jonathan Hurst said in a TED Talk that robots and robotic exoskeletons will eventually make wheelchairs a thing of the past. Hurst said, "Wheelchairs are going to be an anachronism of history." A 3,000-year-old wood-and-leather toe from Egypt is the oldest known prosthetic. One of the Vedas, the Hindu sacred texts dated to

1100–1700 BC, gives an account of Viśpálā, a warrior queen who loses her leg in battle and is fitted with an iron replacement. But, long before the ingenuity required to manufacture a limb replacement, came empathy. From Jacqueline Finch, "The Ancient Origins of Prosthetic Medicine," *The Lancet* 377, no. 9765 (2011), 548–549.

39. Frans de Waal, "Monkey See, Monkey Do, Monkey Connect," *Discover* (November 18, 2009). Also see Frans de Waal, *Age of Empathy: Nature's Lessons for a Kinder Society* (New York: Broadway Books, 2010).

40. Darwin, *The Descent of Man*, 156.

41. This quote is all over the internet, but it remains unsourced and William J. Helmer, author of *The Wisdom of Al Capone,* calls this "dubious at best" on his website: www.myalcaponemuseum.com.

42. The full quote is: "Don't ever mistake my silence for ignorance, my calmness for acceptance, or my kindness for weakness. Compassion and tolerance are not a sign of weakness, but a sign of strength." Again, however, it is unsourced and may be apocryphal.

43. De Waal, *Age of Empathy*, 159.

44. Roger Fouts and Stephen Tukel Mills, *Next of Kin: My Conversations with Chimpanzees* (New York: Avon Books, 1997), 179–180. Gorilla rescue from "20 Years Ago Today: Brookfield Zoo Gorilla Helps Boy Who Fell into Habitat," *Chicago Tribune* (August 16, 2016), https://www.chicagotribune.com/news/ct-gorilla-saves-boy-brookfield-zoo-anniversary-20160815-story.html. Orangutan from Emma Reynolds, "This Orangutan Saw a Man Wading in Snake-Infested Water and Decided to Offer a Helping Hand," CNN, February 7, 2020, https://www.cnn.com/2020/02/07/asia/orangutan-borneo-intl-scli/index.html. A more cynical interpretation is that the orangutan was simply reaching out its hand for food. But since the man did not have any food, that seems unlikely. For information on bonobo behavior, see Vanessa Woods, *Bonobo Handshake* (New York: Gotham, 2010) and sources therein.

45. American Museum of Natural History, "Human Evolution and Why It Matters: A Conversation with Leakey and Johanson," YouTube (May 9, 2011), https://www.youtube.com/watch? v=pBZ8o-lmAsg. Margaret Mead was once asked what the earliest evidence for civilization is. Her answer was, "A healed femur." Ira Byock, *The Best Care Possible: A Physician's Quest to Transform Care Through End of Life* (New York: Avery, 2012).

46. *Contact*, directed by Robert Zemeckis, 1997. In the book *Contact* (New York: Simon & Schuster, 1985), Sagan wrote: "There's a lot in there: feelings, memories, instincts, learned behavior, insights, madness, dreams, loves. Love is very important. You're an interesting mix." The screenplay was written by Michael Goldenberg and James V. Hart.